展华贸易公司首页效果图

展华贸易公司"产品展示"页效果图

展华贸易公司"招商加盟"页效果图

展华贸易公司"人才招聘"页效果图

展华贸易公司"公司动态"页效果图

展华贸易公司"公司简介"页效果图

展华贸易公司"联系我们"页效果图

博宏房地产首页效果图

博宏房地产"时政要闻"页效果图

博宏房地产"物业服务"页效果图

博尔乐早教首页效果图

博尔乐早教"早教课程"页效果图

博尔乐早教"联系我们"页效果图

博尔乐早教"访客留言"页效果图

博尔乐早教"关于我们"页效果图

学院精品课网站首页效果图

宝宝成长日记网站首页效果图

宝宝成长日记网站"日记归档"页效果图

宝宝成长日记网站"成长影像"页效果图

宝宝成长日记网站"PS学习课堂"页效果图

仁华保洁网站首页效果图

校企合作计算机精品教材

中文版 Dreamweaver CS6
网页制作案例教程

主 编 李永利 姚红玲

江苏大学出版社
JIANGSU UNIVERSITY PRESS

镇 江

内 容 提 要

　　本书以"校企合作"开发校本教材为指导思想,与石家庄易龙信息传媒有限公司合作编写。在编写过程中,遵循网页设计与制作的工作流程,选用公司的真实项目和典型工作任务为教学内容,以培养学生网页设计与制作的职业素质和职业技能为目标,对网页设计的理念和网页制作软件的应用进行了详实的介绍。

　　本书内容主要包括网页制作基础知识、网站规划与创建、某贸易有限公司网站制作、某房地产公司网站制作、某早教网制作和综合实训六个项目。每个项目又分为任务描述、知识讲解、制作步骤、拓展训练等部分,涵盖了 HTML 语言、网站基本术语、网页配色、网页版式、网页中添加多媒体对象、添加超链接、表格布局、框架布局、DIV+CSS 布局、模板库、表单、特效、行为以及网站测试与上传等知识点。通过具体的项目学习和拓展训练的制作,可以实现相应的学习目标,使读者具备岗位专业知识与职业技能。

　　本书内容丰富、案例真实、步骤清楚,注重实践技能的培养。书中赠有配套资料(素材和源文件),可以帮助读者快速、全面地对书中项目内容进行学习,并提高操作技能。

　　本书适合作为各类院校的多媒体设计与制作、电脑艺术设计、计算机应用等专业的教材,也可作为网页设计与制作培训班的教材,还可作为网页设计爱好者的自学用书。

图书在版编目（CIP）数据

中文版 Dreamweaver CS6 网页制作案例教程 / 李永利,
姚红玲主编. -- 镇江 : 江苏大学出版社, 2014.2
（2025.2 重印）
　　ISBN 978-7-81130-631-6

　　Ⅰ. ①中… Ⅱ. ①李… ②姚… Ⅲ. ①网页制作工具
－高等职业教育－教材 Ⅳ. ①TP393.092

中国版本图书馆 CIP 数据核字(2014)第 027858 号

中文版 Dreamweaver CS6 网页制作案例教程
Zhongwenban Dreamweaver CS6 Wangye Zhizuo Anli Jiaocheng

主　　编 / 李永利　姚红玲
责任编辑 / 李菊萍
出版发行 / 江苏大学出版社
地　　址 / 江苏省镇江市京口区学府路 301 号（邮编：212013）
电　　话 / 0511-84446464（传真）
网　　址 / http://press.ujs.edu.cn
排　　版 / 北京时代华都印刷有限公司
印　　刷 / 北京时代华都印刷有限公司
开　　本 / 787 mm×1 092 mm　1/16
印　　张 / 18.75
字　　数 / 422 千字
版　　次 / 2014 年 2 月第 1 版
印　　次 / 2025 年 2 月第 16 次印刷
书　　号 / ISBN 978-7-81130-631-6
定　　价 / 58.80 元

如有印装质量问题请与本社营销部联系（电话：0511-84440882）

随着网络技术和 Internet 应用的高速发展，网页设计与制作已经成为网络技术的重要内容之一，社会上对网页设计与制作人员的需求也越来越多。目前大部分网页的制作是通过网页制作软件来实现的，其中 Dreamweaver 是当前最流行的网页制作软件。

为使教学内容与职业教育改革要求相适应，培养适应岗位要求的高端技能型人才，本书从职业能力的培养要求出发，根据网页设计与制作的岗位特点，与石家庄易龙信息传媒有限公司进行校企合作，引进企业真实项目，采用项目教学、任务驱动、拓展训练等方式，把专业知识、技能目标的学习与真实项目制作紧密结合在一起，既有明确的学习目标，又有完成具体任务必备的基础理论知识，更有具体的实践操作实例，突出了教、学、做一体化的特色，实现了校企嵌入式深度合作。

本书特色

（1）**满足教学需要**。本书使用最新的以任务为驱动的项目教学方式，将每个项目分解为多个任务，每个任务均包含"任务描述""知识讲解""任务实施""实战演练"和"经验技巧"等部分。

➢ **任务描述**：描述本任务将要制作的案例以及涉及的知识点等。

➢ **知识讲解**：讲解网页制作基本知识与软件核心功能，并根据功能的难易程度采用不同的讲解方式。例如，对于一些较难理解或掌握的功能，用例子的形式进行讲解，从而方便教师上课时演示；对于一些简单的功能，则只简单讲解。

➢ **任务实施**：通过一个或多个案例，让学生学习并能在实践中应用软件的相关功能。这些案例都有详细的操作步骤，学生可根据步骤或在老师的带领下完成案例。

➢ **实战演练**：通过一个或多个案例，让学生继续练习运用软件的相关功能，巩固前面所学的知识。这些案例给出了操作提示，需要学生自己动手完成，目的是让学生具备举一反三的能力。

➢ **经验技巧**：总结网页制作的经验技巧，提高学生的网页制作实战能力。

（2）**满足就业需要**。每个任务中都精心挑选与实际应用紧密相关的知识点和案例，从而让学生在完成某个任务后，能马上在实践中应用从该任务中学到的技能。

（3）**增强学习兴趣，让学生轻松学习**。严格控制各任务的难易程度和篇幅，尽量让教师在 20 分钟之内将任务中的"知识讲解"部分讲完，然后让学生自己动手完成相关案例，从而增强学生的学习兴趣，让学生轻松掌握相关技能。

（4）**提供素材、课件和视频**。书中配有精美的教学课件、视频和素材，读者可从网上下载。

（5）**体例丰富**。各项目都安排有项目描述、学习目标、项目分析、项目总结、项目考核和拓展训练等内容，从而让读者在学习项目前做到心中有数，学完项目后还能对所学知识和技能进行总结和考核。

本书读者对象

本书适合作为各类院校的多媒体设计与制作、电脑艺术设计、计算机应用等专业的教材，也可作为网页设计与制作培训班的教材，还可作为网页设计爱好者的自学用书。

本书内容安排

本书以 Dreamweaver 软件的使用为基础，介绍了网页设计的基本术语和相关概念，并以石家庄易龙传媒有限公司的真实项目作为主要内容，系统地介绍了 Dreamweaver 软件的操作方法。全书总共安排了六个项目：

➤ **项目一**：主要介绍网页制作基础知识，包括 HTML、基本术语、网页配色、优秀网页赏析等。

➤ **项目二**：主要介绍网站规划与创建，包括网站开发流程，在 Dreamweaver 中新建站点及 Dreamweaver 软件的操作界面等相关知识。

➤ **项目三**：主要介绍某贸易有限公司网站的制作，涉及的知识点包括为网页添加各种对象和超链接的方法等。

➤ **项目四**：主要介绍某房地产公司网站的制作，涉及的知识点包括两种网页布局方式——表格布局和 Div+CSS 布局。

➤ **项目五**：主要介绍某早教网的制作，涉及的知识点包括模板、表单、特效、行为以及网站测试与发布等。

➤ **项目六**：综合实训，主要从网站的策划、制作、测试和发布几个方面介绍网站建设的基本思路和流程，通过该项目的学习可提高网页制作的综合能力。

其中，项目一和项目二为网页设计与制作的基础，项目三、项目四、项目五为企业真实项目，项目六以综合实训的形式进行实践提高。

本书教学资料下载

本书配有精美的教学课件和视频，并且书中用到的全部素材都已整理和打包，读者可以登录文旌综合教育平台"文旌课堂"（www.wenjingketang.com）下载。

本书的创作队伍

本书由李永利和姚红玲任主编，曹文霞和张玉伟任副主编，其他参与编写的人员还有吴慧和张涛，其中李永利进行统稿并定稿，姚红玲编写项目三，曹文霞编写项目四，张玉伟编写项目五，张涛编写项目二，吴慧编写项目一和项目六。本书编写过程中还获得了石家庄易龙信息传媒有限公司的崔译夫总经理、贾丽君主任、陈英品主任、李延丰工程师的帮助和指导，在此表示衷心的感谢。

尽管我们在写作本书时已竭尽全力，但书中仍会存在这样或那样的问题，欢迎读者批评指正。另外，如果读者在学习中有什么疑问，可以登录文旌综合教育平台"文旌课堂"（www.wenjingketang.com）寻求帮助，我们将会及时解答。

本书编委会

主　编　李永利　　姚红玲

副主编　曹文霞　　张玉伟

参　编　吴　慧　张　涛

目　录

项目一　网页制作基础知识

项目描述

传媒艺术系大三学生朱艳娇经过几轮应聘后，发现每个企业都需要网页制作及网站维护人员，于是想从事网站制作工作。经过调研发现，要进行网页制作，首先要了解相关的网页术语、基础知识及色彩心理，同时要了解网站制作流程，并能使用网页制作相关软件完成简单网页效果图及欢迎页面的制作，于是她决定先掌握网页制作相关基础知识，然后再进行下一步的学习。

学习目标

- ✎ 掌握网站开发基础知识
- ✎ 认识网站和网页
- ✎ 掌握网页配色基础知识
- ✎ 掌握网站开发基本流程
- ✎ 了解网站管理与网页制作相关软件
- ✎ 掌握不同类型的网站设计风格
- ✎ 能使用 Dreamweaver CS6 完成站点创建及欢迎首页制作

项目分析

通过与企业沟通，了解到进行网页制作及维护工作的人员目前使用最多的软件是 Dreamweaver CS6；进行网页设计与制作需要对网页有个初步认识，特别是一些简单的网络术语，如 Internet、域名、URL 等；同时需了解网站受众及目标用户，并能据此进行网页色彩的搭配，特别是企业类、教育类、儿童类、新闻类网站的配色；最终能够根据客户需求完成网站效果图的制作，以及站点的创建和欢迎首页的制作。

任务一 了解网页制作基础知识

任务描述

随着网络的飞速发展，各类公司、企事业单位都相继建立了自己的网站。本任务主要了解网页制作基础知识并欣赏优秀网站，从而为制作优秀网页打下坚实的基础。

知识讲解

一、网站开发基础

1．Internet

Internet，中文译名为因特网，又叫国际互联网，是由广域网、城域网、局域网及单机按照一定通讯协议组成的国际计算机网络。只要你的计算机连接到它的任何一个节点上，就意味着你可以通过网络与远在千里之外同样连入 Internet 的朋友相互发送邮件、共同完成一项工作或共同娱乐。目前 Internet 用户已经遍布全球，几亿人都在使用，并且其用户数还在以等比级数上升。

2．TCP/IP 协议

TCP/IP（Transmission Control Protocol/Internet Protocol 的简写），中文译名为传输控制协议/因特网互联协议，又叫网络通讯协议，是 Internet 最基本的协议，也是国际互联网络的基础。

简单地说，TCP/IP 就是由网络层的 IP 协议和传输层的 TCP 协议组成的。TCP/IP 定义了电子设备（比如计算机）如何连入因特网，以及数据如何在它们之间传输的标准。TCP/IP 是一个四层的分层体系结构，高层为传输控制协议，负责聚集信息或把文件拆分成更小的包；低层是网际协议，处理每个包的地址部分，使这些包正确地到达目的地。

3．IP 地址

所谓 IP 地址，就是为连接在 Internet 上的主机分配的一个网络地址。按照 TCP/IP 协议规定，IP 地址用 32 位二进制数（也就是 4 个字节）表示。

例如，一个采用二进制形式的 IP 地址是"00001010 00000000 00000000 00000001"，这么长的地址，人们记起来是相当费劲的。为方便使用和记忆，IP 地址经常被写成十进制形式，不同字节中间使用符号"."分开。于是，上面的 IP 地址可以表示为"10.0.0.1"。IP 地址的这种表示方法叫做"点分十进制表示法"，这显然比用 1 和 0 表示容易记忆得多。

4．域名

由于 IP 地址在使用过程中难于记忆和书写，一种与 IP 地址对应的字符应运而生，这就是域名（Domain Name）。每一个网站都有自己的域名，并且域名是独一无二的。例如，我们只需要在浏览器地址栏中输入搜狐网站的域名"www.sohu.com"，然后按回车键就可以访问搜狐网站了。

> **提示**
> 在创建好网站后需要申请域名和虚拟空间，并将网站上传至虚拟空间，这样别人才能通过互联网访问网站。

5．网址

网址又叫 URL，英文全称是"Uniform Resource Locator"，即统一资源定位符。它是网络上通用的一种地址格式，用于标识网页文件在网络中的位置。

一个完整的网址由通信协议名称、域名或 IP 地址、网页在服务器中的路径和文件名 4 部分组成。例如，对于如图 1-1 所示的网址"http://page.china.alibaba.com/cp/cp1.html"，"http"是超文本传输协议，"page.china.alibaba.com"是域名，"cp"是文件在服务器中的路径，"cp1.html"是文件名。

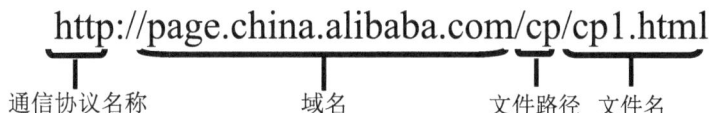

http://page.china.alibaba.com/cp/cp1.html

通信协议名称　　　　域名　　　　文件路径　文件名

图 1-1　网址示例

Internet 上的每一个网页都具有一个唯一的 URL 地址，这个地址可以是本地磁盘，也可以是局域网上的某一台计算机，更多的是 Internet 上的站点。简单地说，URL 就是 Web 地址。

> **知识库**
> 当我们在浏览器地址栏中输入域名，并按下回车键后，浏览器会自动在域名左侧加上通信协议名称，然后本地计算机通过浏览器将网址发送给存放网页的服务器，服务器在收到请求后，即将网页文件及其用到的图像文件、动画文件和其他文件发送给客户机。客户机上的浏览器则通过解释执行网页文件中的命令，将网页完整地显示在浏览器中，整个过程如图 1-2 所示。

6．浏览器

浏览器是安装在计算机上的一种软件，通过它可以方便地看到 Internet 上提供的各种信息和服务资源，浏览器种类很多，有 IE、360、腾讯、搜狗、火狐等，目前国内常用的有 IE 和搜狗。

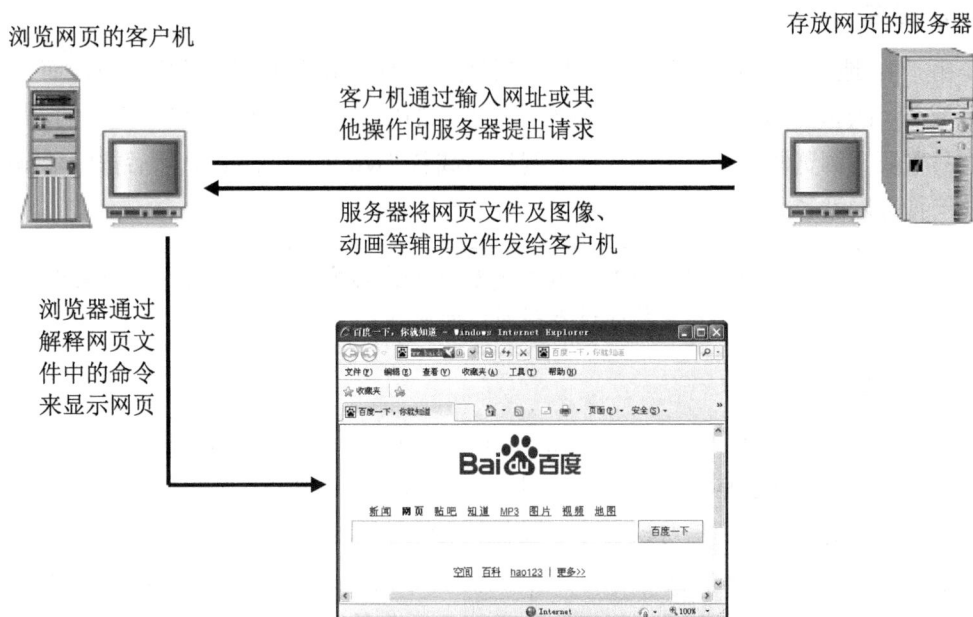

图 1-2　显示网页的过程

二、认识网站和网页

网页就是我们上网时在浏览器中打开的一个个画面，网站则是一组相关网页的集合。一个小型网站可能只包含几个网页，而一个大型网站则可能包含成千上万个网页。

1．主页

打开某个网站时显示的第一个网页被称为网站的主页（或首页）。一般来说，主页是一个网站中最重要的网页，也是访问最频繁的网页。它是一个网站的标志，体现了整个网站的制作风格和性质，主页上通常会有整个网站的导航目录，所以主页也是一个网站的起点或者说主目录。网站的更新内容一般都会在主页上突出显示。

2．网站

互联网起源于美国国防部高级研究计划管理局建立的阿帕网。网站（Website）最初是指在因特网上，根据一定规则，使用 HTML 等语言制作的用于展示特定内容的相关网页的集合。简单地说，网站是一种通讯工具，就像布告栏一样，人们可以通过网站来发布自己想要公开的资讯，或者利用网站来提供相关的网络服务。人们可以通过网页浏览器来访问网站，获取自己需要的资讯或者享受网络服务。

3．网页的构成元素

我们可以将网页中的元素按功能分为站标、导航条、广告条、标题栏和按钮等，如

图 1-3 所示。

图 1-3　网页构成元素

（1）站标

站标也叫 Logo，是网站的标志，也是网站特色和内涵的集中体现。它一般会出现在网站的每一个页面上，是网站给人的第一印象。网站的标志就如同商标一样，其作用是使人看见它就能够联想到网站和企业。因此，网站 Logo 通常采用企业的 Logo。

Logo 一般采用蕴含企业文化和特色的图案，或是与企业名称相关的字符或符号及其变形，当然也有很多是图文组合，如图 1-4 所示。

图 1-4　站标

在网页设计中，通常把 Logo 放在页面的左上角，大小没有严格要求；不过，考虑到网页显示空间的限制，要求 Logo 的尺寸不能太大。此外，Logo 普遍没有过多的色彩和细腻的描绘。

（2）网站导航

导航作为网页最重要的组成部分，一定要放在网页最明显的位置，以便浏览者进入网站的第一时间就能看到它。导航栏是一组链接到网站内主要页面的超链接组合，一般由多个按钮或者多个文本超链接组成，通过单击这些超链接可以轻松打开网站中的各个页面。同时，导航也是网站中所有重要内容的概括，可以让浏览者在最短的时间内了解网站的主要内容。

常见的网站导航有横排导航、竖排导航、下拉菜单式导航等。设计导航时，应遵循以下原则。

➤ 对于一般的企业网站，如果网站内容不多，可根据网站风格灵活摆放导航条，也可以使用图片或 Flash 动画等显示导航条，如图 1-5 所示。

图 1-5　灵活摆放的导航

➤ 对于像搜狐、网易等大型门户类网站，网站栏目都很多，一般将导航分为多排放置在 Logo 下方或右侧。为便于查看，可为各排设置不同底色，如图 1-6 所示。

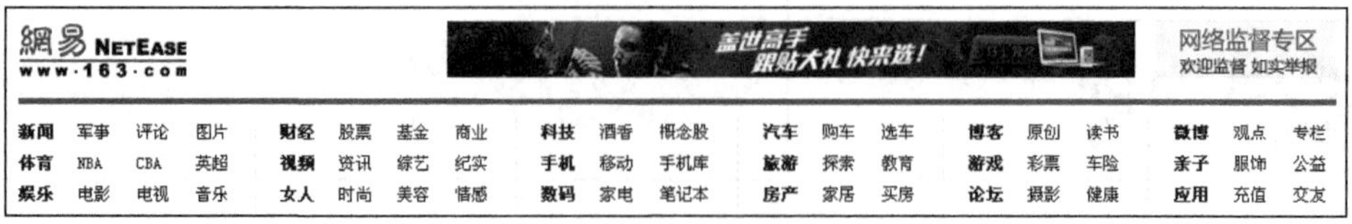

图 1-6　多排导航条

（3）广告条

广告条又称 Banner，其功能是宣传网站或为其他商品做广告。Banner 的尺寸可以根据内容或版面需要来安排。

在制作 Banner 时，有以下几点需要注意。

- Banner 可以是静态的，也可以是动态的。现在使用动态的居多，动态画面容易引起浏览者的注意。

- Banner 的体积不宜过大，尽量使用 GIF 格式图片与动画或 Flash 动画，因为这两种格式的文件体积小，载入时间短。

- Banner 中的文字不要太多，只要达到一定的提醒效果就可以，通常是一两句企业的广告语。

- Banner 中图片的颜色不要太多，尤其是 GIF 格式的图片或动画。要避免出现颜色的渐变和光晕效果，因为 GIF 格式仅支持 256 种颜色，颜色的连续变换会看出明显的断层甚至光斑，影响效果。

（4）标题栏

此处的标题栏不是指整个网页的标题栏，而是网页上各版块的标题栏，是各版块内容的概括。它使得网页内容的分类更清晰、明了，大大地方便了浏览者。

标题栏可以是文字加不同颜色的背景，也可以是图片，这由网站的整体风格决定，如图 1-7 所示。

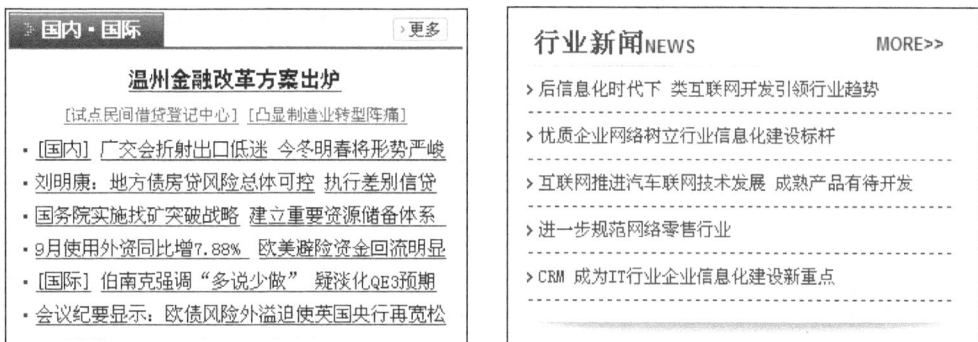

图 1-7　标题栏

4. 网页的本质

学完前面的知识，相信不少人会有这样的想法——网页究竟是由哪些部分组成的呢？图 1-8a 显示了凤凰网主页，打开该网页，可以看到网页中有文字、图像和动画等。

一般情况下，网页中除了包含网页文件（扩展名为.html，.asp 等）外，还要用到图像文件（扩展名为.jpg，.png，.gif 等）、Flash 动画文件（扩展名为.swf）、脚本文件（扩展名为.js）、样式文件（扩展名为.css）以及视频文件（扩展名为.avi，.flv 等）等。在浏览器中选择"文件" > "另存为"菜单，将网页保存到磁盘中，便可看到网页的组成文件，如图 1-8b 所示。

（a）

（b）

图 1-8　网页的本质

　　有些读者可能要问，这些元素又是如何组合起来，在网页中有序排列的呢？这就用到了 Div、表格、框架、表单等布局元素，下面分别简单介绍。

　　（1）Div

　　Div 主要用于网页内容的布局，是网页制作时不可缺少的元素，使用 Div+CSS 布局可以实现网页元素的精确定位。

　　（2）表格

　　现在使用表格布局的网页虽然少了，但它依然是网页布局中不可或缺的元素之一，常用于组织数据信息和列表信息等，比如用户数据、统计信息等。

（3）框架

框架是网页的一种组织形式，使用它可以将相互关联的多个网页组织在一个浏览器窗口中显示。框架是由框架集和多个框架组成的，现在较少使用。

（4）表单

表单可用于收集访问者信息或实现一些交互效果。访问者填写表单的方式是输入文本、单击按钮或复选框、从下拉菜单中选择选项等。一般使用表单的情况都需要建立数据库，以将信息提交到数据库，或从数据库中读取信息显示到页面。我们最常见的"登录"和"注册"页面就是用表单实现的，如图1-9所示。

图1-9 当当网注册页面

（5）超链接

超链接是网站最重要的组成部分，是从一个网页指向另一个目的端的链接，指向要访问的目标文档或其他元素，从而使浏览者可以从一个页面跳转到另一个页面，或执行其他操作。

超链接可以指向另一个网页，也可以是相同网页上的不同位置，还可以是一个图片、一个电子邮件地址或一个文件等。而在网页中用来设置超链接的对象，可以是一段文本或一个图片。当浏览者单击已经链接的文本或图片时，链接目标将显示在浏览器中，并根据目标的类型打开或运行。

三、网页配色基础知识

1．色彩简介

人们肉眼所能看到的所有颜色都是由红、黄、蓝三种基本原色构成的。基本原色也就是我们通常所说的三原色。

原色，又称为基色，是用于调配其他色彩的基本色；将原色以不同比例混合，可以产生其他新颜色。原色的色纯度最高、最纯净、最鲜艳，可以调配出绝大多数色彩，而其他颜色不能调配出三原色。

2．色彩特征

从本质上讲，色彩乃是人眼对物体反射的不同波长的光所产生的印象。从色彩的功能上来看，它具有以下基本特征。

（1）色彩的冷暖

每种色彩都有区别于其他色彩的独特的相貌特征，这种特征被称为色相。色彩因色相不同，而使人产生温暖或寒冷的感觉。使人有温暖、热烈、兴奋之感的色彩，叫做暖色，如红色、黄色等；使人有寒冷、抑制、平稳之感的色彩，叫做冷色，如蓝色、黑色等。

（2）色彩的轻重

色彩明暗变化的程度，被称为明度。不同明度的色彩，往往给人以轻重不同的感觉。色彩越浅，明度就越强，它使人有上升感、漂浮感；色彩越深，明度就越弱，它使人有下垂感、重量感。人们平时的着装，通常讲究上浅下深，否则会给人头重脚轻的感觉，网页设计中也要注意这个问题。

（3）色彩的软硬

色彩鲜艳明亮的程度，叫做纯度。色彩纯度越高，就越鲜艳、纯粹，并给人以软的感觉；色彩纯度越低，就越为深、暗，并给人以硬的感觉。前者适用于娱乐休闲、儿童、喜庆类网站；后者则适用于科技和工业类网站，如图 1-10 所示为 IBM 中国站，其中就运用了大量的黑灰色。

（4）色彩的缩扩

色彩的波长不同，给人收缩或扩张的感觉就有所不同。一般来讲，冷色、深色属收缩色；暖色、浅色则为扩张色。运用到服装上，前者使人苗条，后者使人丰满。

3．网页颜色的搭配

设计网页时，可根据以下原则确定网页的背景色和主色调，并进行颜色搭配。

（1）网页背景颜色最好选择白色或黑色（大部分网页均选择白色），这样颜色搭配最灵活。

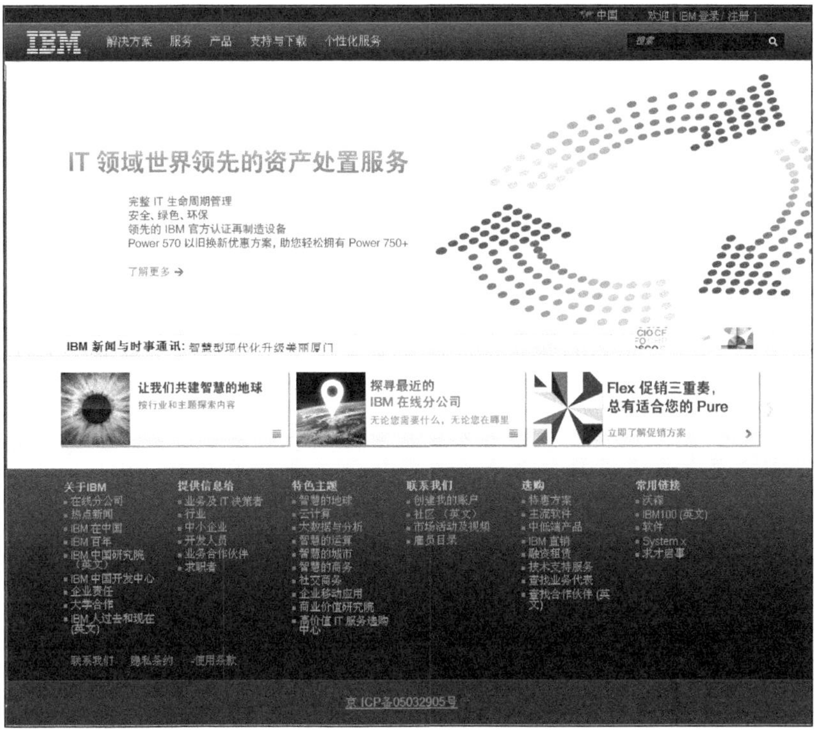

图 1-10　IBM 中国站

（2）可根据网站的性质确定网页的主色调，并且该主色调应贯穿于网站中的全部网页。例如，蓝色和银灰色常用于工业企业和高科技企业，联想网站就大量使用了蓝色和银灰色，从而使网页显得十分典雅和时尚，如图 1-11 所示。

图 1-11　联想网站主页

又如，粉红色最能体现女性的柔美和艳丽，因此，搜狐网"女人"频道大量使用了粉红色，如图 1-12 所示。

图 1-12 搜狐网"女人"频道

（3）设计网页时恰当利用同类色、邻近色和对比色，可增强网页的层次感、丰富网页的色彩或突出某些重要内容（如导航条或版块标题）。

> 通过在网页中运用同类色（同一种颜色的深浅或浓淡变化，如深蓝与浅蓝、深绿与浅绿等），可使页面看起来统一、和谐且有层次感。例如，某些网站由于栏目众多，因而导航条通常包括多行，此时通过为每行导航条设置深浅变化的同类色，可使用户更易于找到自己感兴趣的栏目，如图 1-13 所示。

> 通过在网页中使用邻近色（色谱中相邻的颜色，如红色和紫色、黄色和绿色），可使页面色彩丰富而不花哨。

> 通过在网页中使用对比色，可更容易突出主题。例如，通过为网页中的导航条或每个版块中的标题栏设置明显不同于其他区域的颜色，可使访问者更快地找到自己感兴趣的内容。

> 用一个色系，简单来说就是用一个感觉的色彩，例如淡蓝、淡黄、淡绿，或者土黄、土灰、土蓝等。确定色彩的方法因人而异，比如可以在 Photoshop 中单击前景色方框，在弹出的"混色器"对话框中选择"自定义"，然后在"色库"中选择即可。

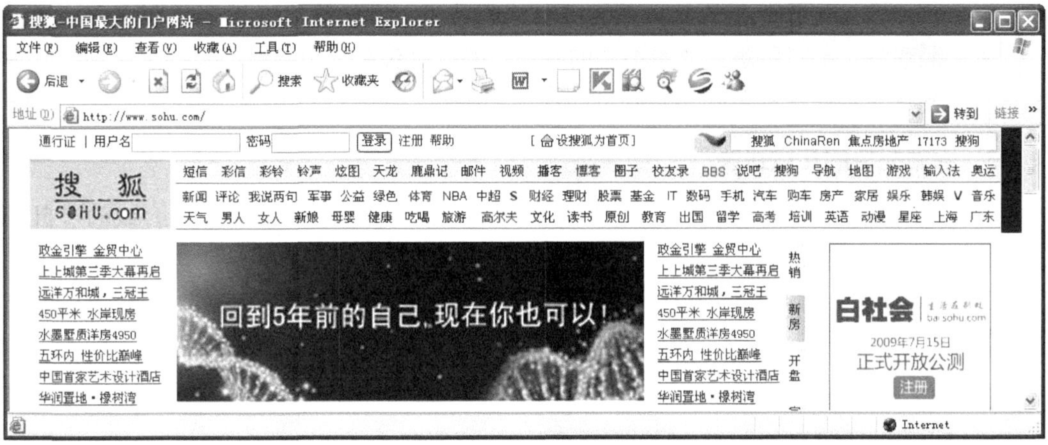

图 1-13　同类色的运用

➤ 用黑色和一种彩色。比如大红的字体配黑色的边框，就给人很鲜明的感觉。

> **提示**
>
> 在网页配色中，要避免以下问题：① 不要将所有颜色都用到，尽量控制在 3～5 种色彩以内；② 背景和前文的对比尽量要大（不要用花纹繁复的图案作背景），以便突出主要文字内容。

4．网站配色技巧

无论是平面设计，还是网页设计，色彩永远是最重要的一环。当我们距离显示屏较远时，看到的往往不是优美的版式或美丽的图片，而是网页的色彩。在选择网页色彩时，可以遵循以下原则。

（1）首先选择标准颜色。标准颜色是指能够体现网站形象和延伸内涵的颜色，主要用在网站标志和主菜单上，给人一种整体统一的感觉。标准颜色一般不宜超过三种。常用的标准颜色有蓝/绿色、黄/橙色、黑/灰/白三大系列色。

（2）其他颜色。标准颜色定下来后，其他颜色也可以使用，但只能作为点缀和衬托，绝不能喧宾夺主。选择颜色要和网页内涵相关联，让人产生联想，如蓝色可以让人联想到天空，黑色可以让人联想到黑夜，红色可以让人联想到喜庆等。

在进行网页色彩搭配时，要注意以下几点。

➤ **鲜明性**。网页的色彩要鲜艳，这样容易引人注目。

➤ **独特性**。要有与众不同的色彩，使大家对网页的印象强烈。

- > **合适性**。即色彩和要表达的内容气氛相适合。如用粉色体现女性的柔美。
- > **联想性**。不同色彩会产生不同的联想，如蓝色想到天空，黑色想到黑夜，红色想到喜事等。选择色彩要和网页的内涵相关联。

5．网站配色的几点建议

（1）尽量使用网页安全色，也就是自然界中存在的颜色，而非显示器合成的非自然颜色。

（2）网页背景颜色与文字对比度要高，一般来说白色背景常会选择黑色文字，当然这也不是绝对的，像深蓝色、灰色也是网页文字常用的颜色。

（3）尽量避免蓝色与红色，蓝色与黄色，绿色/蓝色与红色这几类颜色同时出现，因为这样很容易让人视觉疲劳。

（4）尽量少用细小的字体或蓝色表格。

（5）有些颜色本身是很枯燥的，比如灰色，但配合一些橙色或亮色就会产生完全不同的感觉，可以尝试一下。

（6）可以利用留白来平衡网站中的颜色刺激。

（7）要始终保持整个网站颜色的统一性，这也是网站可读性最重要的一方面。

四、网站开发流程

网站开发流程是指从企业计划建设网站到网站建设完成的一套规范化运作过程，图 1-14 显示了整个网站开发的基本流程。

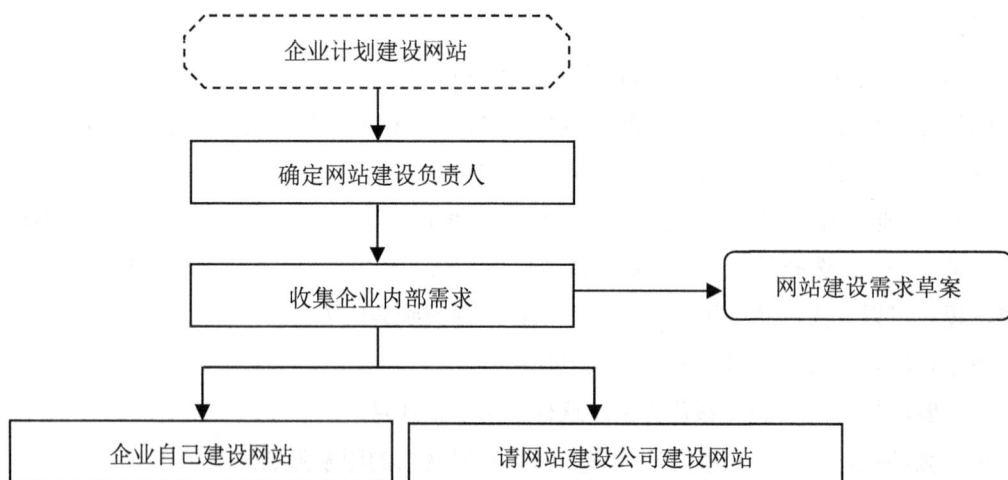

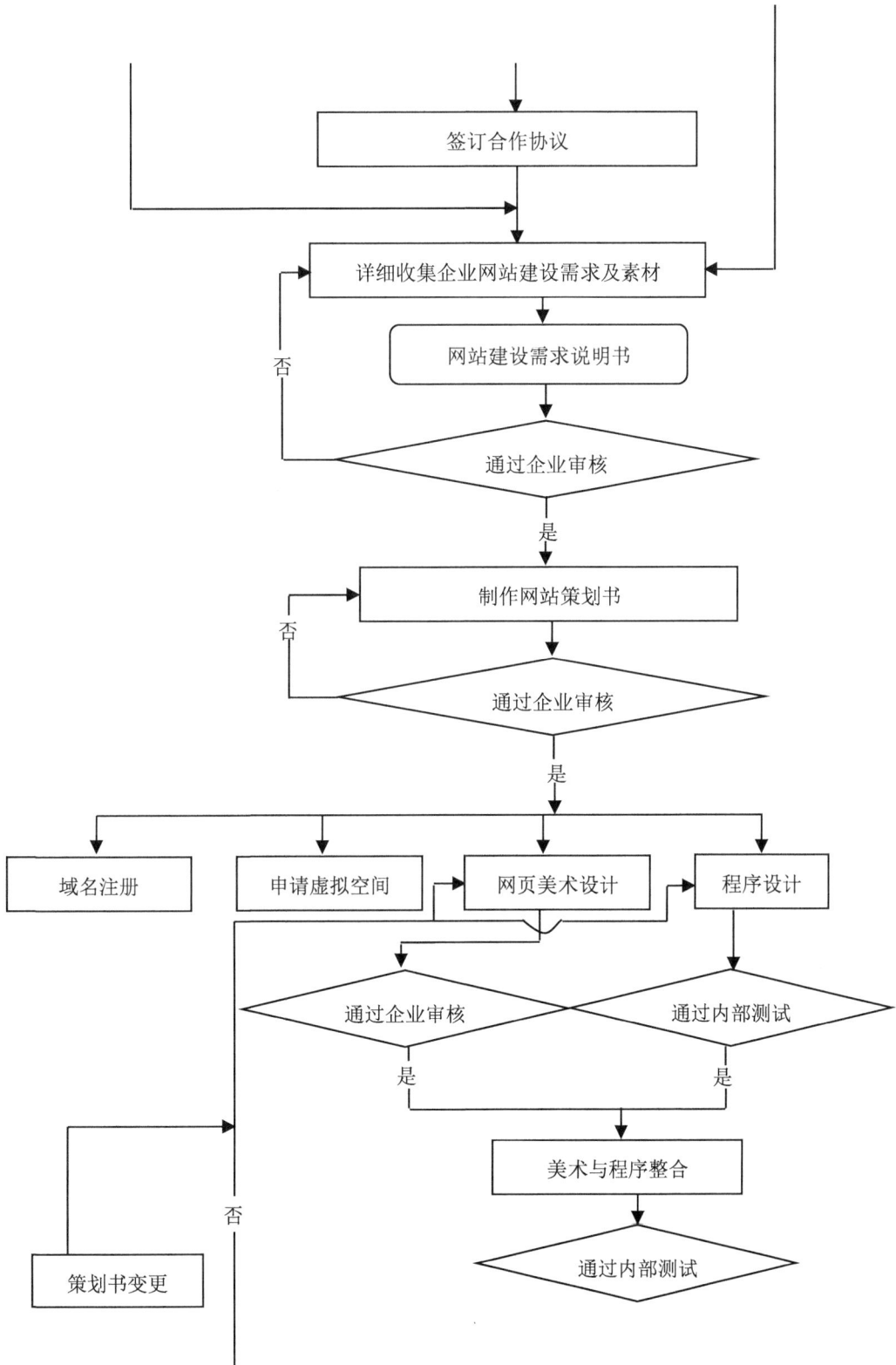

签订合作协议

详细收集企业网站建设需求及素材

网站建设需求说明书

通过企业审核

否

是

制作网站策划书

通过企业审核

否

是

域名注册

申请虚拟空间

网页美术设计

程序设计

通过企业审核

通过内部测试

是

是

美术与程序整合

通过内部测试

策划书变更

否

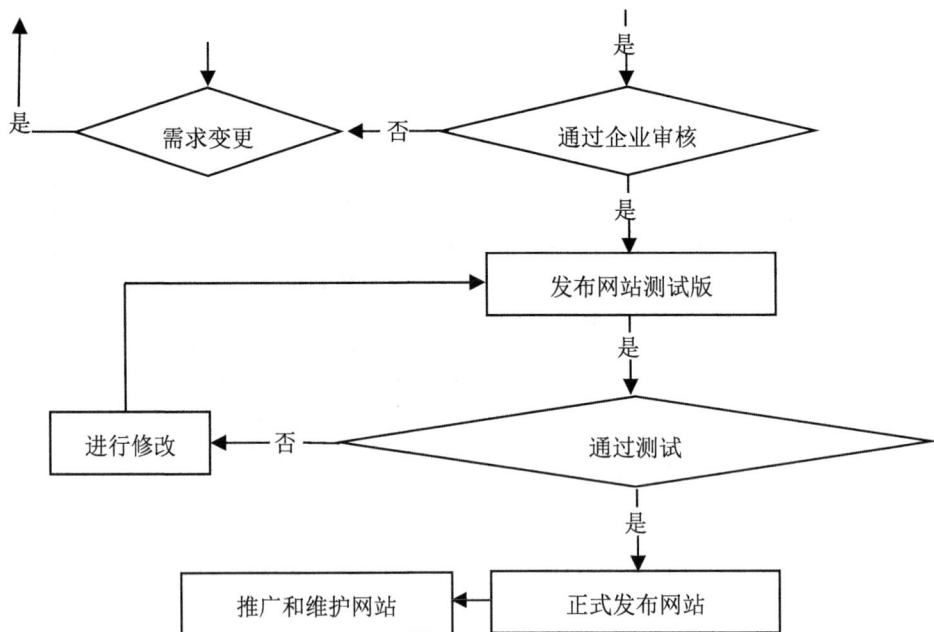

图 1-14　网站开发流程

简单来说，可以把网站开发流程归纳为以下三个阶段：

（1）规划和准备阶段；

（2）网页设计与制作阶段；

（3）网站的发布、推广和维护阶段。

规划和准备阶段的主要工作有：需求分析、确定网站主题和内容、收集资料、规划网站风格、网站结构（栏目、目录、链接结构、色彩、构成和布局）及页面形式等。

设计和制作阶段的主要工作有：网站总体设计、界面设计、网站各个页面制作、将各个网页通过超链接进行整合等。

发布、推广和维护阶段的主要工作有：测试、调试与完善网站，发布与推广网站，维护和更新网站等。

五、网站管理与网页制作相关软件

当今时代，网络成了最重要的媒体和资源宝库。制作网页可以选择用 HTML 代码，也可以选择用软件编辑，最好是两者兼用。

本书主要以 Dreamweaver CS6 为操作平台进行讲解。Dreamweaver CS6 是由美国 Adobe 公司推出的一款可视化网页设计和网站管理软件，也是目前最常用的网站管理和网页制作软件，其功能全面、操作灵活、专业性强。另外，它还可以作为动态网站的开发环境。

在制作网页时，除 Dreamweaver 外还需要用到 Photoshop，Flash，Fireworks 等辅助软件，下面简单介绍一下这些软件的主要功能和特点。

1. Photoshop

Adobe Photoshop，简称"PS"，是由 Adobe Systems 开发和发行的图像处理软件。Photoshop 主要用于处理以像素构成的位图图像。在网页制作中，使用 Photoshop 可以完成效果图制作和图片素材处理工作。Photoshop 存储的图像文件格式有 JPEG，GIF，PNG 和 TIF 等，而在网页制作中通常需要的图像文件格式为 JPEG，GIF 和 PNG 格式。

> **提示**　使用 JPEG 图片的颜色模式通常为 RGB 模式，不能为 CMYK。

2. Flash

Flash 是由 Adobe 公司推出的交互式矢量图和 Web 动画制作软件。Flash 的前身是 Future Wave 公司的 Future Splash，是世界上第一个商用二维矢量动画软件，用于设计和编辑 Flash 文档。1996 年 11 月，美国 Macromedia 公司收购了 Future Wave，并将其改名为 Flash。在推出 Flash 8 以后，Macromedia 又被 Adobe 公司收购。Flash 通常也指 Adobe Flash Player。网页设计者使用 Flash 可以创作出既漂亮又可改变尺寸的导航界面以及其他奇特的效果。

3. Fireworks

Fireworks、Flash 和 Dreamweaver 最早是由 Macromedia 公司开发的，被称为网页制作三剑客，后来该公司又被 Adobe 公司收购，并推出了新版本。Fireworks 是一款网页作图软件，可以加速 Web 设计与开发，是一款创建与优化 Web 图像和快速构建网站与 Web 界面原型的理想工具。Fireworks 不仅具备编辑矢量图形与位图图像的灵活性，还提供了一个预先构建资源的公用库，并可与 Adobe Photoshop，Adobe Illustrator，Adobe Dreamweaver 及 Adobe Flash 软件省时集成。

4. 其他软件

（1）SWFText

SWFText 是一款非常棒的 Flash 文本特效动画制作软件，可以制作超过 200 种不同的文字效果和 20 多种背景效果，可以完全自定义文字属性，包括字体、大小、颜色等，使用 SWFText 完全不需要任何 Flash 制作知识就可以轻松做出专业的 Flash 广告条和个性签名。

（2）Ulead GIF Animator

友立公司出版的动画 GIF 制作软件，内建的 Plugin 有许多现成的特效可以立即套用，可将 AVI 文件转成动画 GIF 文件，而且还能将动画 GIF 图片最佳化，能将你放在网页上的动画 GIF 图档减肥，以便让人更快速地浏览网页。

任务实施——欣赏优秀网站

欣赏以下几个网站，并注意观察其颜色搭配和布局方式。

（1）步步高音乐手机网站，网址为"http://www.vivo.com.cn/"，效果如图 1-15 所示。

图 1-15　步步高音乐手机网站

（2）搜狐网站，网址为"http://www.sohu.com/"，效果如图 1-16 所示。

图 1-16　搜狐网站

（3）中国教育和科研计算机网，网址为"http://www.edu.cn/"，效果如图 1-17 所示。

图 1-17　中国教育和科研计算机网

（4）里维斯服饰网，网址为"http://levistrauss.com/"，效果如图 1-18 所示。

图 1-18　里维斯服饰网

（5）海尔集团，网址为"http://www.haier.com/cn/"，效果如图1-19所示。

图1-19　海尔集团

（6）凤凰古城旅游网，网址为"http://www.fhvip.com/"，效果如图1-20所示。

图1-20　凤凰古城旅游网

（7）新东方教育网，网址为"http://www.neworiental.org/"，效果如图1-21所示。

图 1-21　新东方教育网

通过欣赏上面的几个经典网站，可以总结出以下几点：

① 通常教育类、科技类网站多为蓝色，能给人稳重、大气的感觉；

② 新闻类网站突出信息量，所以首页文字较多；

③ 产品展示类网站首页图片较多，并且通常能产生与用户的互动效果。

任务二　创建"石市科干院"站点及欢迎首页

任务描述

首先熟悉一下 Dreamweaver CS6 的工作环境，掌握利用 Dreamweaver CS6 创建和管理网站站点，以及创建、保存、打开和关闭网页文档的操作，然后创建"石市科干院"网站站点，并制作网站欢迎首页。

知识讲解

一、Dreamweaver CS6 简介

Dreamweaver CS6 是一个可视化网页设计和网站管理工具，即使没有任何网页制作基础，也能很轻松地利用它制作出漂亮的网页，只要从菜单、面板中选择选项就可以了。这免除了学习 HTML 语言的烦恼，也节省了很多编写源代码的时间。

Dreamweaver CS6 也有强大的网站管理功能，当修改文件名，移动或删除文件时，它会自动修改相关的链接；它还内置了 FTP 功能，可以直接将文件上传到网站服务器，并且在网站窗口中可以看到本地端和远程服务器上的文件，随时检查两端的差异。

二、启动 Dreamweaver CS6

启动 Dreamweaver CS6 的操作很简单，和其他软件基本一致。

步骤 1▶ 单击"开始"菜单按钮，选择"所有程序/Adobe Dreamweaver CS6"命令，即可启动 Dreamweaver CS6 软件，如图 1-22 所示。

步骤 2▶ 首次启动 Dreamweaver CS6 时，会弹出"默认编辑器"对话框，用户可为 Dreamweaver CS6 设置编辑器，如图 1-23 所示。

图 1-22　启动 Dreamweaver CS6　　　　　图 1-23　默认编辑器

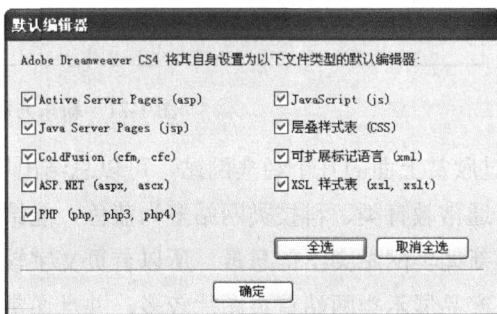

步骤 3▶ 此处保持默认设置，单击"确定"按钮，将打开 Adobe Dreamweaver CS6 欢迎屏幕，如图 1-24 所示。

图 1-24　欢迎屏幕

三、Dreamweaver CS6 工作环境简介

和之前的版本相比，Dreamweaver CS6 的工作界面焕然一新，可以说是做了一次脱胎换骨的改进，从界面中可以看到更多的设计元素。另外，Dreamweaver CS6 的操作环境非常灵活，用户完全可以根据自己的习惯进行定制。下面对 Dreamweaver CS6 的操作环境进行简单介绍。

Dreamweaver CS6 的工作界面由菜单栏、文档标签栏、文档工具栏、文档编辑区、标签选择器、"属性"面板、"文件"面板组等组成，如图 1-25 所示。

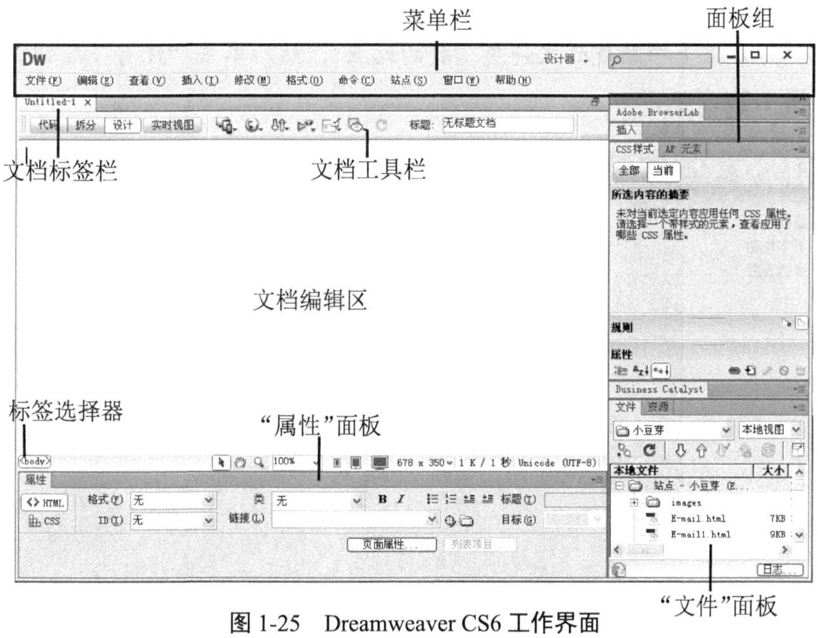

图 1-25　Dreamweaver CS6 工作界面

四、网站站点相关操作

1．创建本地站点

站点一般包括本地站点（本地计算机上的一组文件）和远程站点（远程 Web 服务器上的一组文件）。下面以本地站点为例说明创建过程。

步骤 1▶　首先在本地磁盘中创建一个新文件夹作为本地站点根文件夹，以便存放相关文档。本例在 D 盘新建一个名为"我的站点"的文件夹。

步骤 2▶　启动 Dreamweaver CS6，在菜单栏中选择"站点/新建站点"菜单命令，如图 1-26 所示。

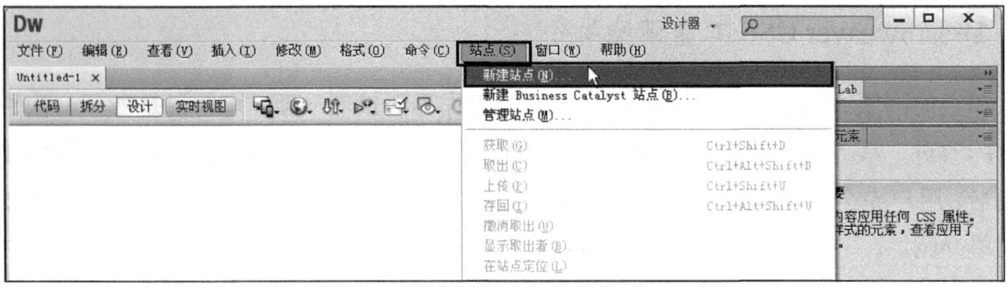

图 1-26　选择菜单

步骤 3▶　弹出"站点设置对象"对话框，设置"站点名称"为"我的站点"，"本地站点文件夹"为步骤 1 中新建的文件夹"我的站点"，然后单击"保存"按钮，站点即创建完成，如图 1-27 所示。

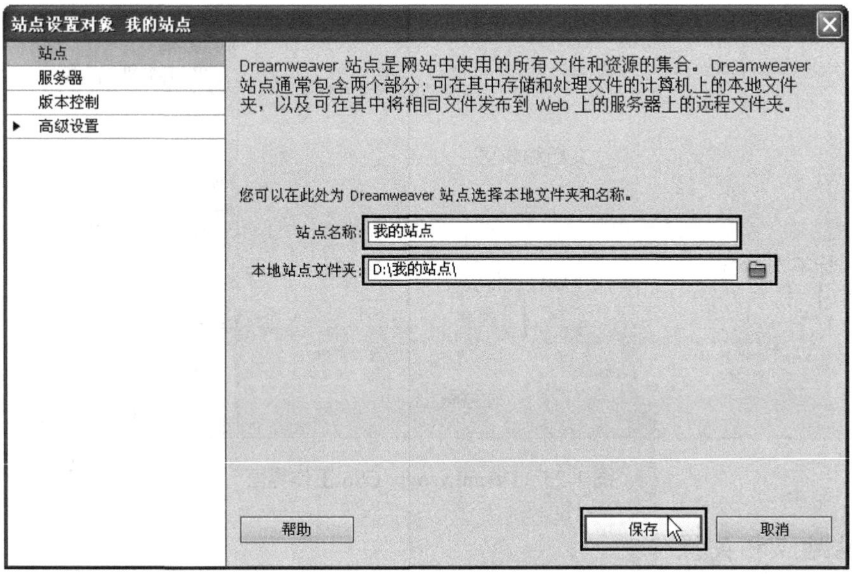

图 1-27　设置站点信息

2. 打开站点

打开站点的方法有两种，下面分别介绍。

方法 1：在菜单栏中选择"站点/管理站点"菜单命令，弹出如图 1-28 所示的"管理站点"对话框，选择要打开的站点，单击"完成"按钮即可。

方法 2：在"文件"面板的"站点"下拉列表中选择已创建的某个站点，也可将其打开，如图 1-29 所示。

图 1-28 "管理站点"对话框

图 1-29 "文件"面板

3．编辑站点

编辑站点的方法也有两种，下面分别介绍。

方法 1：选择"站点/管理站点"菜单命令，在"管理站点"对话框中双击要编辑的站点，即可弹出此站点相关信息进行编辑，如图 1-30 所示。

方法 2：在"文件"面板中选择站点列表中的"管理站点"选项，也可打开"管理站点"对话框，如图 1-31 所示。

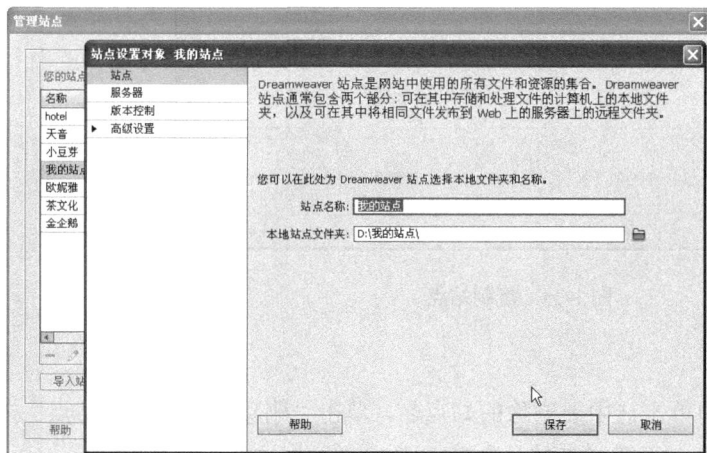

图 1-30 编辑站点方法 1

图 1-31 编辑站点方法 2

4．复制站点

首先在"管理站点"对话框中选择要复制的站点，这里选择"我的站点"，如图 1-32 所示，单击"复制当前选定的站点"按钮，在站点列表中即增加了一个新的站点"我的站点 复制"，表示这个站点是"我的站点"的复制，如图 1-33 所示。双击复制产生的站点，可以对其进行编辑操作，如改变站名、改变存储位置等。

图 1-32　选择站点

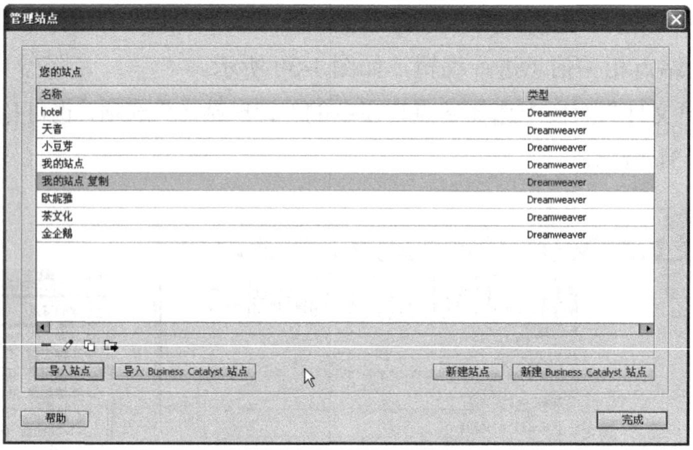

图 1-33　复制站点

5．删除站点

在"管理站点"对话框中单击选中要删除的站点名，单击"删除当前选定的站点"按钮━，在弹出的对话框中单击"是"按钮确认删除，单击"否"按钮则取消删除。

> **提示**　删除站点操作仅将站点信息从 Dreamweaver 中删除，而站点文件还保留在原来的硬盘位置上，并没有被删除。

6．导入和导出站点

在 Dreamweaver CS6 中，可以将现有站点导出为一个站点文件，也可以将站点文件导入为一个站点。导入、导出的作用在于保存及恢复站点和本地文件的链接关系。

（1）导出站点

步骤1▶　在"管理站点"对话框的站点列表中单击选中要导出的站点，单击"导出当前选定的站点"按钮，如图1-34所示。

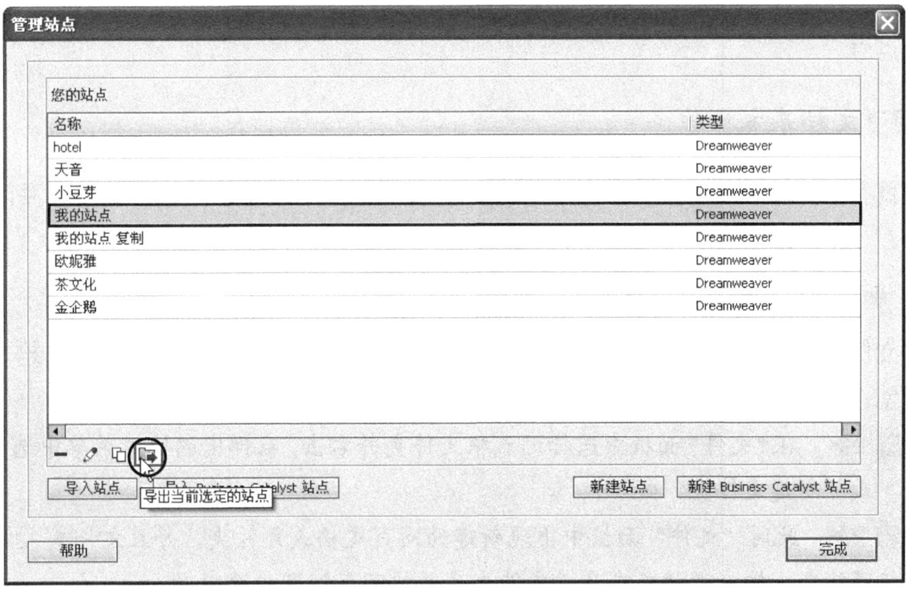

图1-34　导出站点

步骤2▶　在弹出的"导出站点"对话框中为导出的站点文件命名，然后单击"保存"按钮即可，如图1-35所示。

图1-35　命名站点文件

步骤 3▶ 导出的站点文件扩展名为".ste"，本例实现将"我的站点"导出至 D 盘根目录下，命名为 myfirst.ste。

（2）导入站点

在"管理站点"对话框中单击"导入站点"按钮 导入站点 ，在弹出的"导入站点"对话框中选择要导入的站点文件（后缀为.ste 的文件），单击"打开"按钮，站点文件将导入到站点中。

五、网页文档基本操作

网页文档的基本操作包括新建网页文档，保存与另存网页文档，以及打开和关闭网页文档等。

1．新建网页文档和文件夹

"文件"面板是管理网站的重要工具，通过它可以直观地看到整个网站的结构，也可以快速创建网页文档和文件夹。

步骤 1▶ 在"文件"面板中选择站点根文件夹并右击，在弹出的快捷菜单中选择"新建文件"或"新建文件夹"命令。

步骤 2▶ 此时"文件"面板中出现新建的网页文档或文件夹，并且文档或文件夹名处于可编辑状态，输入新的文档名或文件夹名并按回车键即创建成功。

2．打开网页文档

在 Dreamweaver 中打开网页文档的方法有多种，下面分别介绍。

➢ **方法 1**：启动 Dreamweaver 后，移动鼠标至欢迎屏幕上的"打开最近项目"文件列表，单击"打开"选项，然后在"打开"对话框中选择要打开的文档。

➢ **方法 2**：移动鼠标至菜单栏中的"文件"命令上单击，然后在弹出的下拉菜单中选择"打开"命令。

➢ **方法 3**：打开"文件"面板后，移动鼠标至面板中的文件列表上，双击要打开的文档，即可在文档编辑窗口中打开。

除上述方法外，还有一种打开网页文档的方法，就是在"资源管理器"的站点文件夹中右击文档，在弹出的快捷菜单中选择"使用 Dreamweaver CS6 编辑"命令，这样也可以打开网页进行编辑。

3．保存网页文档

制作网页时，应及时将其保存。

步骤 1▶ 在菜单栏中选择"文件/保存"菜单命令。

步骤 2▶ 出现"另存为"对话框后，首先在"保存在"下拉列表中选择磁盘驱动器编号和文件夹名称（网页存储位置），然后在"文件名"编辑框中输入网页文档名，接着单击"保存"按钮即可保存文档。

> 设置文档名后，下次再保存文档时就不会再弹出"另存为"对话框了，系统会默认存储为原来的文档名。

任务实施

在学习了前面的基础知识后，接下来通过一个实例进一步巩固。

一、创建"石市科干院"网站站点

步骤 1▶ 在本地磁盘的 D 盘，新建一个名为"kjxywz"的文件夹。

步骤 2▶ 启动 Dreamweaver CS6，在菜单栏中选择"站点/新建站点"菜单命令，打开"站点设置对象"对话框。在"站点名称"文本框中输入"石家庄市科技干部进修学院网站"；单击"本地站点文件夹"文本框右侧的文件夹图标，选择已创建好的网站根文件夹，本例选择步骤 1 中创建的文件夹"kjxywz"，如图 1-36 所示；最后单击"保存"按钮，完成站点的创建。

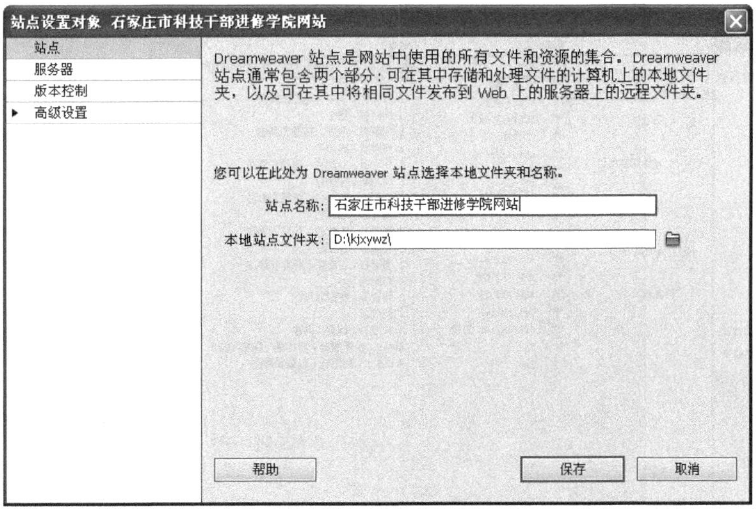

图 1-36　创建站点

二、制作"石市科干院"网站欢迎首页

步骤 1▶ 选择菜单栏中的"文件/新建"菜单命令，如图 1-37 所示。

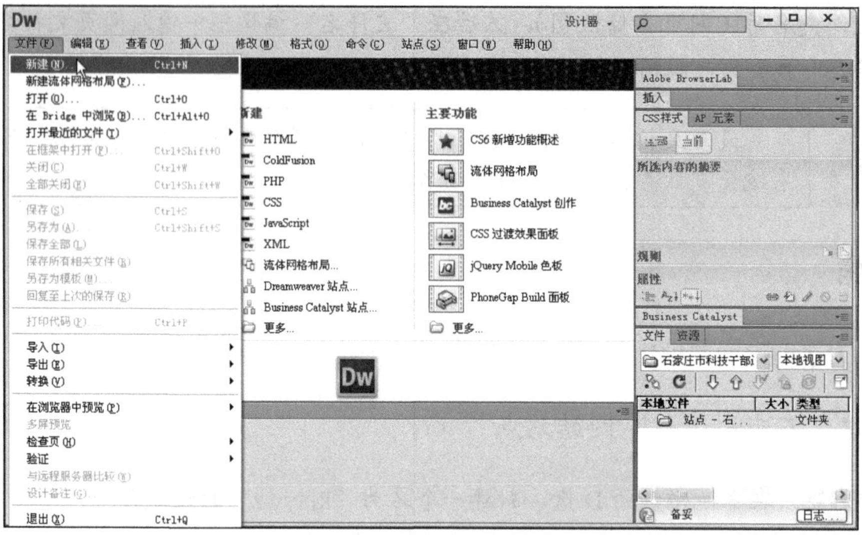

图 1-37　选择"新建"菜单

步骤 2▶　打开"新建文档"对话框，分别选择要创建的文档类型、页面类型和布局类型，然后单击"创建"按钮，如图 1-38 所示。

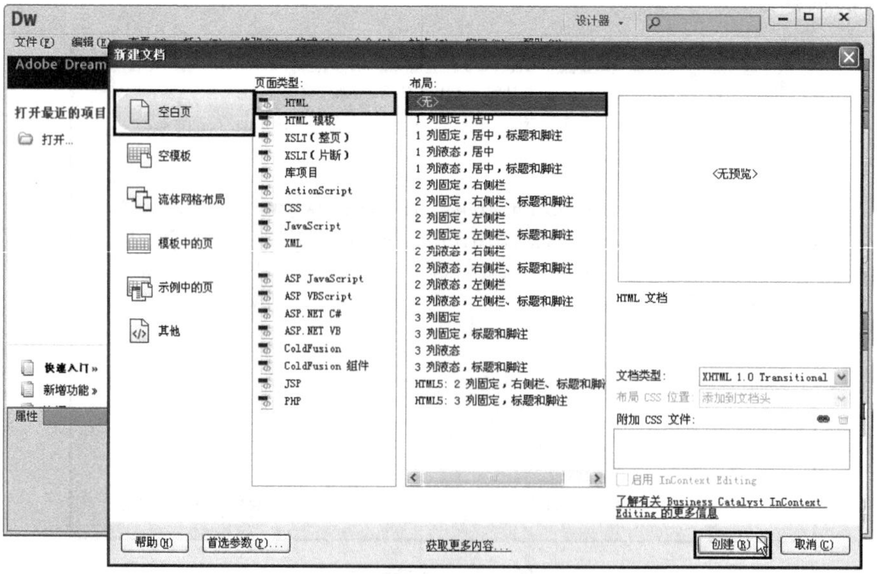

图 1-38　创建空白文档

步骤 3▶　创建完成后首先要保存文档，按"Ctrl+S"组合键打开"另存为"对话框，在"保存在"下拉列表中选择网站根文件夹，在"文件名"文本框中输入文档名（此处为"index.html"），然后单击"保存"按钮，如图 1-39 所示。

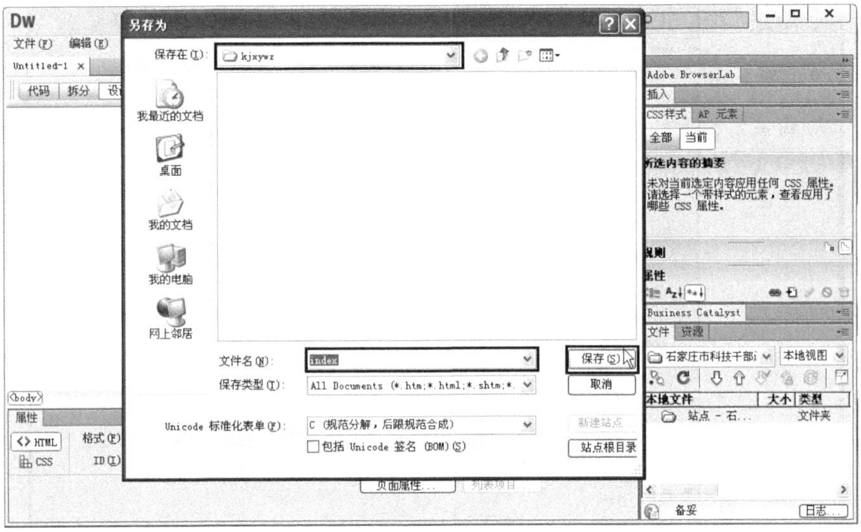

图 1-39 保存文档

步骤 4▶ 在保存好的文档中输入文字"欢迎访问石家庄市科技干部进修学院网站!",如图 1-40 所示。

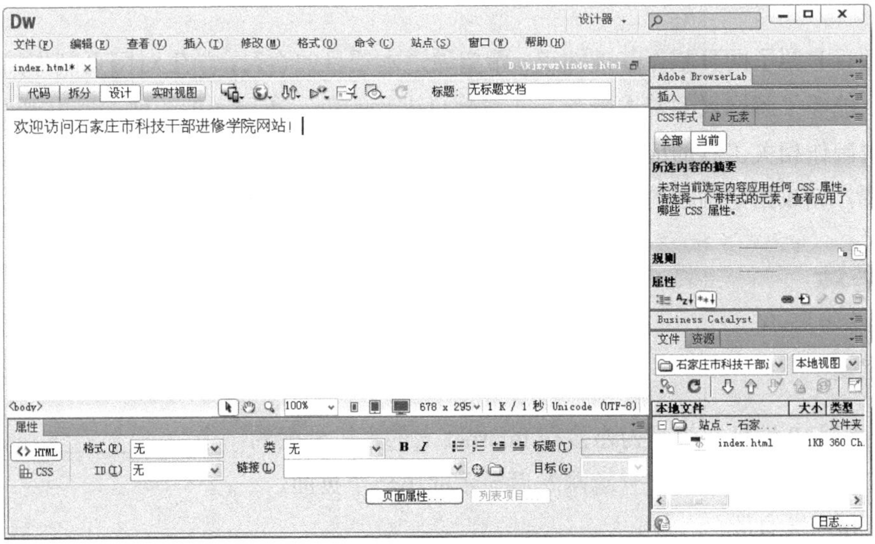

图 1-40 在文档中输入文字

步骤 5▶ 保存文档,然后按"F12"键,在浏览器中预览页面效果,如图 1-41 所示。

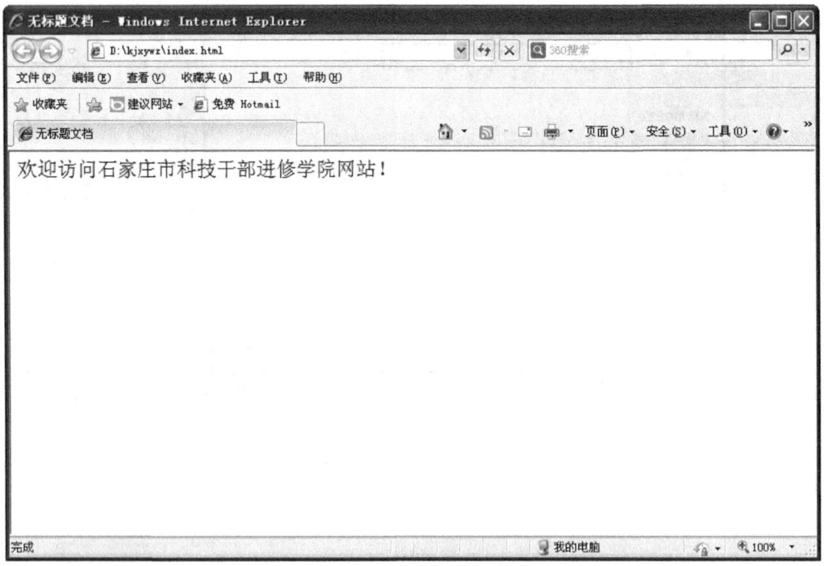

图 1-41　预览页面

项目总结

　　本项目介绍了网页制作基础知识。希望通过本项目的学习，学生对网页制作能有个初步认识，能够了解网页的基本概念，能对网页进行颜色、布局赏析，熟悉网站开发流程，了解网页制作相关工具的应用，并能够结合 Photoshop 图像处理软件制作出给定栏目的网站效果图，完成指定站点的创建，同时能制作出简单的欢迎界面。

项目考核

一、填空题

　　1. 所谓 IP 地址，就是为连接在 Internet 上的主机分配的一个_____。

　　2. _____是用户登录网站后显示的第一个页面。

　　3. URL 指的是_____。

　　4. 由于 IP 地址在使用过程中难于记忆和书写，一种与 IP 地址对应的字符应运而生，这就是_____。

　　5. 网页背景颜色最好选择_____或_____（大部分网页均选择_____），这样颜色搭配最灵活。

　　6. 除 Dreamweaver 外，制作网页时还需要用到_____, _____, Fireworks 等辅助软件。

二、选择题

1. （　　）是 Internet 最基本的协议，也是国际互联网络的基础。

    A. IP   B. TCP/IP   C. SNMP   D. POP3

2. 下列不属于网页构成元素的是（　　）。

    A. 站标   B. 导航条   C. 标题栏   D. 主页

3. 要在 Dreamweaver 中创建站点，需要选择（　　）菜单命令。

    A. 站点/新建站点   B. 插入/站

    C. 插入/新建站点   D. 站点/插入站点

4. 要保存网页文档，可选择（　　）菜单命令。

    A. 文件/保存网页   B. 文件/保存

    C. 编辑/保存网页   D. 编辑/保存

5. 利用（　　）面板可新建网页和文件夹。

    A. 文件   B. 插入   C. 属性   D. 资源

三、简答题

1. 什么是网站？

2. 在进行网页色彩搭配时，要注意哪些方面？

3. 谈谈网站的开发流程。

四、实践题

赏析以下网站，注意布局和配色。

（1）天津大学网站：http://www.tju.edu.cn

（2）易趣网：http://www.ebay.com.cn

（3）木叶之家个人网：http://zhangrui.haocool.net

（4）求职网：www.chijoy.1m.cn

（5）开心购物网：http://www.aroundsuzhou.com

（6）湖南张家界旅游网：www.zjjok.com

（7）曙光人才网：http://www.twinssusccess.cn

拓展训练

使用 Photoshop 图像处理工具，制作图 1-42 所示的网页效果图。

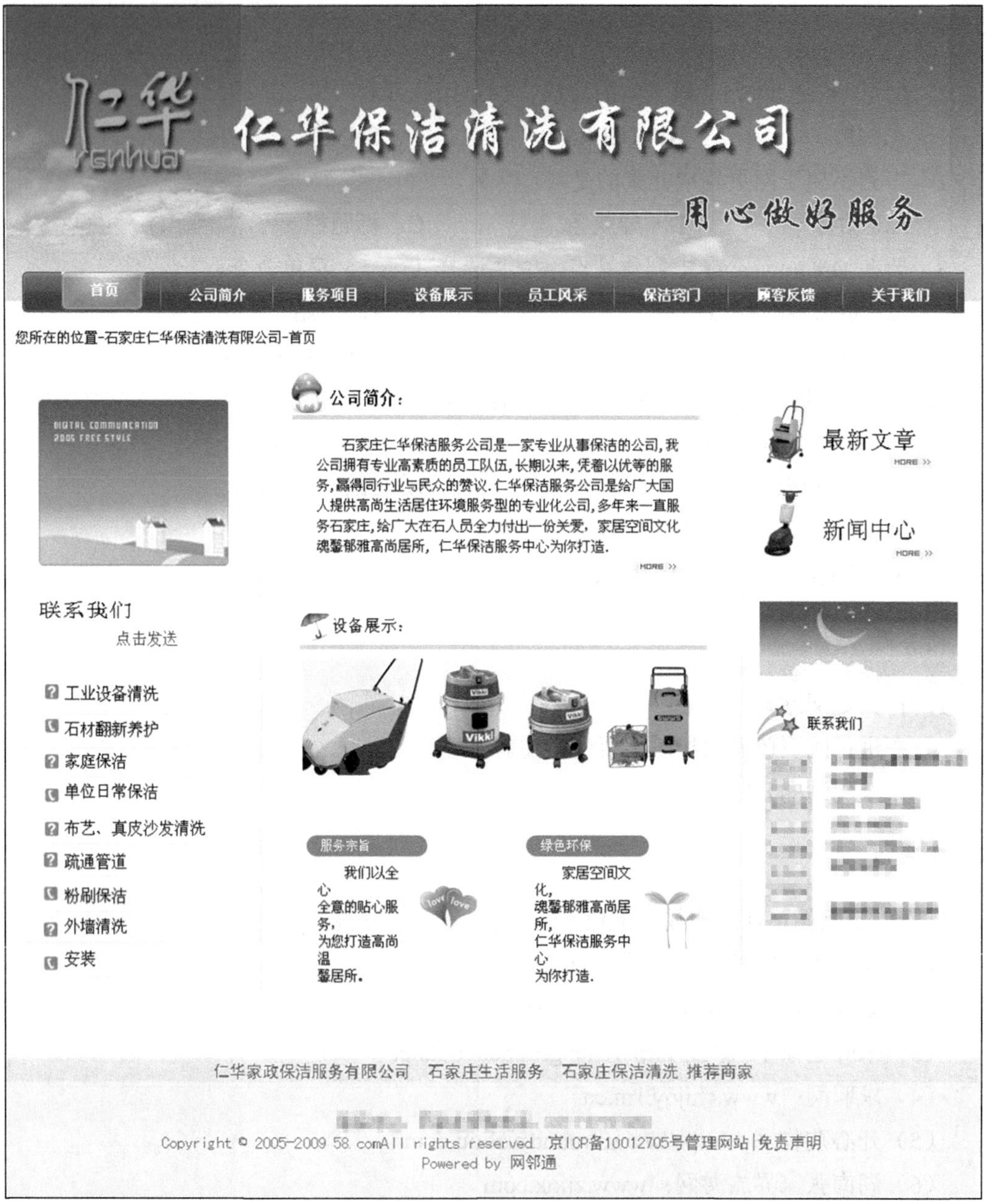

图 1-42　网页效果图

项目二　网站的规划与创建——制作 "石市科干院" 网站规划书并建立站点

项目描述

　　良好有序的网页设计与制作习惯是一个网站开发者必须具备的素质之一。网站开发公司在实际的项目开发中，一般是按照"制作规划书→设计页面→制作页面"的顺序来完成工作的。本项目以"石家庄市科技干部进修学院"（以下简称"石市科干院"）网站的制作为例，让读者掌握网站规划书的基本内容和网站建设的基本流程，并在其基础上利用 Dreamweaver CS6 创建和管理站点。

学习目标

　　❧　掌握网站规划书的写作方法
　　❧　掌握网站栏目结构图的绘制方法
　　❧　掌握网站目录结构的构建方法
　　❧　掌握创建及管理本地站点的方法
　　❧　能够使用"文件"面板构建站点目录结构

项目分析

　　与客户沟通，了解客户的深度需求，是创建网站前必须要做的工作。良好的前期工作能让网站制作人员更加明确网站建设的目的、结构、功能和站点层次，让后期的制作达到事半功倍的效果。本项目以"石市科干院"网站为例，介绍了网站制作前期工作的相关知识，主要包括网站规划书的写作、网站栏目结构图的制作、网站目录结构图的设计，以及创建和管理站点文件的相关知识。

　　根据项目制作要求对任务进行划分，主要可分为 5 个分任务。

　　任务　：制作网站规划书，效果如图 2-1 所示。

图 2-1　网站规划书封面

任务二：制作"石市科干院"网站栏目结构图，效果如图 2-2 所示。

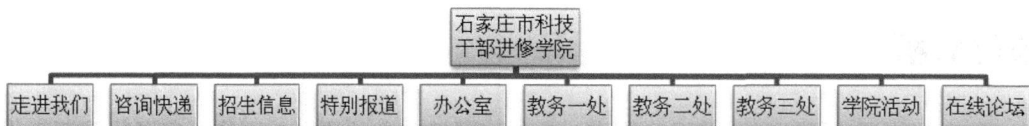

图 2-2　网站栏目结构图

任务三：创建"石市科干院"网站目录结构，效果如图 2-3 所示。

任务四：在充分理解网站规划书的基础上，在 Dreamweaver CS6 中创建和管理"石市科干院"网站的本地站点，效果如图 2-4 所示。

任务五：在网站栏目结构图及网站目录结构的基础上，在"文件"面板的本地站点中创建网页文档及文件夹，效果如图 2-5 所示。

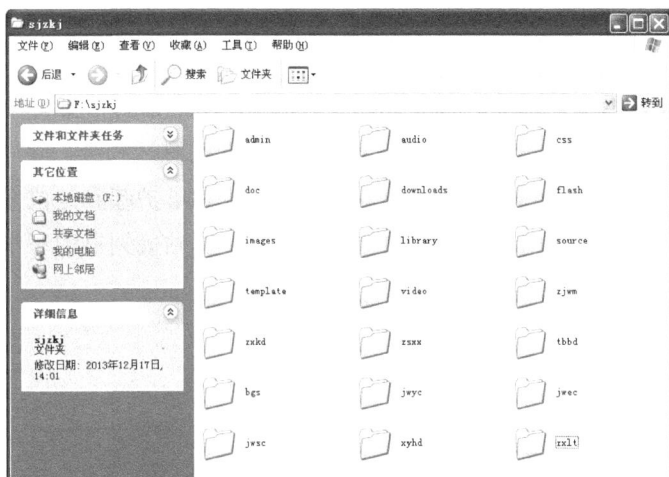

图 2-3 网站目录结构

图 2-4 本地站点

图 2-5 本地站点文件结构

任务一 制作网站规划书

任务描述

一个网站的成功与否与建站前的规划有着极为紧密的关系。网站建设公司提示，在建设网站前要进行必要的市场分析，明确建设网站的目的，确定网站要实现的功能，以及网站规模、投入费用等。只有详细规划，才能避免建站过程中出现的各种问题，使网站建设顺利进行。

网站规划是指在网站建设前对市场进行分析，确定建站目的和要实现的功能，并根据需要对网站建设中用到的技术、网站内容、所需费用、网站测试和维护等做出详细的规划。网站规划对网站建设起到计划和指导作用，对网站内容和维护起到定位作用。

网站规划书应尽可能涵盖网站建设中的各个方面，网站规划书的写作要科学、认真、实事求是。

知识讲解

网站规划书的内容主要包括以下几点。

1. 建设网站前的市场分析

市场分析主要包括以下几方面内容。

（1）相关行业的市场是怎样的，有什么样的特点，是否能够在互联网上开展公司业务。

（2）市场主要竞争对手分析，包括竞争对手上网情况及其网站规划、功能和作用。

（3）公司自身条件分析，包括公司概况、市场优势、建设网站的能力（费用、技术、人力等），以及可以利用网站提升哪些竞争力等。

2. 建设网站的目的及功能定位

（1）明确建设网站的目的？是为了宣传产品，开展电子商务，还是建立行业性网站？是企业的需要还是市场开拓的延伸？

（2）整合公司资源，确定网站功能。根据公司的需要和计划，确定网站功能：产品宣传型、网上营销型、客户服务型或电子商务型等。

（3）根据网站功能，确定网站应达到的目的和作用。

（4）企业内部网（Intranet）的建设情况和网站的可扩展性。

3. 网站技术解决方案

根据网站的功能确定网站技术解决方案。

（1）采用自建服务器，还是租用虚拟主机。

（2）选择操作系统，用 Unix，Linux 还是 Windows 2000/NT；分析投入成本、功能、开发、稳定性和安全性等。

（3）采用系统性解决方案（如 IBM，HP 等公司提供的企业上网方案，电子商务解决方案等），还是自己开发。

（4）网站安全性措施，如防黑、防病毒方案。

（5）相关程序开发。确定网站开发程序，如 ASP，JSP，CGI 等，以及数据库程序，如 SQL Server，Oracle，Access 等。

4．网站内容规划

（1）根据建站目的和要实现的功能规划网站内容，一般企业网站应包括公司简介、产品介绍、服务内容、价格信息、联系方式、网上定单等基本内容。

（2）电子商务类网站要提供会员注册功能、详细的商品服务信息、信息搜索查询、定单确认、在线付款、个人信息保密措施以及相关帮助等。

（3）如果网站栏目比较多，则考虑采用网站编程专人负责相关内容。可事先对人们希望阅读的信息进行调查，并在网站发布后调查人们对网站内容的满意度，以做出及时地调整。

> **提示**　网站内容是网站吸引浏览者最重要的因素，无内容或不实用的信息不会吸引匆匆浏览的访客。

5．网页设计

网页设计包括美术设计和技术设计两方面内容。

（1）网页美术设计。网页美术设计一般要与企业整体形象一致，要符合 CI（Corporate Image，即企业形象）规范，要注意网页色彩、图片的应用及版面规划，保持网页的整体一致性。

（2）网页技术设计。在新技术的采用上要考虑主要目标访问群体的分布地域、年龄阶层、网络速度、阅读习惯等。

（3）制定网页改版计划，如半年到一年时间进行一次较大规模的改版等。

6．网站维护

网站维护主要包括下面几项内容。

（1）服务器及相关软硬件的维护。对可能出现的问题进行评估，制定响应时间。

（2）数据库维护。有效利用数据是网站维护的重要内容，因此数据库的维护要受到重视。

（3）内容的实时更新、调整等。

（4）制定相关网站维护的规定，将网站维护制度化、规范化。

7．网站测试

为保证网站发布后的正常浏览和使用，网站发布前要进行细致周密的测试，主要测试内容包括下面几项：

（1）服务器稳定性、安全性；

（2）程序及数据库测试；

（3）网页兼容性测试，如浏览器、显示器等；

（4）需要的其他测试。

8．网站发布与推广

（1）网站发布后进行的公关、广告、宣传活动。

（2）论坛宣传、搜索引擎登录等。

9．网站建设日程表

各项规划任务的开始、结束时间，负责人等。

10．费用明细

各项事宜所需费用清单。

在进行规划书的写作时，要根据实际项目需求，进行适当修改成文，以便对网站建设过程中的技术、内容、费用、测试、维护等作出切实可行的规划。

任务实施——制作"石市科干院"网站规划书

在网站规划书写作要求的基础上，进行"石市科干院"网站规划书的写作。本网站属于公益性网站，下面为其具体内容。

1．网站访问者分析（用户分析）

（1）访问网站的用户种类：全校师生及社会各界所有关心学院发展的人员。

（2）访问网站的用户需求：了解学院最新动态，为教育教学提供服务。

2．建设网站的目的

（1）宣传学院，扩大影响力（从自身办学特色，自身优势出发）。

（2）实现学院优质资源的共享。

3．域名及空间的选择

（1）域名选择。经反复商议并报领导通过后，决定域名为"sjz-jxxy.com"。

（2）空间选择。学院本身具有网络中心，校园网硬件平台及 Web 服务器等硬件设备可以满足需求。

（3）服务器操作系统选择。从投入成本、功能、开发、稳定性和安全性等方面考虑，开发平台选用 windows 2003 操作系统。

（4）后台管理系统选择。后台管理系统选择动易 2006 SiteWeaver 内容管理系统 6.5。

4．网站配色

网页制作中页面颜色的搭配相当重要，整个校园网站的美工设计由学院美术教师负责，可以多采纳美术教师的意见。网站各板块应采用与网站首页同一色系的颜色，整个板块内部也要尽量保持风格一致。

考虑到校园网站是教学网站，颜色既要体现出严肃性，又不能过于死板，所以应采用淡雅型的配色方案，避免有大面积色块出现。

5．网站的功能

根据学院网站的设计思想，对网站内容进行分析，按照系统开发的基本观点对网站进行分解，从内容上对网站作以下划分。

> **学院概况**：通过走进我们、招生信息以及部分图片等内容来展现。
> **学院信息**：通过新闻和生动活泼的教育教学栏目来展现，主要包括公告栏、信息查询等栏目，内容有资讯快递、特别报道、学院活动、办公室等。
> **教学教研**：通过网上教学教研扩大教师视野，加强教师业务水平，从而提高教学质量。根据方向的不同，分成了教务一处、教务二处、教务三处等。
> **在线论坛**：通过论坛拓展师生之间的交流渠道。另外，知识讲解、答疑等也可以在这里得到深化。
> **主页设计**：网站主页采用静动结合的方式，即静态的主画面和动态的图像相结合，体现学院的勃勃生机。主页上设置学院风采、优点特色、信息发布等版块。

在这之前，学院网的硬件设备已经全部到位，包括校园网硬件平台、Web 服务器、软件平台等。学院网站开发是一项很复杂的工作，要建立一个网站，首先要明确网站建设的意义和需求，及网站所能提供的功能和内容，必须让每一位学院领导和教师了解校园网能够提供的服务和功能；其次可采取与领导交谈、下发问卷调查表等方式了解学院领导和教师希望校园网提供的服务和内容；网管要根据各方面的反馈意见进行认真分析，最后确定网站的总体规划。学院网站是学院的"商标"，要通过学院主页让社会了解学院的发展概况、办学质量、师资情况，藉此提升学院知名度，构建一个富有职业特色的校园文化。

6．网站总体栏目设置

网站总体栏目一般是指主导航栏的内容，下面简单画出了"石市科干院"网站的总体栏目设置效果图，如图 2-6 所示。

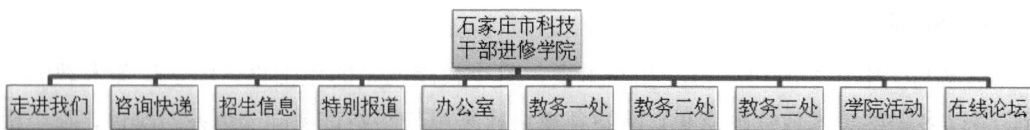

图 2-6　"石市科干院"网站总体栏目设置

7．网站安全

为保证网站的安全正常运行，在前期和日常维护中需要注意以下问题。

（1）网络与信息安全保障措施

网站服务器和其他计算机之间设置经公安部认证的防火墙，并与专业网络安全公司合作，做好安全策略，拒绝外来的恶意攻击，保障网站正常运行。

（2）在网站的服务器及工作站上均安装了正版的防病毒软件，对计算机病毒、有害电子邮件有整套的防范措施，防止有害信息对网站系统的干扰和破坏。

（3）做好生产日志的留存。网站具有保存 60 天以上系统运行日志和用户使用日志记录的功能，内容包括 IP 地址及使用情况，主页维护者、邮箱使用者和对应的 IP 地址情况等。

（4）交互式栏目具备 IP 地址、身份登记和识别确认功能，对没有合法手续和不具备条件的电子公告服务要立即关闭。

（5）网站信息服务系统建立双机热备份机制，一旦主系统遇到故障或受到攻击导致不能正常运行，要保证备用系统能及时替换主系统继续提供服务。

（6）关闭网站系统中暂不使用的服务功能和相关端口，并及时用补丁修复系统漏洞，定期查杀病毒。

（7）服务器平时处于锁定状态，并保管好登录密码；后台管理界面设置超级用户名及密码，并绑定 IP，以防他人登入。

（8）网站提供集中式权限管理，针对不同的应用系统、终端、操作人员，由网站系统管理员设置共享数据库信息的访问权限，并设置相应的密码及口令。不同的操作人员设定不同的用户名，且定期更换，严禁操作人员泄漏自己的口令。对操作人员的权限严格按照岗位职责设定，并由网站系统管理员定期检查操作人员权限。

（9）公司机房按照电信机房标准建设，内有必备的独立 UPS 不间断电源，高灵敏度的烟雾探测系统和消防系统，定期进行电力、防火、防潮、防磁和防鼠检查。

8．网站运营维护

在网站运营维护方面，要做到下面几点：

（1）建立网站内容发布审核机制，始终保持网站内容的合法性；

（2）保持网站服务器正常工作，对网站访问速度等进行日常跟踪管理；

（3）保持合理的网站内容更新频率；

（4）网站内容制作符合网站优化所必须具备的规范；

（5）完善重要信息（如数据库、访问日志等）的备份机制；

（6）保持网站重要网页的持续可访问性，不受网站改版等因素影响；

（7）对网站访问统计信息定期进行跟踪分析。

实战演练

根据所学网站规划书书写要求，为传媒系设计一个网站，书写相应的网站规划书。在书写规划书时，要注意公益性网站和盈利性网站的区别。

任务二 制作网站栏目结构

任务描述

在网站制作前期，利用 word 绘制好网站栏目结构图，可以让网站开发人员在开发过程中做到心中有数，有章可循。本任务学习网站栏目结构图的制作步骤。

知识讲解

内容是网站的核心，一个网站最重要的就是内容，而内容怎样开展，很大程度上是由网站栏目结构决定的。所以，网站栏目结构设计得好，才能让整个网站内容围绕主题去开展，提升网站与主题的符合度。

在网站栏目结构的设计上，需要注意下面几点。

（1）层次清晰，突出主题。理清网页内容及栏目结构的脉络，使链接结构、导航线路层次清晰；在内容与结构的设计上要突出主题。

（2）体现特征，注重特色设计。

（3）方便用户使用。

（4）网页在功能分配上合理，且要功能强大。

（5）可扩展性能好。

（6）网页设计与结构在用户体验上要完美结合。

任务实施——制作"石市科干院"网站栏目结构

本任务在设计网站栏目结构的基础上，利用 word 2007 绘制"石市科干院"网站栏目结构图，效果如图 2-7 所示。

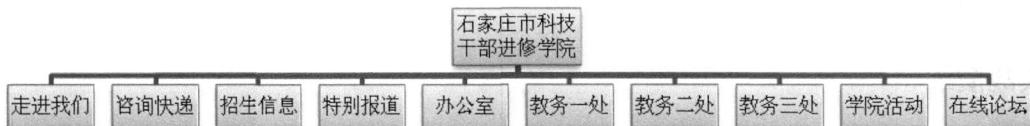

图 2-7 "石市科干院"网站栏目结构图

在开始绘制之前，先简单了解一下网站栏目结构图的绘制流程，如图 2-8 所示。

图 2-8 网站栏目结构图的绘制流程

步骤 1▶ 新建空白 word 文档。启动 word 2007，选择"文件/新建"菜单命令，新建一个空白 word 文档。

步骤 2▶ 插入组织结构图。单击文档窗口上方工具栏中的"插入"按钮，切换到"插入"工具栏，单击"插图"区域中的"SmartArt"按钮，打开"选择 SmartArt 图形"对话框，如图 2-9 所示。

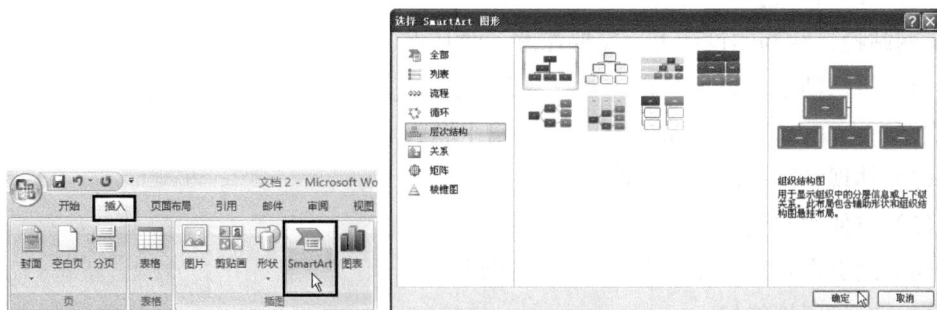

图 2-9 "选择 SmartArt 图形"对话框

步骤 3▶ 插入形状。在对话框左侧列表中选择"层次结构",然后在右侧列表中选择要插入的形状,单击"确定"按钮即插入形状,如图 2-10 所示。

步骤 4▶ 添加/删除文本框。根据网站的实际需求,单击选中"层次结构"第二层中的文本框,按"Delete"键将其删除;右击第三层最右侧的文本框,在弹出的快捷菜单中选择"添加形状/在后面添加形状"菜单,添加一个文本框,并按照同样的方法再添加 6 个文本框,最终如图 2-11 所示。

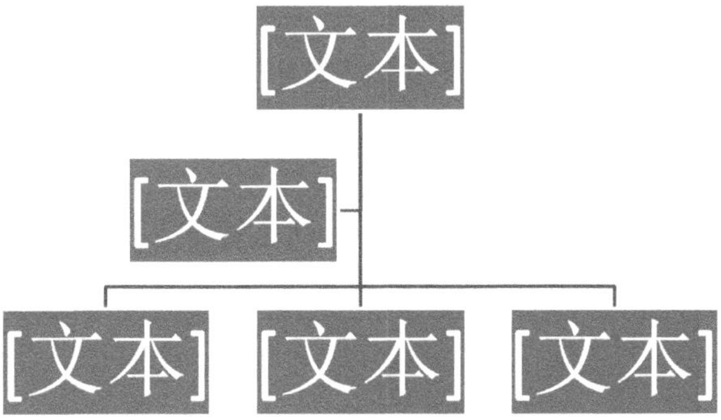

图 2-10 插入形状

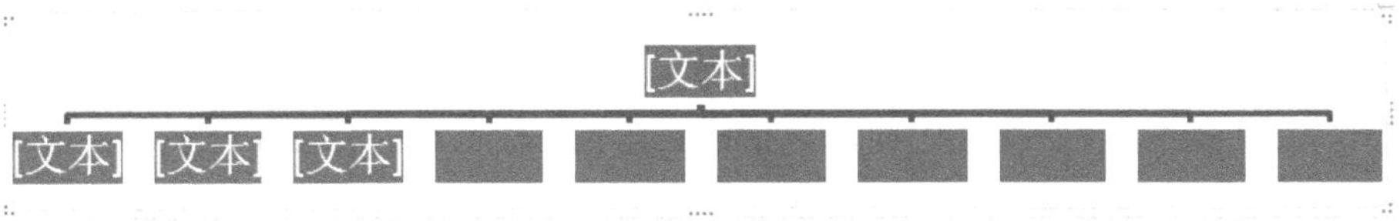

图 2-11 添加/删除文本框

步骤 5▶ 添加文字。右击文本框,在弹出的快捷菜单中选择"编辑文字",然后在文本框中输入文字,如图 2-12 所示。

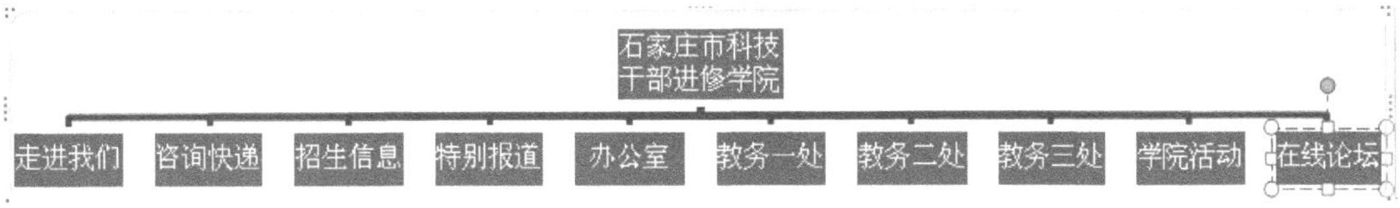

图 2-12 添加文字

步骤 6▶ 自动套用样式。选择层次结构图,在"设计"工具栏中单击要应用的样式,即可对结构图应用选中的样式,如图 2-13 所示。

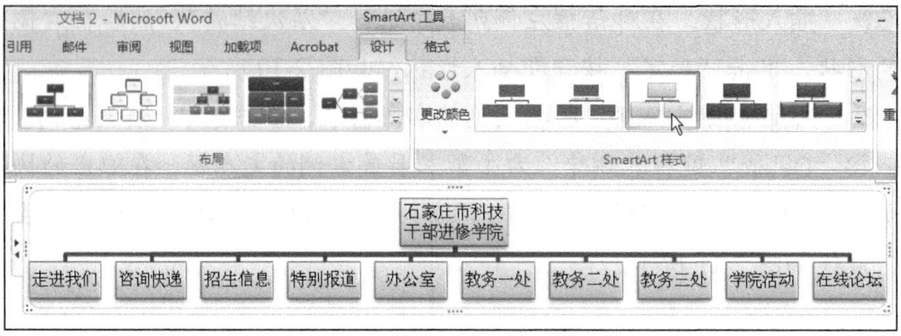

图 2-13 对层次结构图应用样式

步骤 **7** ▶ 保存文档。

> 在网站中，采用树形结构图，从主页节点开始，逐个添加下属二级及三级节点，需要注意的是只包含一个一级节点。

经验技巧

如果制作的是大型网站，一般网站结构也需要有相应的策划书，策划书要求有电子版和书面版两份。

下面介绍策划书涉及的具体内容。每个栏目的策划书应该是格式统一的。

第一，栏目概述。栏目概述中应该包括栏目定位、栏目目的、服务对象、子栏目设置、首页内容、分页内容简述等，这一部分起到一个索引的作用，让相关人员能对整个栏目有一个大概的整体把握和了解。

第二，栏目详情。栏目详情就是把每一个子栏目的具体情况描述一下，主要包括下面几项内容。

> ➢ **栏目名称：** 各个子栏目的名称。
> ➢ **栏目目的：** 把子栏目的目的写清楚。
> ➢ **服务对像：** 用以明确栏目的发展方向，为更好地达到目的而做哪些具体内容。
> ➢ **内容介绍：** 详细说明本子栏目的具体内容。
> ➢ **资料来源：** 说明该栏目的内容来源是什么，以保证栏目开展下去不会出现没有内容的情况。
> ➢ **实现方法：** 讲述实现这个栏目的具体方法。
> ➢ **有关问题：** 栏目负责人在栏目的策划过程当中想到的目前尚未解决的问题。
> ➢ **重点提示：** 重点提示美工人员或编程人员需要注意的地方，或需要结合的地方，也可以是栏目策划人员对该子栏目在某些方面的良好意见和建议。

第三，相关栏目。这一项是用以说明本栏目和其他栏目之间的结合、沟通，之所以要有这一项是想通过各个栏目之间的联系，来加强网站的整体一致性。

第四，参考网站。标明本栏目参考了哪些网站，或可以参考哪些网站。一定要说明参考其他网站的哪些优点，哪些地方是我们在建设过程当中应该注意的，绝不是只写上一个网址就可以了！

第五，附录。用以记录这个文档的历史修改过程和改了哪些内容。

> 有人可能会觉得上述的栏目策划书内容多了些、繁琐了些，不过，要知道策划书是写给自己的，不是为了让别人看，是网站在以后建设过程中的一个依据。有了这个策划书，我们可以更轻松地完成以后的工作。

任务三　制作网站目录结构

任务描述

本任务是制作石家庄市科技干部进修学院网站目录结构。一般来讲，一个网站包含的文件往往有很多，大型网站更是如此。如果将这些文件杂乱存放，容易造成两个后果。

（1）文件管理混乱

经常搞不清哪些文件需要编辑和更新，哪些无用的文件可以删除，哪些是相关联的文件，大大地影响工作效率。

（2）上传速度慢

我们的站点最终都要上传到网络服务器上，而服务器一般都会为根目录建立一个文件索引。当您将所有文件都放在根目录下时，即使只上传更新一个文件，服务器也需要将所有文件再检索一遍，建立新的索引文件，大大增加上传时间。

所以，本任务以"石市科干院"网站目录结构为例，讲解如何制作网站目录结构。

知识讲解

建立网站目录结构，应遵循以下方法和建议。

1. 按栏目内容建立子目录

首先应按主菜单栏目来建立子目录。例如，网页教程类站点可以根据技术类别分别建立相应的目录，如 Flash，Dhtml，javascript 等；企业站点可以按公司简介、产品介绍、价格、在线定单、反馈联系等建立相应的目录。

其他的次要栏目，类似新闻、友情链接等内容较多，需要经常更新的栏目可以建立独立的子目录；而一些相关性强，不需要经常更新的栏目，如关于本站、关于站长、站点经历等，可以统一放在一个目录下。

2. 有些程序存放在特定目录下

在网站建设中，很多程序一般都放在特定的目录下，以便于维护管理。例如，后台管理程序一般都放在 admin 文件目录下，需要下载的内容一般都放在"downloadfiles"目录下。

3. 在每个主目录下都建立独立的 images 目录

一般情况下，每个站点根目录下都有一个 images 目录。刚开始学习主页制作时，一般人习惯将所有图片都存放在该目录下；可是后来会慢慢发现这样很不方便，当需要将某个主栏目打包供网友下载或者将某个栏目删除时，图片的管理相当麻烦。经过实践发现，为每个主栏目建立一个独立的 images 目录是最方便管理的，而根目录下的 images 目录只用来存放首页和一些次要栏目的图片。

4. 目录的层次不要太深

目录的层次建议不要超过 3 层，以方便维护管理。

除上述各项外，其他需要注意的还有以下几项。

（1）不要使用中文目录。网络无国界，使用中文目录可能对网址的正确显示造成困难。

（2）不要使用过长的目录。尽管服务器支持长文件名，但是太长的目录名不便于记忆。

（3）尽量使用意义明确的目录。

任务实施——制作"石市科干院"网站目录结构

根据基础知识中的内容，以及网站目录结构图的分析设计，本站点网站目录结构部分设计如下。

（1）admin：放置后台管理程序。如果网站中包含动态内容，这个目录是必须有的。

（2）audio：放置音频文件。

（3）CSS：放置样式表文件。

（4）doc：放置 word 文档文件。

（5）downloads：放置供用户下载的文件。

（6）images：放置图片文件。

（7）library：放置库项目。

（8）news：放置新闻。

（9）source：放置开发过程中编写的源文件，如 Flash，Photoshop 等的源文件，方便将来修改编辑。

（10）template：放置模板文件。

（11）video：放置视频文件。

（12）zjwm，zxkd，zsxx，tbbd 等为二级页面文件夹，采用二级页面名称的首字母简写。

最终的网站目录效果如图 2-14 所示，如果部分英文单词记不清楚，可自己重新命名。

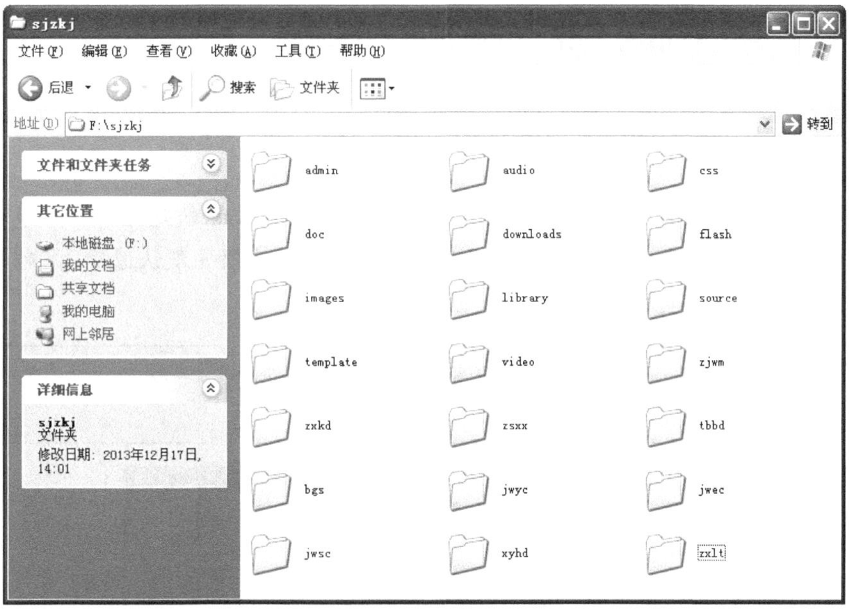

图 2-14 网站目录结构效果

任务四 创建本地站点并管理

任务描述

经过前面三个任务的学习，我们理解并掌握了网站建设的前期工作。Dreamweaver CS6 是一款强大的所见即所得网站制作工具，为了更好地在其中管理和操作网站内容，我们需要创建本地站点，从而使本地文件与 Dreamweaver CS6 之间建立联系，让设计人员可以通过 Dreamweaver CS6 管理站点文件。

知识讲解

在开始建立网站本地站点之前，先简单了解一下其基本流程，如图 2-15 所示。

创建本地站点文件夹 ⇒ 运行 Dreamweaver CS6 ⇒ 执行"新建站点"命令 ⇒ 定义站点名称 ⇒ 定义站点使用的服务器技术 ⇒ 定义站点的存储位置 ⇒ 定义站点远程服务器的连接 ⇒ 确定站点信息

图 2-15　创建本地站点的基本流程

任务实施——为"石市科干院"网站创建本地站点

步骤 1▶　创建本地站点文件夹。在本地磁盘 F 盘新建一个文件夹（此处为 F: \sjzkj），用于存放将要制作的站点。

步骤 2▶　新建站点。启动 Dreamweaver CS6，选择"站点/新建站点"菜单命令，出现"站点设置对象"对话框。单击左侧列表中的"站点"选项（默认选项），对话框右侧显示站点相关信息，如图 2-16 所示。

> **提示**　"站点设置对象"对话框左侧有多个选项卡，可以在"站点"向导和"高级设置"之间切换。

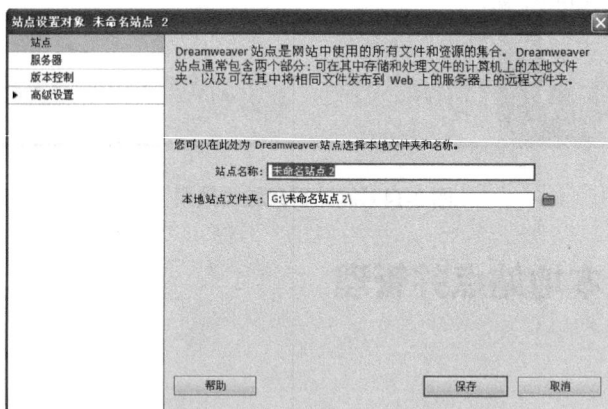

图 2-16　"站点设置对象"对话框

步骤 3▶　设置站点信息。在"站点名称"编辑框中输入一个站点名称（此处为"sjzkgy"），以在 Dreamweaver CS6 中标识该站点。"本地站点文件夹"用于设置网站文件的存储路径，可以在文本框中输入已有的路径；也可以单击右侧的按钮，在弹出的"选择站点 szjkgy 的本地根文件夹"对话框中选择存储位置。

步骤4▶ 设置服务器信息。在左侧列表中单击"服务器"选项，对话框右侧将显示服务器相关信息，如图 2-17 所示。站点服务器信息可以暂时不填写，在上传网站时再添加。

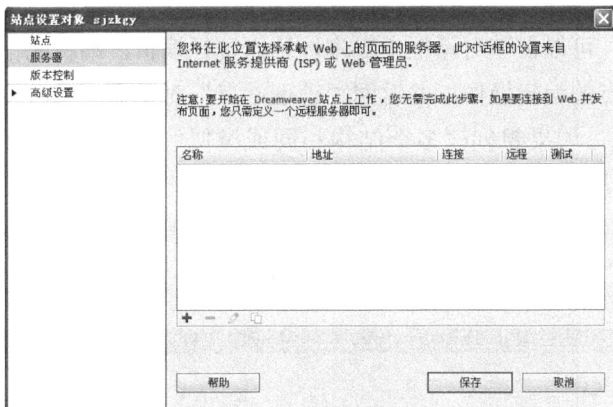

图 2-17　服务器信息

步骤5▶ 设置"版本控制"信息。在 Dreamweaver CS6 中新增加了"版本控制"选项，一般设置访问对象为"无"。

步骤6▶ 高级设置。对"高级设置"部分，仅设定"本地信息"即可，如图 2-18 所示。其他相关内容会在后面的学习中逐步讲解。设定好后，直接单击"保存"按钮，新的站点就创建完成了。

图 2-18　设置"本地信息"

经验技巧

在 Dreamweaver CS6 中，选择"站点/管理站点"菜单命令，将弹出"管理站点"对话框，如图 2-19 所示。在该对话框中可以非常方便地执行新建、编辑、复制站点等操作。

（1）新建站点。单击"新建站点"按钮，将弹出"站点设置对象"对话框，可按前面所述内容进行新站点的创建。

（2）编辑站点。在上方的站点列表中选择相应站点后，单击 ✐ 按钮，将打开"站点设置对象"对话框，可以在该对话框中对本地站点进行编辑，编辑完毕后，单击"保存"按钮，将保存对站点的编辑操作，并返回"管理站点"对话框。

（3）复制站点。如果想创建多个结构相同或类似的站点，可以利用站点的可复制性进行操作，可以从一个基站点中复制出多个相同结构的站点，然后根据需要分别针对站点进行编辑，以达到快速创建站点的目的。选择要复制的站点后，单击 🗗 按钮可复制站点。

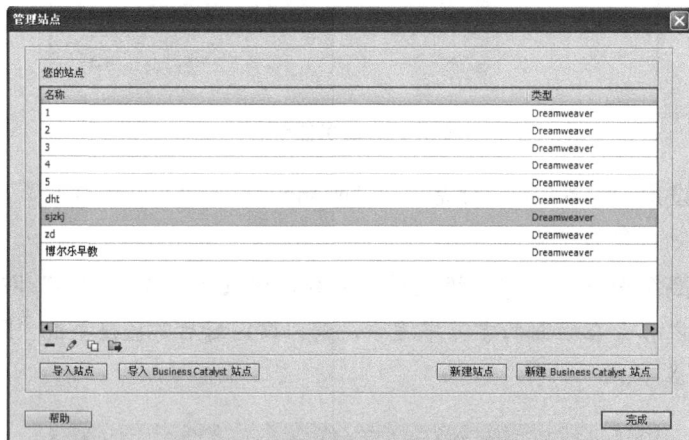

图 2-19　"管理站点"对话框

（4）删除站点。对于已经创建完成的站点，或者创建有误的站点，可以将其删除。在"管理站点"对话框中选择要删除的站点后，单击 ➖ 按钮可删除站点。

> 　　在 Dreamweaver CS6 中，从"管理站点"对话框的站点列表中删除站点后，该站点名称将从站点列表中被删除，但站点中的所有文件还存在于本地磁盘中。也就是说，这种删除只是删除了站点文件与 Dreamweaver 之间的链接，并没有真正删除站点文件。

（5）导出站点。通过单击"管理站点"对话框中的"导出站点"按钮 🖼，可以将站点信息以".ste"扩展名的格式导出，这样用户就可以在各个计算机和软件版本之间移动站点，或与其他用户共享。在"管理站点"对话框中，确保目录输入文件名称后，单击"保存"按钮，即可将站点保存为扩展名为".ste"的文件。

（6）导入站点。"导入站点"按钮 导入站点 的功能与"导出站点"按钮 🖼 正好相反，通过单击"导入站点"按钮，可以载入扩展名为".ste"的文件，并将站点名称显示在站点列表中。

> 在导入站点定义文件时，如果当前站点列表中已含有相同的站点名称，将弹出对话框，提示用户该站点已存在。单击"确定"按钮，站点将自动重新命名，在原名称后面添加数字加以区分。

（7）Business Catalyst 是用于构建和管理在线企业的托管应用程序。通过这个统一的平台，无需任何后端编码操作，就可以简单的建立所需要的网站，但因为 Dreamweaver 本身的原因，Business Catalyst 主要针对的是国外用户，在这里不再对其进行说明。

任务五　利用"文件"面板创建文件夹和网页文档

任务描述

新创建的站点一般是空的，网站制作的主要任务就是利用文字、图片、超链接等元素组成不同的页面，最终形成一个网站。本任务主要是创建站点所需的文件夹（用于存放站点中的各种元素）和各个网页文档。

任务实施

一、为"石市科干院"网站创建文件夹

步骤 1▶ 在"文件"面板的"站点名称"下拉列表中选择本地站点"sjzkgy"，右击站点根文件夹，在弹出的快捷菜单中选择"新建文件夹"，如图 2-20 所示。

步骤 2▶ 在站点子目录下会生成一个以"untitled"命名的新文件夹，将其重命名为"images"，用以存放图片文件。

步骤 3▶ 重复以上操作步骤，在"sjzkgy"文件夹中创建与网站规划的目录结构相应的文件夹，最终效果如图 2-5 所示。

> 一般在资源管理器中创建网站目录结构后，就不需要再在"文件"面板中操作了，Dreamweaver 会自动同步，这里只是为说明"文件"面板的应用方法。

二、为"石市科干院"网站创建主页

每个站点都有一个主页，作为站点的起始页面，它起到一个开门见山、总览全局的作

用，其中包含进入各分支页面的链接。主页一般命名为 index.html，index.asp 等，所用程序不同，扩展名便不同。下面介绍在"文件"面板中创建网站主页的方法。

步骤 1▶ 创建好站点后，在"文件"面板的根文件夹上右击，在弹出的快捷菜单中选择"新建文件"，结果出现一个新文件，默认名为"untitled.html"。

步骤 2▶ 将该文件重命名为"index.html"，双击即可进入编辑状态（其他页面的制作与此类似），在文件面板中展开各文件夹后，新建文件，即可在对应文件夹中创建新的页面文件。

步骤 3▶ 右击"index.html"，在弹出的快捷菜单中选择"设为主页"。

步骤 4▶ 站点的整体目录结构可参考图 2-5。

经验技巧

如果要进一步编辑文件或文件夹，可在"文件"面板中右击该文件或文件夹，在弹出的快捷菜单中选择"编辑"命令，然后根据需要在级联菜单中选择相应的"剪切""拷贝""粘贴""删除""复制""重命名"等命令，以实现相应操作，如图 2-21 所示。

图 2-20　利用"文件"面板创建站点目录结构　　　　图 2-21　文件及文件夹编辑

项目总结

本项目主要介绍了网站规划与创建的相关知识，希望通过本项目的学习，学生能够掌握网站规划书的书写方法，掌握网站栏目结构图的绘制方法，了解一般网站目录结构的制作，掌握网站本地站点的创建和管理，以及使用"文件"面板创建网站结构的方法。

项目考核

一、填空题

1. 网站规划对网站建设起到_____和_____的作用，对网站的内容和维护起到定位作用。

2. 将网站中的文件杂乱存放，容易造成一些不好的后果，如_____、_____等。

二、选择题

1. 网站的一致性主要体现在页面整体（　　）、界面元素的命名、功能、元素风格等几个方面。

    A．设计风格　　　B．图片多少　　　C．内容丰富　　　D．文字原创

2. 每个站点都有一个（　　）。作为站点的起始页面，它起到一个开门见山、总览全局的作用，其中包含进入各分支页面的链接。

    A．主页　　　　　B．二级子页　　　C．三级子页　　　D．index.html

三、简答题

1. 在网站栏目结构设计中，一般要注意哪些事项？

2. 网页设计包括哪些内容？

拓展训练

1. 在网络上观察长城汽车官方网站，思考长城汽车网站建设的网站栏目规划与特点。长城汽车官网地址：http://www.gwm.com.cn/index.html。

2. 如果让你进行长城汽车网站站点的制作，请根据课上讲解的内容，书写站点的网站规划书。

3. 创建"长城汽车网"站点。

项目三　添加网页对象
——制作贸易公司网站网页

项目描述

　　互联网中的网站，按功能可划分为内容型、服务型、电子商务型三大类型，这三种类型的划分并不是绝对的，可以相互交叉。其中，企业网站属于内容型，以对外宣传为主要目的，主要用于树立企业形象，介绍公司的规模、动态、文化、优势，展示公司的产品、成功案例、企业环境等，同时提供在线咨询、留言等相关服务。

　　一个完整的网站是由许多个网页组成的，而网页又是由文本、图像、超链接以及动态媒体元素等各类对象组成的。动态元素可以使页面内容更加丰富与鲜明。网页中如果缺少各种元素，就只会徒有其表。本项目以石家庄展华贸易有限公司（以下简称"展华贸易公司"）网站为例，来学习用 Dreamweaver 软件制作企业形象网站，主要学习为网页添加各类对象的方法。因为在网页中添加各类对象是网页制作中最基本的操作，应重点掌握。

　　"展华贸易公司"是一家成功代理"泸州老窖•年份陈窖"酒、"五粮液•东方娇子"酒等一系列中高端产品为主的贸易公司。为扩大知名度，提高经济效益，公司决定建立企业网站，通过网络来实现塑造公司形象、传播公司文化、推介公司业务、展示公司实力的目的。

学习目标

　　✍　了解网页关键字的功能，熟悉网页页面属性的设置方法，掌握在 Dreamweaver 中输入文本内容的方法，能使用 Dreamweaver 软件在网文中插入文本、创建列表等内容。

　　✍　熟悉网页中可用图像的种类，掌握使用 Dreamweaver 软件插入图像的操作方法，能使用 Dreamweaver 软件在网文中插入图像，设置背景图像和鼠标经过图像等效果。

⚜ 了解网页中常用的动态媒体元素，掌握插入动画、JavaScript 特效的方法，能使用 Dreamweaver 软件在网文中插入动态媒体元素。

⚜ 理解超链接的含义，熟悉超链接的分类，掌握各种超链接的设置方法，能使用 Dreamweaver 软件在网页中插入各种类型的超链接。

项目分析

通过与客户沟通，了解其详细的网站制作要求，针对公司的产品和相关资料做好网站策划方案，对网站的风格、栏目、功能模块进行设计。

网站风格要求：色调统一、协调，以中国红为主色调体现中国酒文化的韵味。

网站栏目要求：要有"公司简介""产品中心""公司动态""招商加盟""人才招聘""联系我们"等几个栏目。

功能设计要求：整体以图文并茂的形式展现，首页以图片滚动形式显示，通过电子邮件可以与公司联系，人才招聘栏目可以进行文件下载。

通过对网站的设计分析，生成网站组织结构图，如图 3-1 所示。

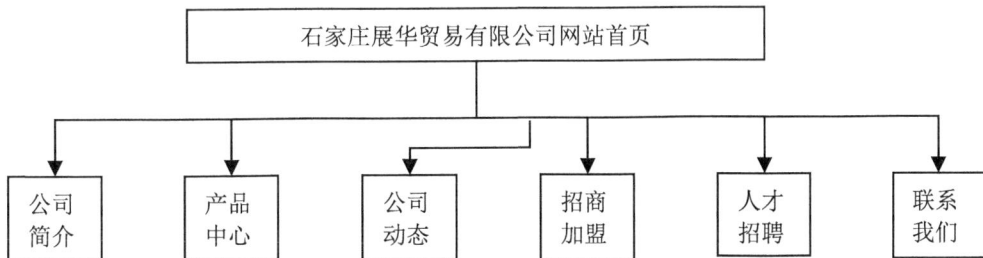

图 3-1　网站组织结构图

通过前期对网页栏目和功能的设计，可以得知该网站主要由 7 个网页组成。在公司提供的文本、图像资料的基础上，分别给每个网页添加相应的文本、图像、动态媒体元素，并创建超链接。根据项目制作要求对任务进行划分，主要可分为四个任务。

任务一：制作"公司简介""人才招聘""公司动态""联系我们"4 个页面，学习在网页中输入文本内容，网页效果如图 3-2 所示。

任务二：制作"招商加盟"和"产品中心"2 个页面，学习在网页中添加图像的方法，网页效果如图 3-3 所示。

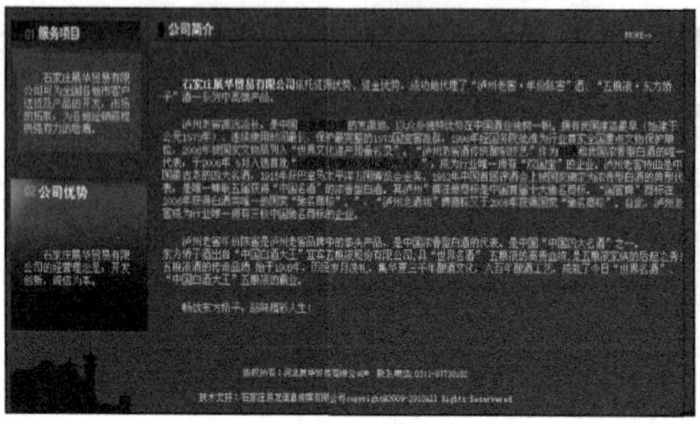

公司简介

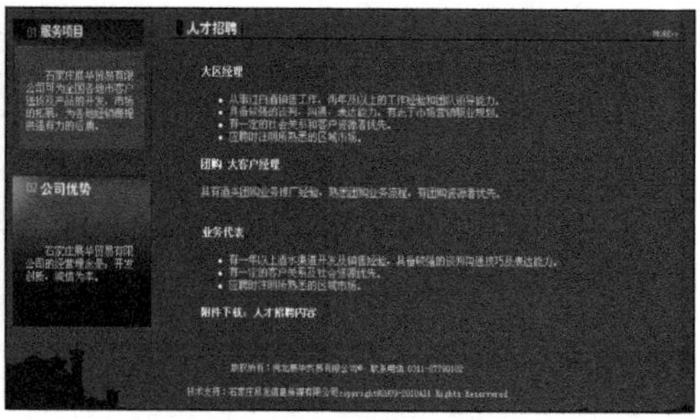

人才招聘

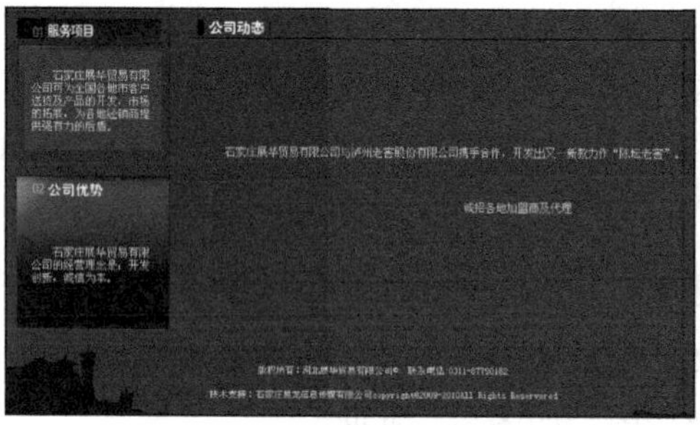

公司动态

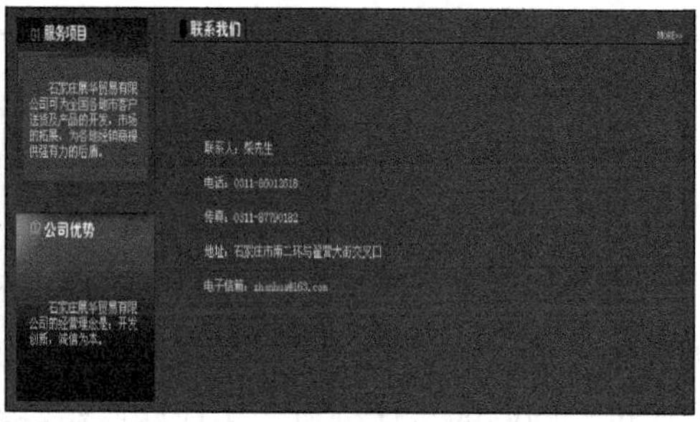

联系我们

图 3-2　任务一网页制作效果

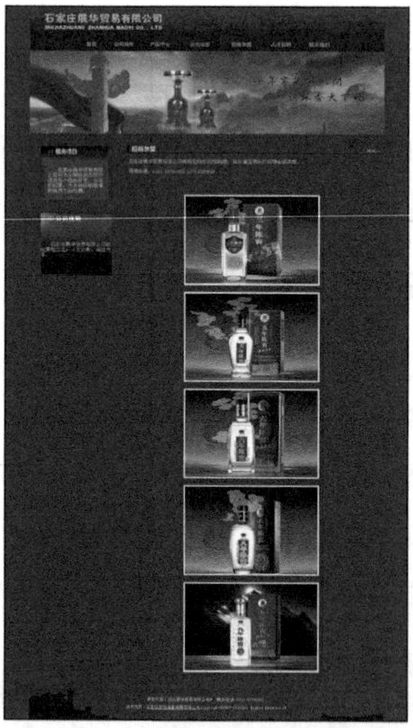

招商加盟

产品中心

图 3-3　任务二网页制作效果

任务三：制作"展华贸易公司"网站首页，学习在网页中添加动态媒体元素和 JavaScript 特效，效果如图 3-4 所示。

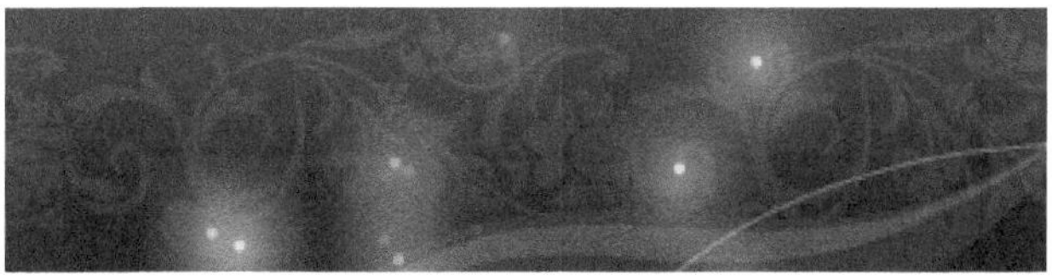

插入 Flash 动画

图片右侧滚动效果

图 3-4　任务三网页制作效果

任务四：完善"展华贸易公司"网站首页，并与任务一和任务二制作的网页建立超链接，学习给网页添加超链接的方法，效果如图 3-5 所示。

图 3-5　任务四网页制作效果

任务一 制作"公司简介""人才招聘"等子页——设置网页文本

任务描述

本任务使用公司提供的文本信息,通过为网页设置文字内容来学习为网页添加文本对象的方法。主要内容包括制作"公司简介"网页,在网页中添加"服务项目""公司优势""公司简介"三项文字内容,学习在网页中直接输入文本内容、复制文本内容、插入特殊字符以及设置文本样式;制作"人才招聘"网页,在网页中添加"人才招聘"一栏的文字内容,学习在网页中创建项目列表。

知识讲解

文本是网页中最基本的元素,它以平淡、直白的方式传达信息,是最常见、运用最广泛的元素之一。在网页中输入文本的方法主要有直接输入文本、复制粘贴文本、插入特殊字符、创建列表等。

一、设置网页页面属性

一般在创建一个新网页后,首先要对网页页面属性进行设置,包括对字体、背景、超链接、标题跟踪图像等属性的设置,从而对页面风格进行有效控制,使其保持统一。设置网页页面属性的具体操作可参考以下步骤。

步骤 1▶ 新建或打开一个网页文档,其"属性"面板如图 3-6 所示。

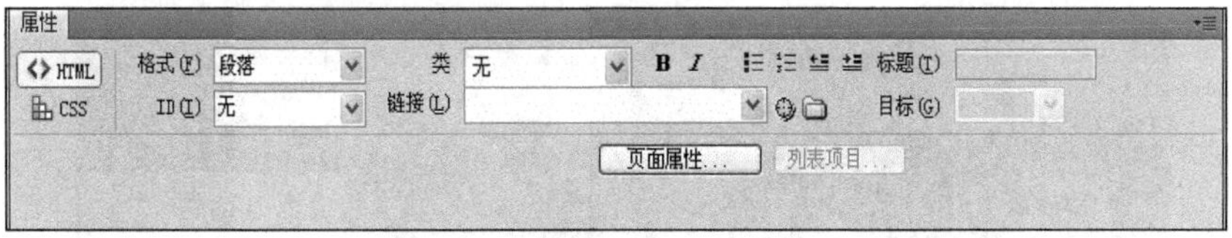

图 3-6 "属性"面板

步骤 2▶ 单击"属性"面板中的"页面属性"按钮,打开"页面属性"对话框,在对话框中对页面属性进行设置,如图 3-7 所示。

> **知识库** 在"外观(CSS)"标签中,可以设置"页面字体""大小""文本颜色""背景颜色""背景图像""重复""边距"等属性。

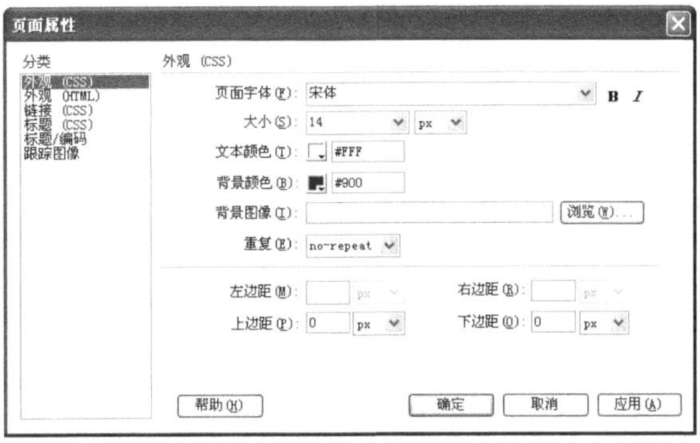

图 3-7　"页面属性"对话框

步骤 3▶　设置好属性后，单击"确定"按钮，保存网页并在浏览器中预览，在网页页面中会显示"页面属性"中所设置的属性内容。

在"页面属性"对话框中还可以对"链接""标题""跟踪图像"等标签进行属性设置，下面分别介绍。

> 在"链接（CSS）"标签中，可以设置超链接字体、字体大小、字体颜色等属性，如图 3-8 所示。

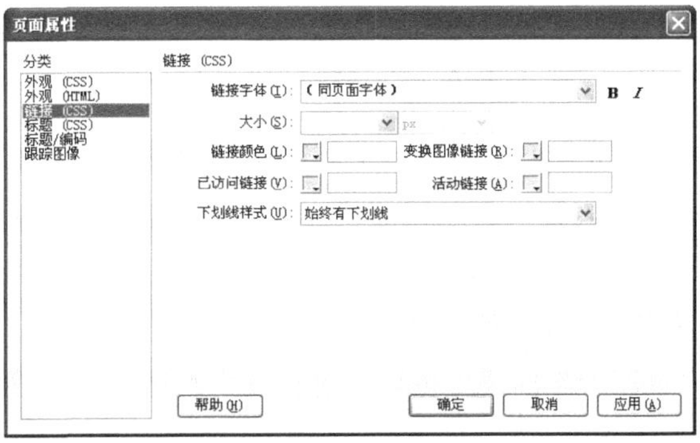

图 3-8　"链接（CSS）"标签

> 在"标题（CSS）"标签中，可以在"标题字体"下拉列表中定义标题文字的字体，还可以设置字体的加粗、倾斜效果。在"标题 1""标题 2""标题 3""标题 4""标题 5""标题 6"下拉列表中可以对 1，2，3，4，5，6 级标题的字号和颜色进行设置，如图 3-9 所示。

> 在"标题/编码"标签中，"标题"文本框用于设置在网页文档窗口和大多数浏览器窗口的标题栏中出现的页面标题。在"编码"下拉列表中可以选择合适的文字解码方式，如图 3-10 所示。

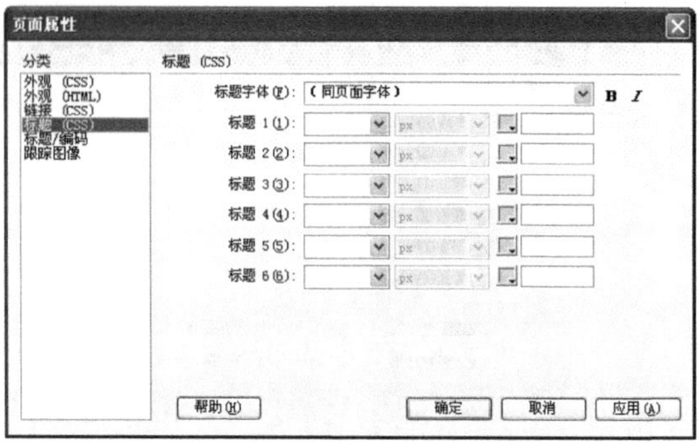

图 3-9 "标题（CSS）"标签

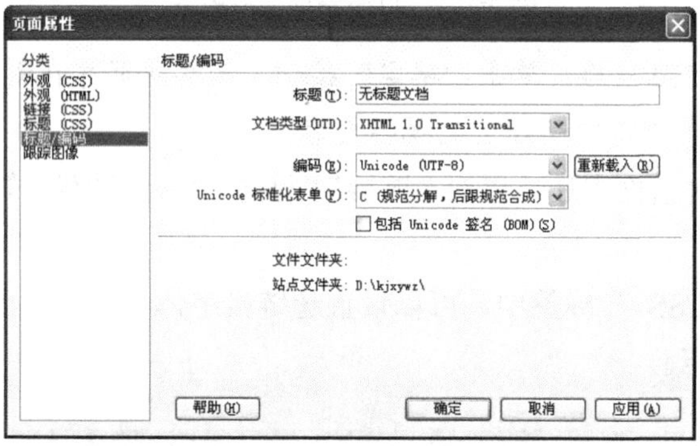

图 3-10 "标题/编码"标签

➢ "跟踪图像"是 Dreamweaver 一个非常有效的功能，它允许用户在网页中将原来的平面设计稿作为辅助背景。这样，用户就可以非常方便地定位文字、图像、表格、层等网页元素在页面中的位置。在"跟踪图像"标签中，"跟踪图像"编辑框用于设置跟踪图像的路径和名称。在实际生成网页时，跟踪图像并不显示在网页中。在"透明度"标尺上可以通过拖动滑块改变设计图（跟踪图像）的透明度，如图 3-11 所示。

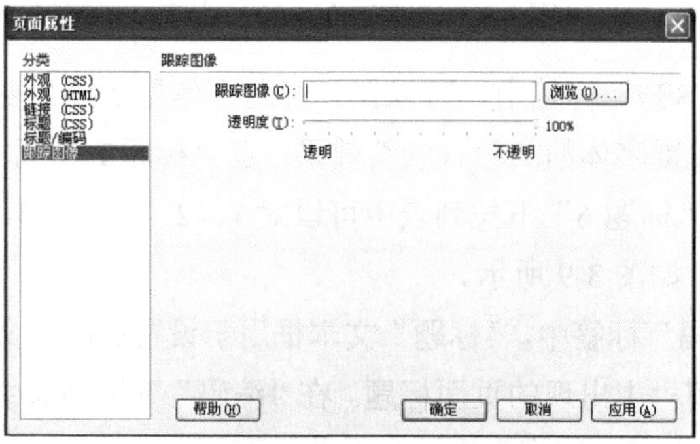

图 3-11 "跟踪图像"标签

二、设置网页"关键字"

要想使网页被更多的浏览者看到，就需要给网页设置关键字。网页关键字对搜索引擎来说起着不容忽视的作用。用户使用搜索引擎搜索网页时，搜索引擎是通过网页关键字找到网页的。大多数搜索服务器每隔一段时间会自动探测网络中是否有新的网页产生，并把它们按关键字进行记录，以方便用户查询。如果关键字设置准确，搜索引擎就能很快地搜索到该网页，将其显示在用户的搜索列表中。在网页中插入关键字的方法可以参考以下操作步骤。

步骤 1▶ 在菜单栏中选择"插入/HTML/文件头标签/关键字"菜单命令，如图 3-12所示。

步骤 2▶ 打开"关键字"对话框，在文本框中输入关键字"展华 贸易"，单击"确定"铵钮，关键字添加完成，如图 3-13 所示。

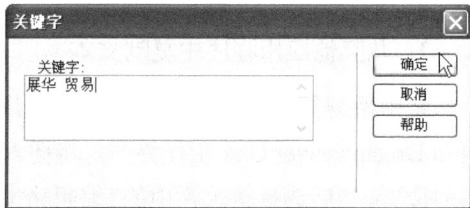

图 3-12　添加"关键字"命令　　　　图 3-13　　"关键字"对话框

步骤 3▶ 设置网页"说明"文字。在菜单栏中选择"插入/HTML/文件头标签/说明"菜单命令，打开"说明"对话框，在文本框中输入要说明的文字内容，单击"确定"按钮，完成"说明"文字的设置，如图 3-14 所示。

步骤 4▶ 对网页进行"刷新"设置。选择"插入/HTML/文件头标签/刷新"菜单命令，打开"刷新"对话框。在"延迟"文本框中输入延迟时间，选中"转到 URL"选项，在文本框中输入跳转的网页地址，单击"确定"按钮，完成刷新功能的设置，如图 3-15所示。

三、添加普通文本

若要使用 Dreamweaver CS6 向网页文档中添加文本，可以直接在"设计"视图中键入文本，也可以通过复制、粘贴的方法添加文本，还可以从其他文档中导入文本。

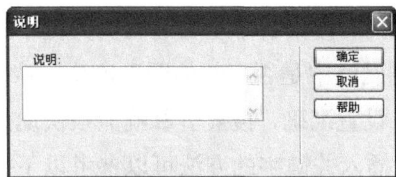

图 3-14 "说明"对话框   图 3-15 "刷新"对话框

1．直接输入文本

创建 HTML 文档后，在"设计"视图编辑窗口中将光标定位在需要添加文本的位置，切换到所需输入法，即可进行文本的输入，如图 3-16 所示。

图 3-16 输入文本

2．从其他应用程序中复制文本

选中所需复制的文本并右击，在弹出的快捷菜单中选择"复制（Ctrl+C）"命令。切换到 Dreamweaver CS6 工作界面，将插入点定位在"文档"窗口"设计"视图中要插入文本的位置，然后选择菜单栏中的"编辑/粘贴（Ctrl+V）"或"编辑/选择性粘贴（Ctrl+Shift+V）"命令，即可完成文本的插入，如图 3-17 所示。

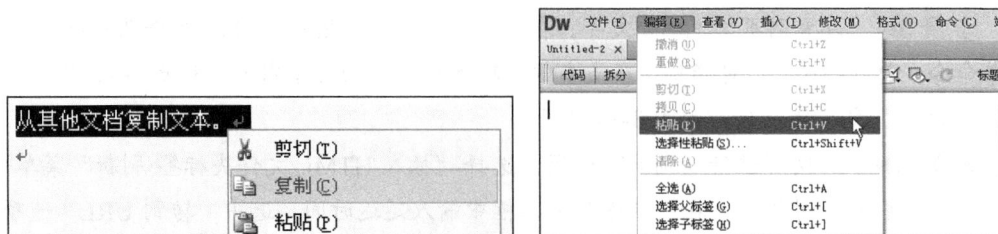

图 3-17 从其他文档中复制文本

要将文本粘贴到 Dreamweaver CS6 文档中，可以使用"粘贴"或"选择性粘贴"命令。"选择性粘贴"命令允许用户以不同的方式指定所粘贴的文本格式。例如，要将文本从带格式的 Microsoft Word 文档粘贴到 Dreamweaver CS6 文档中，如果想要去掉所有格式设置，以便能使所粘贴的文本应用自己的 CSS 样式表，可以在 Word 中选择文本并复制到剪贴板，再使用"选择性粘贴"命令，在"选择性粘贴"对话框中选中"仅文本"选项即可，如图 3-18 所示。

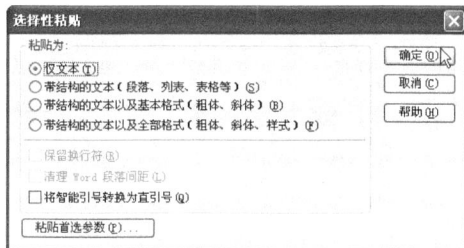

图 3-18　"选择性粘贴"对话框

3．导入文本

在 Dreamweaver CS6 中，可以直接将 Word 文档和 Excel 工作簿中的内容导入到网页中。下面以导入 Word 文档为例进行讲解。

步骤 1▶ 启动 Dreamweaver CS6，新建 HTML 文档，选择菜单栏中的"文件/导入/Word 文档"菜单，如图 3-19 所示。

步骤 2▶ 打开"导入 Word 文档"对话框，选择 Word 文档所在位置，在文件列表中选择 Word 文档名称"任务 1 所用文字素材"（位于本书附赠素材"\素材与实例\项目三\任务 1 素材"目录下），如图 3-20 所示。

图 3-19　导入文档

图 3-20　选择 Word 文档

步骤 3▶ 单击"打开"按钮，完成 Word 文档的导入，在 Dreamweaver 中显示效果如图 3-21 所示。最后记得保存文档。

图 3-21　导入 Word 文档

输入文字后，在"属性"面板中可以设置文字默认格式化样式，包括文字的字体、大小、颜色等，如图 3-22 所示。

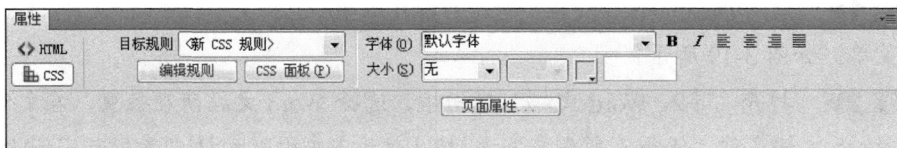

图 3-22　"文字"属性面板

为使大家更熟练地使用"属性"面板，下面简单介绍一下其中各设置项的意义。

➢ **目标规则**：应用设置好的文本 CSS 样式。

➢ **字体**：为所选文字设置字体。

➢ **粗体**：设置文本加粗。

➢ **倾斜**：设置文本倾斜。

➢ **对齐**：设置文本段落对齐格式。

➢ **大小**：设置所选文本大小。

➢ **颜色**：设置所选文本颜色。

4．文本换行与分段

在 Dreamweaver CS6 中，输入文本时不会自动换行，需要手动执行。换行的方法是，将插入点置于要换行的位置，然后按下"Shift+Enter"组合键。如果要对文本内容进行分段，直接按下"Enter"键，即可形成一个自然段落。换行与分段的区别是换行行间距小，分段行间距大，如图 3-23 所示。

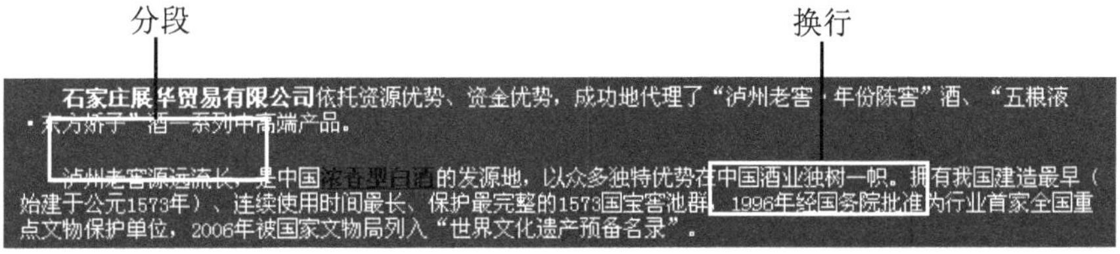

分段　　　　　　　　　　　　　　　　　　　　换行

图 3-23　换行与分段的区别

四、添加特殊符号

网页文本中除包含汉字或字母外，往往还包含一些特殊字符，如注册商标符号®、版权符号©等。这些特殊符号一般不能从键盘直接输入。在 Dreamweaver CS6 中，可单击"插入"面板"文本"类别中的"字符"按钮，然后在其下拉列表中选择相应字符进行插入，如图 3-24 所示。

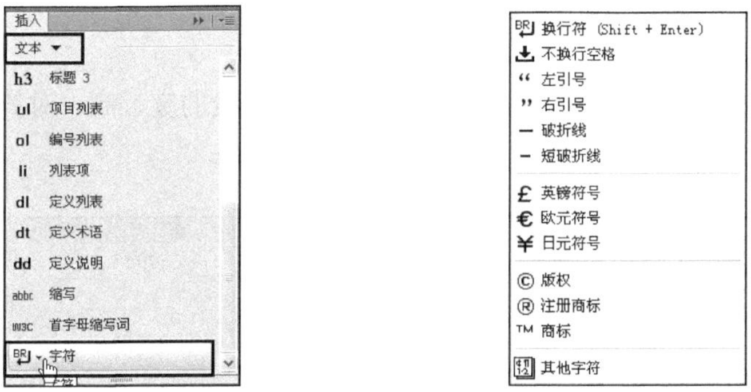

图 3-24　插入特殊符号

五、添加空格

由于 Dreamweaver 中的文档都是 HTML 格式，而 HTML 格式文档中只允许有一个空格，所以在 Dreamweaver 中添加空格的方法与 Word 等文字编辑软件中不一样。若需要添加多个空格，可通过以下方式来实现。

（1）将输入法切换到全角状态，直接按空格键，如需添加多个空格，重复此操作。

（2）按"Ctrl+Shift+空格"组合键可添加一个空格，如需添加多个空格，重复此操作。

（3）在"插入"面板"文本"类别中单击 **PRE** 已编排格式 按钮，再连续按空格键即可。

（4）在菜单栏中，选择"插入/HTML/特殊字符/不换行空格"菜单，可添加一个空格；如需添加多个空格，重复此操作。

（5）在文档窗口"代码"视图中，直接在源代码中加入代表空格的 HTML 代码" "。

六、添加与设置水平线

水平线是网页中常见的一种元素。在网页排版中，水平线的作用是分隔文本和对象，使段落区分更清楚、明了。水平线的添加方法是：首先将光标定位在目标位置，然后选择菜单栏中的"插入/HTML/水平线"菜单命令，效果如图 3-25 所示。

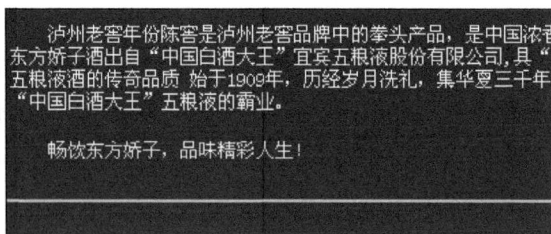

泸州老窖年份陈窖是泸州老窖品牌中的拳头产品，是中国浓香
东方娇子酒出自"中国白酒大王"宜宾五粮液股份有限公司，具"
五粮液酒的传奇品质 始于1909年，历经岁月洗礼，集华夏三千年
"中国白酒大王"五粮液的霸业。

畅饮东方娇子，品味精彩人生！

图 3-25　添加水平线效果

用鼠标选中水平线，可以在"属性"面板中对水平线的宽、高、对齐、阴影等属性进行设置，如图 3-26 所示。

图 3-26　"水平线"属性面板

七、创建列表

列表是指将具有相似特性或某种顺序的文本进行有规则地排列，常用于条款或列举类型的文本中，是一种简单而实用的段落排列方式。以列表方式显示的文本更直观、清楚。在文档窗口中，可以用现有文本或新文本创建编号列表和项目列表，这是最常使用的两种列表。

1．编号列表

编号列表前通常有数字或字母作前导字符。这些字符可以是阿拉伯数字、英文字母或罗马数字等，效果如图 3-27 所示。

编号列表的创建方法可参考以下步骤。

步骤 1▶　将鼠标光标定位在需要创建编号列表的位置，单击"属性"面板中的 按钮，数字前导字符将出现在鼠标光标前，如图 3-28 所示。

图 3-27 编号列表

图 3-28 添加编号列表

步骤 2▶ 在阿拉伯数字前导符后面输入相应的文本内容，按"Enter"键分段后，下一个数字前导符会自动出现。

步骤 3▶ 继续输入其他列表项文本内容，完成整个编号列表的文字输入后，按两次"Enter"键即可停止编号。

2. 项目列表

项目列表文字前面一般用项目符号作为前导字符，效果如图 3-29 所示。

项目列表的创建方法可参考以下步骤。

步骤 1▶ 将鼠标光标定位在需要创建项目列表的位置。在"属性"面板中单击 ⫶ 按钮，项目符号将出现在鼠标光标前，如图 3-30 所示。

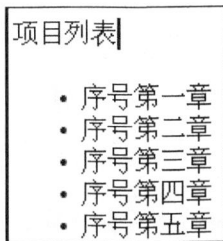

图 3-29 项目列表效果

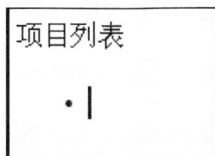

图 3-30 添加项目列表

步骤 2▶ 在项目符号前导符后面输入相应的文本内容，按"Enter"键分段后，下一个项目前导符会自动出现。

步骤 3▶ 继续输入其他列表项文本内容，完成整个项目列表的文字输入后，按两次"Enter"键即可停止列表输入。

任务实施

一、制作"公司简介"网页

步骤 1▶ 将本书附赠素材"\素材与实例\项目三\任务1素材"拷贝至本地磁盘，在

Dreamweaver 中打开其中的"gsjj.html"文档。此文档中已经设置好了背景及所用图像，如图 3-31 所示。

图 3-31　"公司简介"页面

> **提示**　要完成的工作任务是为网页添加"服务项目""公司优势""公司简介"三项文字内容，最终的页面效果如图 3-32 所示。

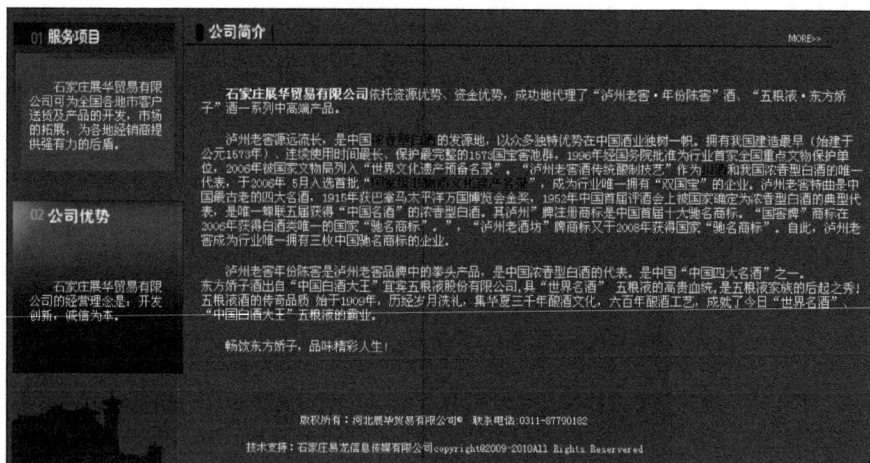

图 3-32　"公司简介"页面效果

步骤 2▶　将光标定位在"服务项目"图像下方的单元格中，输入文字内容"石家庄展华贸易有限公司可为全国各地市客户送货及产品的开发，市场的拓展，为各地经销商提供强有力的后盾。"

步骤 3▶　将光标定位在"公司优势"图像下方的单元格中，输入文字内容"石家庄展华贸易有限公司的经营理念是：开发创新，诚信为本。"

步骤 4▶　打开"任务 1 所用文字素材"Word 文档，复制"公司简介"文本内容，如图 3-33 所示。回到 Dreamweaver 操作界面，将光标定位在"公司简介"图像下方的单元格中，按“Ctrl+V”组合键粘贴文字内容。

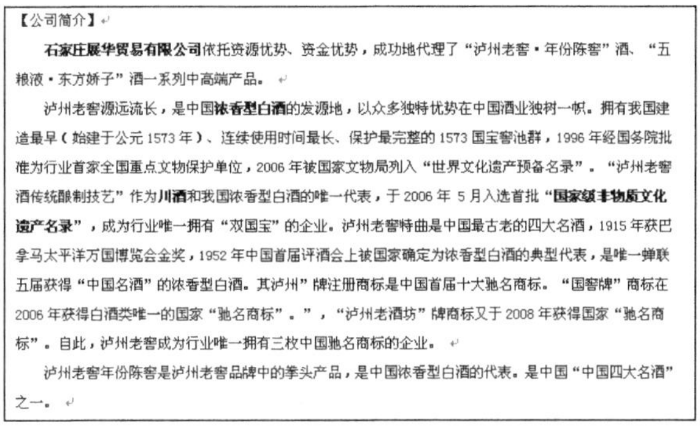

【公司简介】

石家庄展华贸易有限公司依托资源优势、资金优势，成功地代理了“泸州老窖·年份陈窖”酒、“五粮液·东方娇子”酒一系列中高端产品。

泸州老窖源远流长，是中国**浓香型白酒**的发源地，以众多独特优势在中国酒业独树一帜。拥有我国建造最早（始建于公元1573年）、连续使用时间最长、保护最完整的1573国宝窖池群，1996年经国务院批准为行业首家全国重点文物保护单位，2006年被国家文物局列入“世界文化遗产预备名录”。“泸州老窖酒传统酿制技艺”作为**川酒**和我国浓香型白酒的唯一代表，于2006年 5月入选首批“**国家级非物质文化遗产名录**”，成为行业唯一拥有“双国宝”的企业。泸州老窖特曲是中国最古老的四大名酒，1915年获巴拿马太平洋万国博览会金奖，1952年中国首届评酒会上被国家确定为浓香型白酒的典型代表，是唯一蝉联五届获得“中国名酒”的浓香型白酒。其泸州”牌注册商标是中国首届十大驰名商标。“国窖牌”商标在2006年获得白酒类唯一的国家“驰名商标”。”，“泸州老酒坊”牌商标又于2008年获得国家“驰名商标”。自此，泸州老窖成为行业唯一拥有三枚中国驰名商标的企业。

泸州老窖年份陈窖是泸州老窖品牌中的拳头产品，是中国浓香型白酒的代表。是中国“中国四大名酒”之一。

图 3-33　“公司简介”文字内容

步骤 5▶　对添加的“服务项目”“公司优势”“公司简介”三项文字内容进行文本样式设定，使文字样式统一。单击“属性”面板左侧的 CSS样式 按钮，再单击随后出现的 CSS 面板(P) 按钮，打开 CSS 样式面板，如图 3-34 所示。

步骤 6▶　单击面板最下方的“新建 CSS 规则”按钮，打开“新建 CSS 规则”对话框，在“选择器类型”下拉列表中选择“类”，在“选择器名称”编辑框中输入“ys”，设置样式名称为“ys”，如图 3-35 所示。

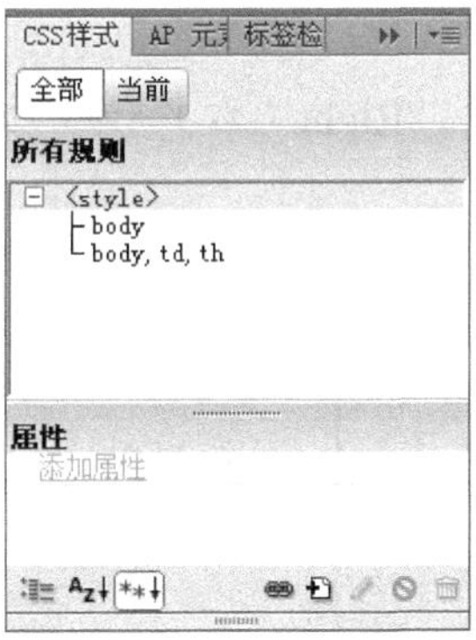

图 3-34　“CSS 样式”面板

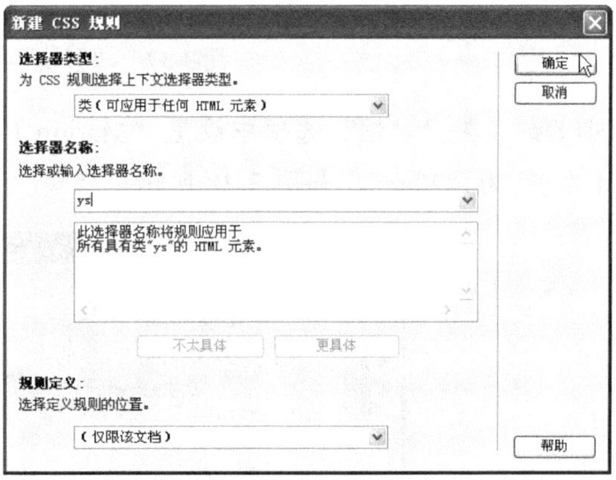

图 3-35　新建“ys”样式

步骤 7▶　单击“确定”按钮，进入“ys 的 CSS 规则定义”对话框，设置“ys”的 CSS 规则。在“类型”选项中设置“Line-height（行高）”为“16px”，如图 3-36 所示。

步骤 8▶　在“区块”选项中设置“Text-align（对齐）”为“Left（左对齐）”，“Text-indent（文字缩进）”为“2ems”，指文字首行缩进两个字符，如图 3-37 所示。

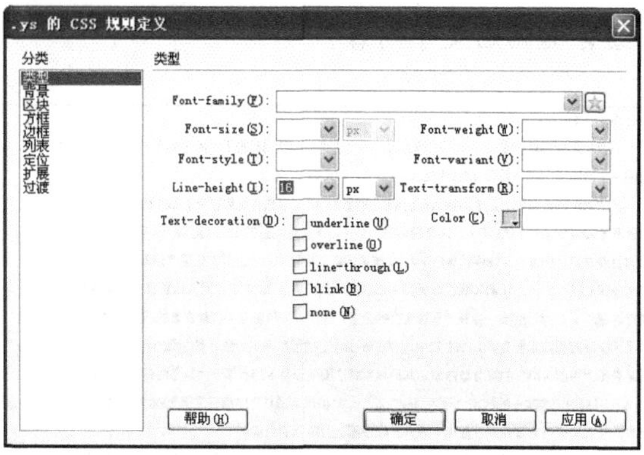

图 3-36　"类型"选项

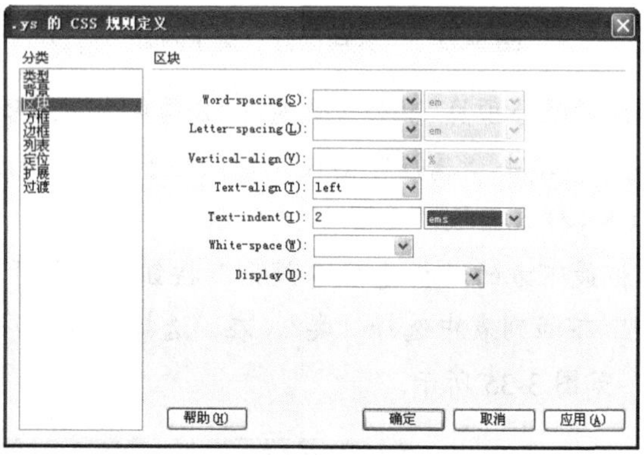

图 3-37　"区块"选项

步骤 9▶　在"方框"选项中设置"Margin（边界）"中"Right（右）"为"20px"，"Left（左）"为"20px"，如图 3-38 所示。

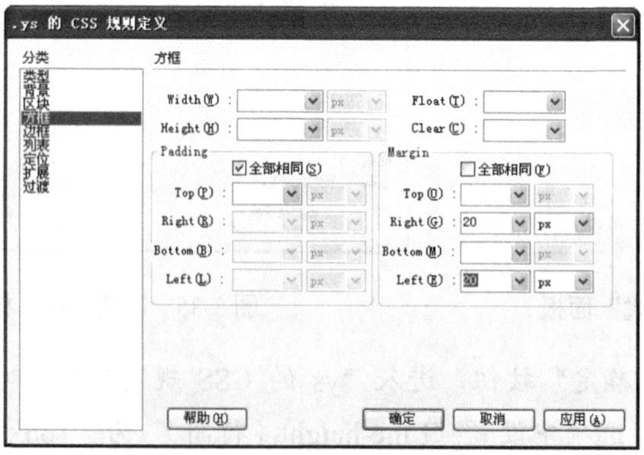

图 3-38　"方框"选项

步骤 10▶　属性设置好后，单击"确定"按钮，完成"ys"的 CSS 样式规则定义，返回"gsjj.html"文档的"设计"视图编辑窗口。

步骤 11▶ 对文本应用 CSS 样式。选中"服务项目"中的文字内容，在"属性"面板中的"类"下拉列表中选择"ys"样式，如图 3-39 所示。

步骤 12▶ 选中的文本会应用"ys"样式，效果如图 3-40 所示。

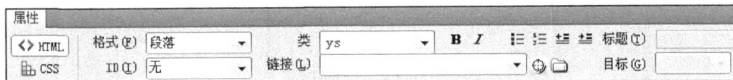

图 3-39　应用"ys"样式　　　　　　　　图 3-40　样式应用效果

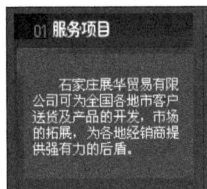

步骤 13▶ 对"公司优势"和"公司简介"文本进行同样的操作，应用"ys"样式，调整文本格式。

步骤 14▶ 在页面的页脚位置输入文本内容。在页面最下方的单元格内输入"版权所有：河北展华贸易有限公司® 联系电话:0311-87790182　技术支持：石家庄易龙信息传媒有限公司 copyright@2009-2010All Rights Reserverd"。

> **提示**　这段文字中有一个特殊字符，其插入方法是在"插入"面板的"文本"类别中单击"字符"按钮，选择"®注册商标"。

步骤 15▶ 对页脚的文本进行格式设置。一般来说，页脚的文本字号要小一些，所以要新添加一个 CSS 样式，此处命名为"yj"，如图 3-41 所示。

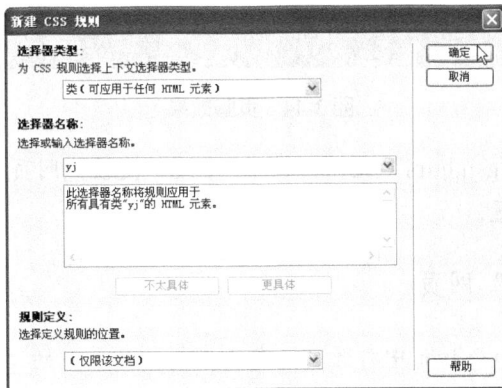

图 3-41　新建"yj"CSS 样式

步骤 16▶ 打开"yj 的 CSS 规则定义"对话框，在"类型"选项中设置"Font-size（字体大小）"为"12"，"Line-height（行高）"为"12"，单击"确定"按钮，完成"yj"的 CSS 样式设置，如图 3-42 所示。

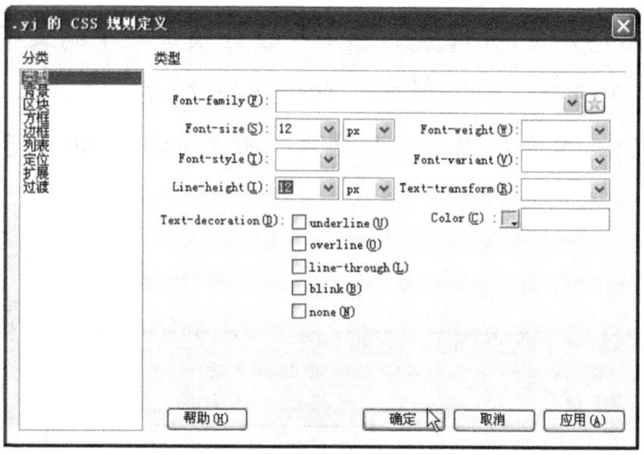

图 3-42 "yj 的 CSS 规则定义"对话框"类型"选项

步骤 17▶ 对页脚应用"yj"样式。选中文字内容，在"属性"面板"类"下拉列表中选择"yj"，对文本应用"yj"样式；同时设置单元格对齐方式，"水平"设置为"居中对齐"，如图 3-43 所示。

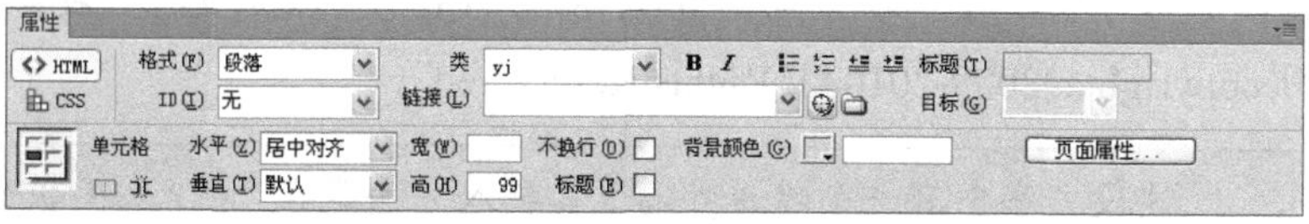

图 3-43 对文本应用"yj"样式

步骤 18▶ 应用样式后的页脚效果如图 3-44 所示。

图 3-44 页脚效果

步骤 19▶ 保存"gsjj.html"文档，按下"F12"键预览网页，完成"公司简介"网页文本的输入与格式设置。

二、制作"人才招聘"网页

步骤 1▶ 在 Dreamweaver 中打开"任务 1 素材"目录下的"rczp.html"文档，此文档中已经设置好了背景及所用图像，如图 3-45 所示。

> **提示** 此处要完成的工作任务是为网页添加"服务项目""公司优势"和"人才招聘"三项文字内容，最终效果如图 3-46 所示。

图 3-45　"人才招聘"页面

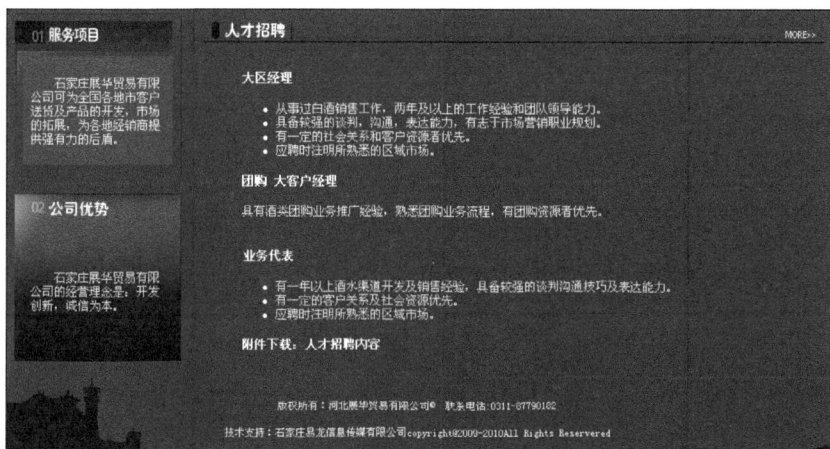

图 3-46　"人才招聘"页面效果

提示　"人才招聘"网页中"服务项目"和"公司优势"两项文字内容的添加可参考"公司简介"网页的制作。本任务主要学习项目列表的输入方法。

步骤 2▶　将鼠标光标定位在"人才招聘"单元格内，输入文字"大区经理"，在属性面板中单击 ⠿ 按钮，出现项目符号，在其后输入文字"从事过白酒销售工作，有两年及以上工作经验和团队领导能力。"效果如图 3-47 所示。

图 3-47　建立项目列表

步骤 3▶　按"Enter"键分段后，下一个项目前导符自动出现，继续输入其他文字内容。完成整个项目列表的文字输入后，按两次"Enter"键即可停止列表输入。

步骤 4▶ 对文字内容应用 "ys" 样式，设置方法同 "公司简介" 网页。

步骤 5▶ 参照上节操作，输入页脚文字内容，设置并应用 "yj" 样式。

步骤 6▶ 保存 "rczp.html" 文档，并按下 "F12" 键预览网页，完成 "人才招聘" 网页的制作。

实战演练

根据前面所学在网页中输入文本的方法，制作 "公司动态" 和 "联系我们" 两个网页。

一、制作 "公司动态" 网页

在前面制作 "公司简介" 和 "人才招聘" 两个页面的基础上制作 "公司动态" 页面。

步骤 1▶ 打开 "\素材与实例\项目三\任务 1 素材" 目录下的 "gsdt.html" 文档，网页效果如图 3-48 所示。

图 3-48　"公司动态" 页面

步骤 2▶ 在网页中输入 "服务项目" "公司优势" "公司动态" 和 "页脚" 文本内容。素材资料见本书附赠素材 "素材与实例\项目三\任务 1 素材" 目录下的 "任务 1 所用文字素材" Word 文档。

步骤 3▶ 输入文本内容后设置文本样式，效果如图 3-49 所示。

二、制作 "联系我们" 网页

在前面制作 "公司简介" 和 "人才招聘" 两个页面的基础上制作 "联系我们" 页面。

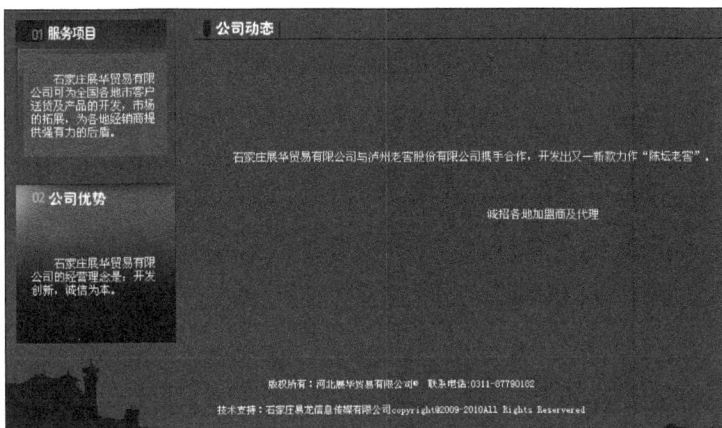

图 3-49 "公司动态"页面效果

步骤 1▶ 打开本书附赠素材"素材与实例\项目三\任务 1 素材"目录下的"lxwm.html"文档，网页效果如图 3-50 所示。

图 3-50 "联系我们"页面

步骤 2▶ 在网页中输入"服务项目""公司优势""公司动态"和"页脚"文本内容，素材资料见"任务 1 所用文字素材"Word 文档。

步骤 3▶ 输入文本内容后进行文本样式的设置与应用，效果如图 3-51 所示。

经验技巧

一、网页中文本的使用原则

在网页文本的使用方面，可以遵循以下原则。

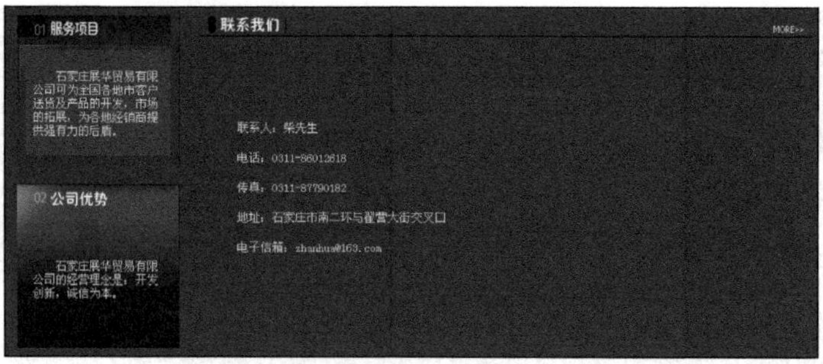

图 3-51　"联系我们"页面效果

（1）单个页面中不要使用三种以上的字体。

（2）不要用太大的字号。一般用点数 pt 或像素 px 来定义字号。pt 一般使用中文宋体的 9pt 和 11pt；px 一般使用中文宋体的 12px 和 14.7px。

（3）不要使用急速闪烁的文字。

（4）标题文字的字号应当比正文字号稍大。

二、网页中水平线颜色的设置

在 Dreamweaver CS6 的水平线"属性"面板中不能设置水平线颜色，要通过在"代码"视图中添加颜色代码的方法进行设置。

具体方法如下：在"设计"视图中选中水平线后，切换到"代码"视图，默认选中了"<hr align="center" size="5" noshade="noshade"/>"，也就是水平线及其属性代码；将光标定位在代码""noshade""右侧，按空格键添加颜色代码"color="red""（注意"color="red""代码前后要有空格），保存网页并预览，水平线的颜色设置才能在浏览器中显示出来。

任务二　制作"产品中心""招商加盟"子页——添加网页图像

任务描述

本任务通过制作"产品中心"和"招商加盟"两个网页，来学习在网页中添加图像的方法。其中"产品中心"网页是将公司的酒类产品以图像方式展示，制作时根据公司提供的商品图像信息，按要求插入到网页中即可。"产品中心"网页的制作任务包括设置"公司 Logo 图像""广告大图""服务项目""公司优势""系列产品""名牌产品"等栏目内容，主要学习在网页中插入图像、设置图像属性、设置鼠标经过图像的方法。

一个只有文本的网页是非常枯燥且无法引人注意的，因此需要在网页中插入其他元素，图像是最佳选择。精美而生动的图像和图文并茂的展示方式不仅使网页令人赏心悦目，也使网页内容更加引人入胜。在网页中对图像的操作主要有添加图像、设置图像属性、创建鼠标经过图像等。

知识讲解

一、添加图像

IE 浏览器支持的图像格式主要包括 GIF，JPEG/JPG 和 PNG，现实中最常用的是 GIF 和 JPG 格式。背景透明或颜色比较单调的图像可使用 GIF 格式，颜色比较丰富的图像则必须使用 JPG 格式。网页中的图像一般包括插入图像和设置背景图像两种。

1．插入图像

在网页中插入图像时，需要先将图像放在站点中指定的图像目录下，如 Image 文件夹、Images 文件夹或者 Pic 文件夹等。

步骤 1▶　将光标置于要插入图像的位置，在"插入"面板"常用"类别中，单击"图像"按钮 ，如图 3-52 所示，或者按下组合键"Ctrl+Alt+I"。

步骤 2▶　打开"选择图像源文件"对话框，在"查找范围"下拉列表中选择图像所在目录，在图像列表中选择目标图像，如图 3-53 所示。

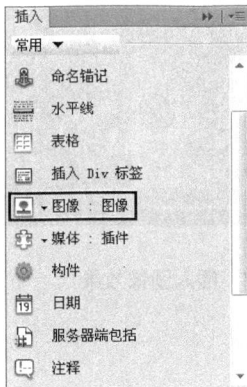

图 3-52　"插入"面板　　　　图 3-53　"选择图像源文件"对话框

步骤 3▶　如果所选图像在当前站点中，在该对话框中选择要插入的图像，并单击"确定"按钮即可。

> 在"选择图像源文件"对话框中，"相对于"下拉列表中选择"文档"选项，表示"URL"将使用文档相对路径，如"images/bg.gif"；若选择"站点根目录"选项，表示"URL"将使用站点根目录相对路径，如"/images/bg.gif"。

如果所选图像文件不在当前站点中，就会弹出一个询问是否复制文件的提示框。单击"是"按钮（参见图 3-54），Dreamweaver CS6 将弹出"复制文件为"对话框，在"保存在"下拉列表中选择站点内的图像文件夹即可，如图 3-55 所示。

图 3-54　提示框　　　　　　　　　图 3-55　"复制文件为"对话框

步骤 4▶　保存图像后，如果在"首选参数"的"辅助功能"选项卡中，"图像"复选框为启用状态，将会弹出"图像标签辅助功能属性"对话框，如图 3-56 所示。

步骤 5▶　在该对话框中输入替换文本和详细说明，设置完毕后，单击"确定"按钮，即可将图像插入到网页文档中，如图 3-57 所示。

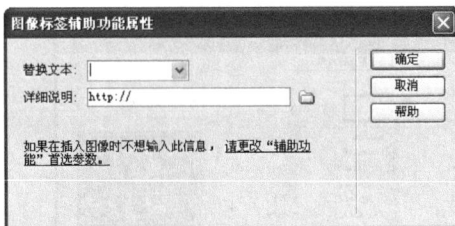

图 3-56　"图像标签辅助功能属性"对话框　　　　图 3-57　插入图像效果

2．设置网页背景图像

在 Dreamweaver 中可以非常方便地将图像设置为网页背景。

步骤 1▶　在菜单栏中选择"修改/页面属性"菜单命令，或者在"属性"面板中单击"页面属性"按钮，将打开"页面属性"对话框，在该对话框的"外观（CSS）"类别中可对页面的字体、大小、文本颜色、背景颜色、背景图像等进行设置，如图 3-58 所示。

下面简单介绍一下"外观（CSS）"类别中各设置项的意义。

➢　**页面字体**：设置网页页面文本的显示字体，默认为宋体；右侧的两个按钮还可以设置文字加粗和倾斜。

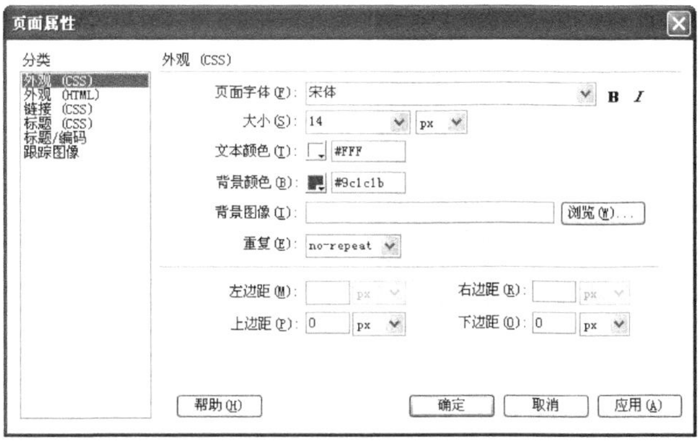

图 3-58 "页面属性"对话框

> **大小**：设置网页页面中文字的字号大小，如 12 像素、14 像素等。

> **文本颜色**：设置网页页面中文字的颜色。

> **背景颜色**：设置网页页面的背景颜色。

> **背景图像**：直接在文本框中输入图像的 URL，或单击其后的"浏览"按钮，选择背景图像文件，可为网页页面设置背景图像。如果选择了背景图像文件，背景图像将覆盖整个页面，此时将忽略对网页页面进行的背景颜色设置。

> **重复**：设置背景图像是否重复和如何重复。当背景图像小于页面大小时，图像的显示效果分别为 no-repeat（不重复）、repeat（重复）、repeat-x（横向重复）和 repeat-y（纵向重复）。

> **左边距、右边距、上边距、下边距**：设置页面相对浏览器四周的边距，以"像素"为单位。

步骤 2▶ 在"外观（CSS）"类别中，单击"浏览"按钮来插入指定的背景图像，或直接输入背景图像地址。然后在"重复"下拉列表中设置重复方式，最后单击"确定"按钮即完成背景图像的设置，如图 3-59 所示。

3. 为单元格设置背景图像

为网页的局部设置背景图像，其方法是先插入表格，再为表格设置背景图像，这样在表格中的背景图像上还可以设置文字内容。

步骤 1▶ 将光标定位在要插入表格的位置，在"插入"面板"常用"类别中单击"表格"按钮，如图 3-60 所示。

步骤 2▶ 打开"表格"对话框，设置行数为"1"，列数为"2"，表格宽度为"80%"，单击"确定"，在网页文档中插入一个 1 行 2 列的表格，如图 3-61 所示。

图 3-59　插入背景图像效果

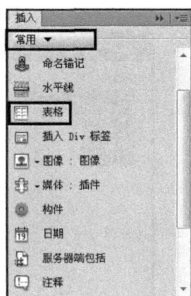

图 3-60　"插入"面板

步骤 3▶　在第一列单元格中右击，在弹出的快捷菜单中选择"编辑标签"命令，如图 3-62 所示。

图 3-61　"表格"对话框

图 3-62　"编辑标签"命令

步骤 4▶　打开"标签编辑器"对话框，在左侧选择"浏览器特定的"类别，然后单击"背景图像"右侧的"浏览"按钮，如图 3-63 所示。

图 3-63　"标签编辑器"对话框

步骤 5▶ 打开"选择文件"对话框，选择要插入的图像文件，单击"确定"按钮，即可将选中的图像作为背景插入到表格的第一列单元格中，如图 3-64 所示。

图 3-64　为单元格设置背景图像

二、设置图像属性

在网页中插入图像后，可通过"属性"面板对图像进行编辑和设置，主要有图像大小、源文件地址、链接，以及一些图像编辑按钮等，如图 3-65 所示。

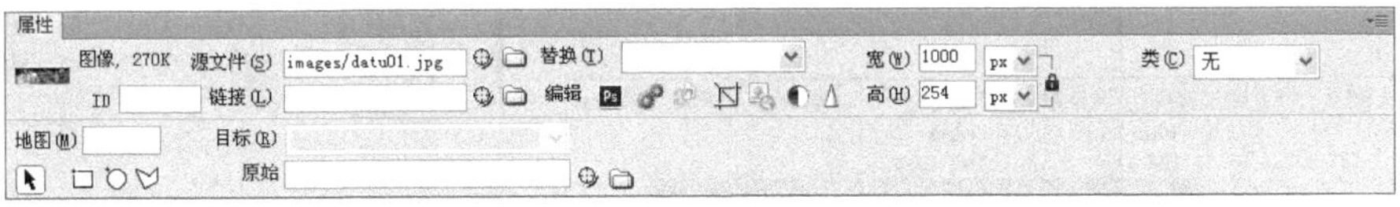

图 3-65　图像"属性"面板

下面简单介绍一下图像"属性"面板中各设置项的意义。

➢ **源文件**：指定图像的源文件地址。可以单击"源文件"编辑框右侧的文件夹图标 🗀 来选择源文件，也可以直接在文本框中输入路径，还可以将"指向文件"图标 🎯 拖动到"文件"面板中的某个图像文件上。

➢ **链接**：指定图像的超级链接。浏览时单击图像，页面将重定位到链接所指定的位置。

➢ **替换**：为图像输入一个名称或一段简短的描述，在浏览网页时，当鼠标移动到图像上时，即可显示该信息。

➢ **编辑**：可对图像进行编辑，包括从源文件更新、裁切、重新取样、亮度和对比度以及锐化图像等操作。

➢ **宽和高**：设置图像在页面中的宽度和高度。在图像插入页面时，默认显示其真实的宽度和高度。

➢ **地图**：通过热点工具，在图像上绘制热区，并设置其名称、链接地址等。其中，热点工具可分为指针热点工具、矩形热点工具、椭圆形热点工具和多边形热点工具。

➢ **类**：可对图像应用类样式。

➢ **目标**：单击其后的下拉按钮，在弹出的下拉列表中可选择链接目标的打开方式。

➢ **原始**：在载入扩展名为".psd"和".png"格式的图像文件时，将该文件以".jpeg"格式保存到该站点目录中，并在"源文件"中链接所转换格式的文件。

三、图像占位符

在制作网页时，经常会用到图像占位符。它只是作为临时代替图像的符号，是在设计阶段使用的占位工具。通过插入一个图像占位符，将需要放置图像的位置和大小固定下来，排版完成后，再插入对应的图像。图像占位符不会在浏览器中显示，以最终插入的图像作为最终效果显示。插入图像占位符的方法可参考以下步骤。

步骤 1▶ 先单击鼠标确定要插入图像占位符的位置，在 Dreamweaver 菜单栏中选择"插入/图像对象/图像占位符"菜单命令，如图 3-66 所示。

步骤 2▶ 弹出"图像占位符"对话框，如图 3-67 所示。

图 3-66　插入图像占位符　　　　　　　图 3-67　"图像占位符"对话框

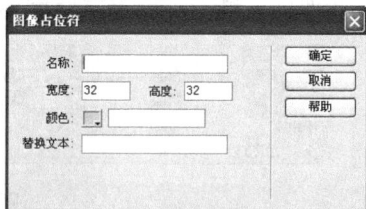

下面简单介绍一下"图像占位符"对话框中各设置项的意义。

➢ **名称**：作为图像占位符的标签文本，也在应用行为和编写脚本时引用。名称必须以字母开头，并且只能包含字母和数字，不能用空格和特殊字符。

➢ **宽度和高度**：设置占位符大小，也就是将来插入到占位符所在位置的图像大小。当然，如果图像比占位符大或小，则占位符的大小以图像的大小为准。

➢ **颜色**：设置占位符的背景颜色，其颜色代码显示在右边的文本框中。

➢ **替换文本**：该功能与图像属性中的替代功能一样。

步骤 3▶ 设置各项属性后，单击"确定"按钮，即可插入一个图像占位符。之后用所设计的图像替换图像占位符，按"F12"键即可预览图像效果。

四、鼠标经过图像

在网页中可以轻松实现图像翻转效果，也就是我们通常所说的鼠标经过图像，当鼠标指针经过一幅图像时，它会显示为另一幅图像。鼠标经过图像实际上是由两幅图像组成的，即初始图像（页面首次装载时显示的图像）和替换图像（当鼠标指针经过时显示的图像）。

用于鼠标经过图像的两幅图像大小必须相同；如果图像大小不同，Dreamweaver 会自动调整第二幅图像的大小，使之与第一幅图像匹配。插入"鼠标经过图像"的具体方法可参考以下操作步骤。

步骤 1▶　在网页中单击确定要插入图像的位置，然后在菜单栏中选择"插入/图像对象/鼠标经过图像"菜单命令，如图 3-68 所示。

步骤 2▶　弹出"插入鼠标经过图像"对话框，在对话框中为图像命名，选择"原始图像"和"鼠标经过图像"，并在"替换文本"编辑框中输入文字解说内容，最后单击"确定"按钮，插入"鼠标经过图像"，如图 3-69 所示。

图 3-68　"鼠标经过图像"命令　　　　图 3-69　"插入鼠标经过图像"对话框

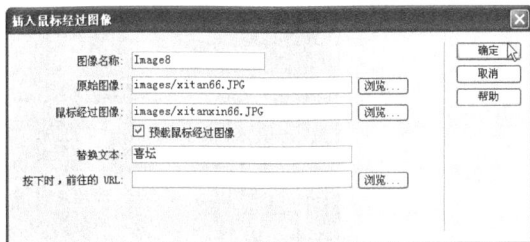

步骤 3▶　按下"F12"键，预览鼠标经过图像效果，如图 3-70 所示。

原始图像　　　　　　　　　　鼠标经过时的图像

图 3-70　鼠标经过图像效果

任务实施

本任务在"产品中心"网页中插入"公司 Logo 图像""广告大图""服务项目""公司优势""系列产品""名牌产品"等栏目内容，其效果如图 3-71 所示。

图 3-71　"产品中心"效果图

一、新建站点

一般在制作网页前都要先建站点，尤其是有图像的网页，必须保证图像位于站点目录下，否则会导致网页发布后图像无法正常显示。所以在制作"产品中心"网页前，必须先建立一个站点。

步骤 1▶　在本地磁盘 D 盘根目录下创建一个名为"cpzx"的文件夹，将本书附赠素材"素材与实例\项目三\任务 2 素材"中的"images"文件夹拷贝到"cpzx"文件夹中。

步骤 2▶ 在菜单栏中选择"站点/新建站点"菜单命令，打开"站点设置对象"对话框。在"站点名称"编辑框中输入站点名称"cpzx"，设置"本地站点文件夹"为"D:\cpzx\"，如图 3-72 所示。

图 3-72 设置"站点"信息

步骤 3▶ 在"高级设置"类别的"本地信息"子类别中，设置"默认图像文件夹"为"D:\cpzx\images\"，如图 3-73 所示。

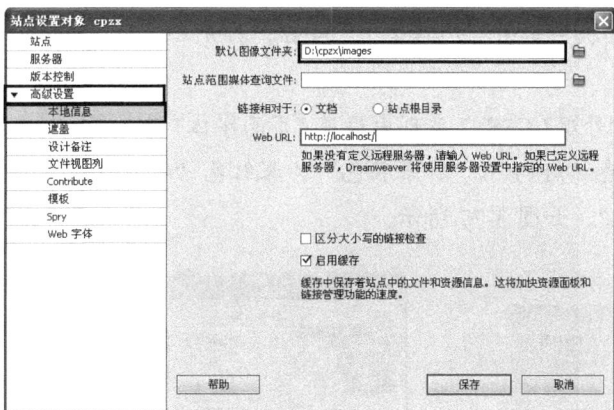

图 3-73 设置"本地信息"

步骤 4▶ 设置好后，单击"保存"按钮完成站点的创建。打开"文件"面板，在"文件"面板中可以看到新建的站点，如图 3-74 所示。

二、新建"cpzx.html"网页文档

步骤 1▶ 在"文件"面板中选中站点"cpzx"根文件夹，右击弹出快捷菜单，如图 3-75 所示。

图 3-74 "文件"面板

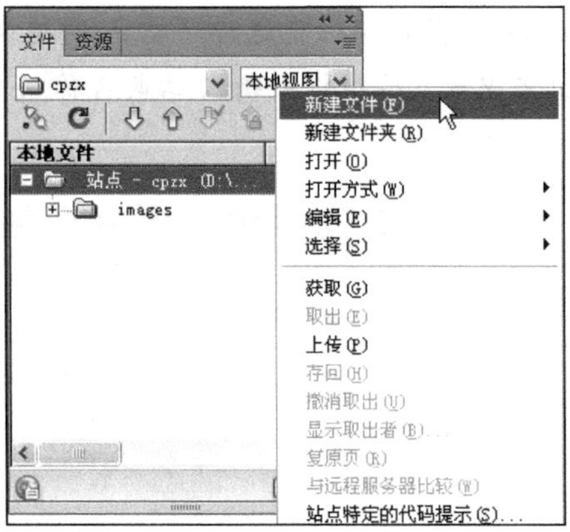

图 3-75 快捷菜单

步骤 2▶ 在快捷菜单中选择"新建文件"菜单命令，新建文件并设置新文件名为"cpzx.html"，如图 3-76 所示。

步骤 3▶ 这样就在 D 盘根目录下建立了一个名为"cpzx"的站点，并在其中建立了一个名为"cpzx.html"的网页文档，还准备好了制作"产品中心"网页所需用到的所有图像（已拷贝至"images"文件夹）。下面就可以开始制作"产品中心"网页了。

步骤 4▶ 双击"cpzx.html"网页文档名称，打开网页文档。进入"设计"视图编辑窗口。在"属性"面板中单击 页面属性… 按钮，打开"页面属性"对话框，对网页页面属性进行设置。

步骤 5▶ 在"外观（CSS）"类别中设置"页面字体"为"宋体"，"大小"为"14.7px"，"文本颜色"为白色"#FFF"，"背景颜色"为深红色"#9c1c1b"，"上边距"为"0px"，"下边距"为"0px"，如图 3-77 所示。

图 3-76 新建"cpzx.html"网页

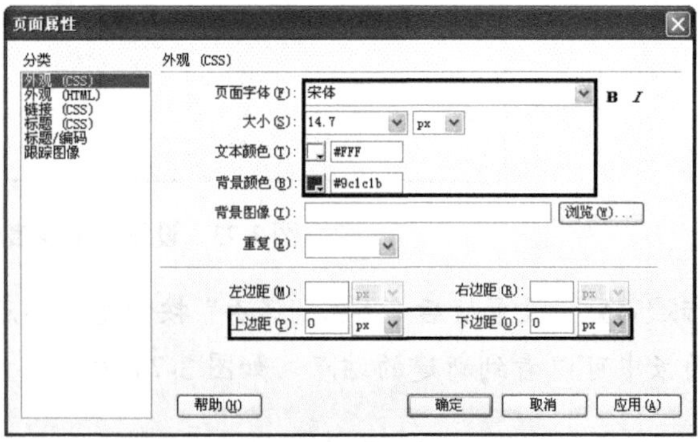

图 3-77 "外观（CSS）"分类

"上边距"和"下边距"用于设置网页内容与页面上下边界之间的距离，这里均设置为"0px"。

步骤 6▶ 在"标题/编码"类别中设置"标题"为"石家庄展华贸易有限公司—产品中心"。如图 3-78 所示。

图 3-78 "标题/编码"类别

步骤 7▶ 参数设置完成后，单击"确定"铵钮，返回到网页文档的"设计"视图编辑窗口，此时，网页变成以红色为背景的页面效果，如图 3-79 所示。

三、在页面中插入表格

步骤 1▶ 将光标定位在 HTML 文档中要插入表格的位置，在菜单栏中选择"插入/表格"菜单命令，打开"表格"对话框。

步骤 2▶ 设置"行数"为"3"，"列"为"1"，"表格宽度"为"1000 像素"，其他参数均为"0"，"标题"为"无"，如图 3-80 所示。

图 3-79　设置"页面属性"效果　　　　　图 3-80　"表格"对话框

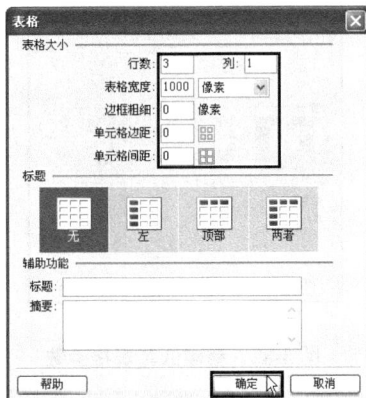

步骤 3▶ 设置完成后，单击"确定"按钮插入表格。用鼠标单击选中表格，在"属

性"面板中设置"对齐"为"居中对齐",如图 3-81 所示。这样就在网页文档中插入一个 3 行 1 列的表格 (称该表格为表格 1),并且表格显示在网页中央。

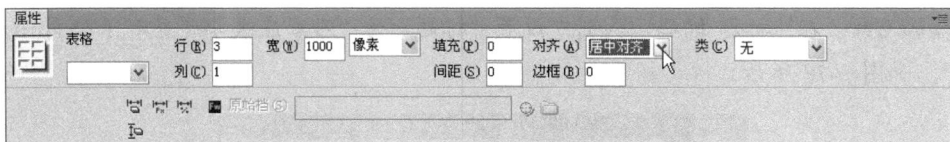

图 3-81　表格"属性"面板

四、插入公司 Logo

公司 Logo 是放置在背景图像上的,所以要先插入一个背景图像,通过嵌套一个表格来实现。

1. 插入嵌套表格

步骤 1▶　在"设计"视图编辑窗口中,将光标定位在表格 1 的第 1 行单元格中,在菜单栏中选择"插入/表格"菜单命令,插入一个 4 行 1 列,宽 100% 的表格 (称该表格为表格 1-1),如图 3-82 所示。

步骤 2▶　单击"确定"按钮,返回"设计"视图编辑窗口,将光标定位在表格 1-1 所在单元格中,然后在"属性"面板上"水平"下拉列表中选择"居中对齐",设置表格 1-1 在单元格中居中对齐。

步骤 3▶　将鼠标光标定位在表格 1-1 的第一行单元格中,打开单元格"属性"面板。设置单元高为"89px",如图 3-83 所示。

图 3-82　新建嵌套表格参数　　　　图 3-83　嵌套表格的单元格"属性"面板

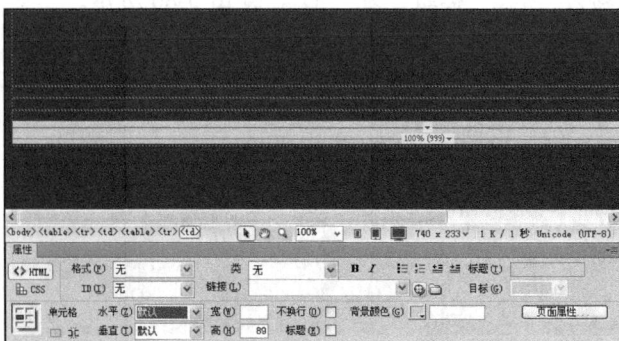

2. 插入背景图像

步骤 1▶　将光标定位在表格 1-1 的第 1 个单元格中右击,在弹出的快捷菜单中选择

"编辑标签"命令，如图 3-84 所示。

步骤 2▶ 打开"标签编辑器"对话框，如图 3-85 所示。

图 3-84　"编辑标签"命令　　　　图 3-85　"标签编辑器"对话框

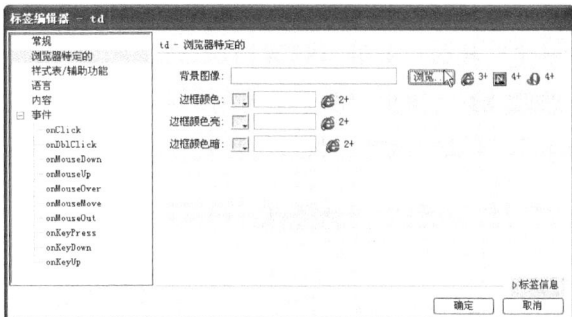

步骤 3▶ 在左侧列表中选择"浏览器特定的"类别，然后单击右侧"背景图像"对应的"浏览"按钮，打开"选择文件"对话框，如图 3-86 所示。

图 3-86　"选择文件"对话框

步骤 4▶ 选择要插入的背景图像文件"logo_bg.jpg"，单击"确定"按钮回到"标签编辑器"对话框，再次单击"确定"按钮，即可将"logo_bg.jpg"图像作为背景插入到表格 1-1 的单元格中，效果如图 3-87 所示。

图 3-87　嵌套表格中插入背景图像效果

3. 插入公司 Logo 图像

步骤 1▶ 将光标定位在表格 1-1 的第 1 个单元格中，按下"Ctrl+Alt+I"组合键，打开"选择图像源文件"对话框，选择"images"文件夹下的"logo_r1_c1.png"文件，单击"确定"按钮，如图 3-88 左图所示。

步骤 2▶ 弹出"图像标签辅助功能属性"对话框，在"替换文本"编辑框中输入"Logo"，单击"确定"按钮，完成 Logo 图像的插入，如图 3-88 右图所示。

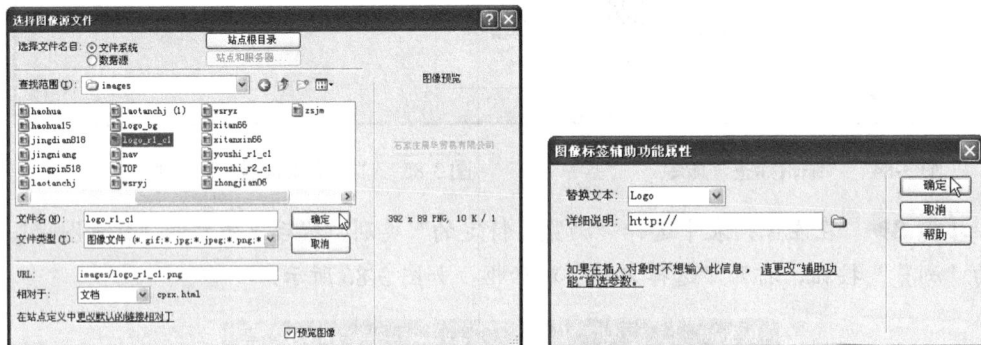

图 3-88　插入 Logo 图像

步骤 3▶ 返回"设计"视图编辑窗口，单击选中图像，在"属性"面板中将图像"对齐"方式设置为"顶端对齐"，按下"F12"键，预览网页效果，如图 3-89 所示。

图 3-89　插入公司 Logo 图像效果

五、插入导航图像

步骤 1▶ 将光标定位在表格 1-1 的第 2 行单元格中，按下"Ctrl+Alt+I"组合键，打开"选择图像源文件"对话框，选择"images"文件夹下的"nav.jpg"文件，单击"确定"按钮插入导航图像。

步骤 2▶ 弹出"图像标签辅助功能属性"对话框，在"替换文本"编辑框中输入文本"导航"，单击"确定"按钮，完成导航图像的插入，效果如图 3-90 所示。

图 3-90　插入导航图像效果

六、插入产品广告图像及分隔图像

1．插入产品广告图像

步骤1▶ 将光标定位在表格1-1的第3行单元格中，按下"Ctrl+Alt+I"组合键，打开"选择图像源文件"对话框，选择"images"文件夹下的"datu02.jpg"文件，单击"确定"按钮插入产品广告图像。

步骤2▶ 弹出"图像标签辅助功能属性"对话框，在"替换文本"编辑框中输入文本"广告图像"，单击"确定"按钮，完成产品广告图像的插入。

2．插入分隔图像

步骤1▶ 将光标置于表格1-1的第4行单元格中，按下"Ctrl+Alt+I"组合键，打开"选择图像源文件"对话框，选择"images"文件夹下的"zhongjian06.gif"文件，单击"确定"按钮，插入网页分隔图像。

步骤2▶ 此处不需要设定替换文本内容，即完成网页分隔图像的插入，效果如图3-91所示。

图3-91　插入广告、分隔图像效果

七、插入"服务项目"图像及背景图像

1．新建嵌套表格

步骤1▶ 将光标定位于表格1的第2行单元格中，在其中插入一个1行2列，宽为100%的嵌套表格（称该表格为表格1-2），并在"属性"面板上将两列单元格的"垂直"对齐方式均设置为"顶端"。

步骤2▶ 在表格1-2的第1列单元格中，再新建一个5行1列的嵌套表格（称该表格为表格1-2-1），效果如图3-92所示。

步骤3▶ 在"属性"面板上设置表格1-2-1的"宽"为"200"像素，"对齐"方式为"居中对齐"，如图3-93所示。

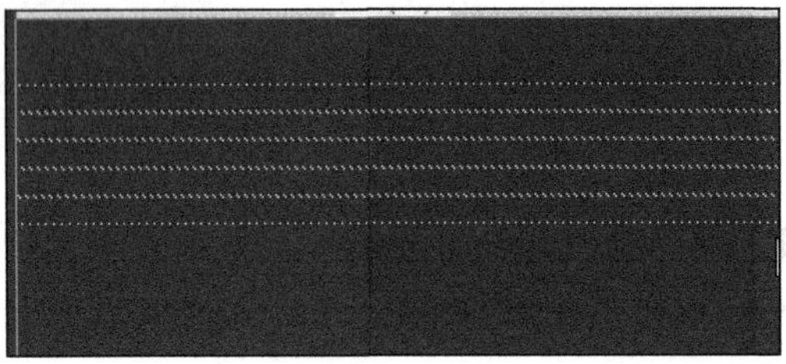

图 3-92　表格 1-2-1 插入效果

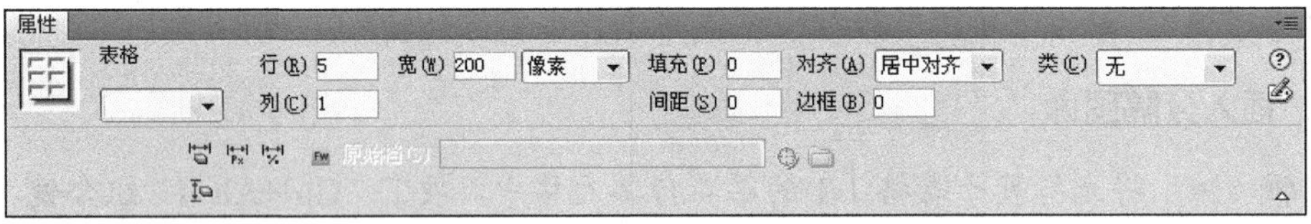

图 3-93　"嵌套表格"属性

2. 插入"服务项目"图像

步骤 1▶ 将光标定位于表格 1-2-1 的第 1 行单元格中，确定要插入"服务项目"图像的位置。按下"Ctrl+Alt+I"组合键，打开"选择图像源文件"对话框，选择"images"文件夹下的"fuwu_r1_c1.jpg"文件，单击"确定"按钮。

步骤 2▶ 此处不需要设定替换文本内容，即可完成"服务项目"图像的插入，效果如图 3-94 所示。

图 3-94　插入"服务项目"图像效果

3. 插入背景图像

步骤 1▶ 将光标定位于表格 1-2-1 的第 2 行单元格中，在"属性"面板上设置单元格"高"为"147"。右击鼠标，在弹出的快捷菜单中选择"编辑标签"，如图 3-95 所示。

步骤 2▶ 打开"标签编辑器"对话框，如图 3-96 所示。

步骤 3▶ 在左侧选择"浏览器特定的"类别，在右侧单击"背景图像"右侧的"浏览"按钮，打开"选择文件"对话框，如图 3-97 所示。

步骤 4▶ 选择要插入的图像文件"fuwuxia.gif"，单击"确定"按钮，即可将"fuwuxia.gif"图像作为背景插入到单元格中，效果如图 3-98 所示。

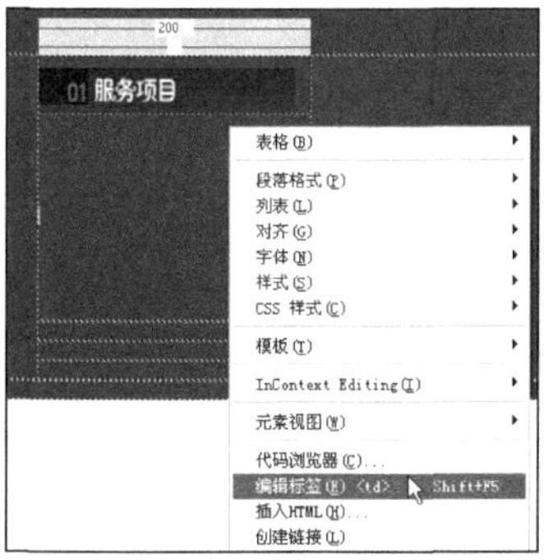

图 3-95　"编辑标签"命令

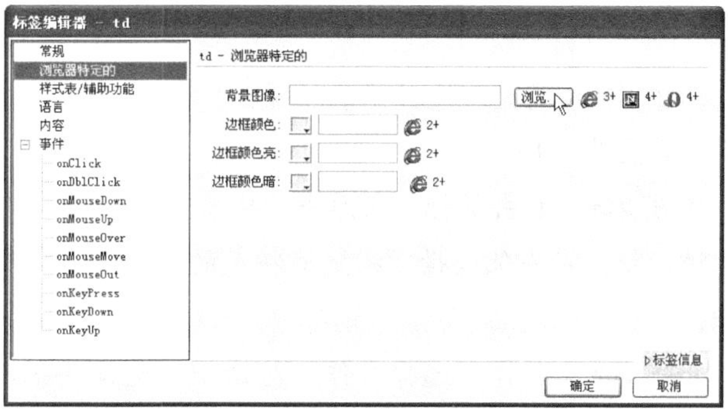

图 3-96　"标签编辑器"对话框

图 3-97　"选择文件"对话框

图 3-98　嵌套表格中插入背景图像效果

步骤 5▶ 在设置完背景图像的单元格中输入"服务项目"文本内容："石家庄展华贸易有限公司可为全国各地市客户送货及产品的开发,市场的拓展,为各地经销商提供强有力的后盾。"(制作方法可参考任务一"在网页中插入文本"的操作)

八、插入"公司优势"图像及背景图像

1. 插入"公司优势"图像

步骤 1▶ 其操作方法与第七节相同。将光标定位于表格 1-2-1 的第 4 行单元格中,确定要插入"公司优势"图像的位置,按下"Ctrl+Alt+I"组合键,打开"选择图像源文件"对话框,选择"images"文件夹下的"youshi_r1_c1.jpg"文件,单击"确定"按钮。

步骤 2▶ 此处不需要设定替换文本内容,即可完成"公司优势"图像的添加,效果如图 3-99 所示。

2.插入背景图像

步骤 1▶ 将光标定位于表格 1-2-1 的第 5 行单元格中，在"属性"面板上将单元格"高"设置为"157"。

步骤 2▶ 右击鼠标，在弹出的快捷菜单中选择"编辑标签"命令，打开"标签编辑器"对话框，在左侧选择"浏览器特定的"类别，然后单击"背景图像"右侧的"浏览"按钮。

步骤 3▶ 打开"选择文件"对话框，选择要插入的图像文件"youshi_r2_c1.jpg"，单击两次"确定"按钮，即可将"youshi_r2_c1.jpg"图像作为背景插入到嵌套表格的单元格中，效果如图 3-100 所示。

图 3-99 插入"公司优势"图像效果

图 3-100 设置单元格背景图像效果

步骤 4▶ 在设置完背景图像的单元格中输入"公司优势"文本内容："石家庄展华贸易有限公司的经营理念是：开发创新，诚信为本。"操作方法可参考任务 1 "在网页中插入文本"。此时便完成了"公司优势"栏目图像文本内容的添加。

九、插入"产品中心"图像

步骤 1▶ 在表格 1-2 的第 2 列单元格中再嵌套一个 3 行 1 列的表格，称该表格为表格 1-2-2。

步骤 2▶ 将光标定位在表格 1-2-2 的第 1 行单元格中，按下"Ctrl+Alt+I"组合键，打开"选择图像源文件"对话框，选择"images"文件夹下的"cpzx.jpg"文件，单击"确定"按钮。

步骤 3▶ 此处不需要设置替换文本内容，即可完成"产品中心"图像的添加，效果如图 3-101 所示。

图 3-101 添加"产品中心"图像效果

十、制作"系列产品"部分

1. 输入文本

将光标定位在表格 1-2-2 的第 2 行单元格中，在其中输入总述文本内容："公司老窖产品主要分为系列产品和名牌产品。"

2. 添加嵌套表格

步骤 1▶ 将光标定位在表格 1-2-2 的第 3 行单元格中，在其中制作"系列产品"展示部分。

步骤 2▶ 按下"Ctrl+Alt+T"组合键，打开"表格"对话框，设置"行数"为"8"，"列"为"4"，"表格宽度"为"90%"，其他数值均为"0"，单击"确定"按钮，插入一个 8 行 4 列的嵌套表格（称该表格为表格 1-2-2-3），并设置表格的对齐方式为"居中对齐"，如图 3-102 所示。

图 3-102　　"产品中心"下方的嵌套表格

3. 添加"系列产品"标题文字

步骤 1▶ 将光标置于表格 1-2-2-3 的第 1 行第 1 列单元格中，在其中输入标题文本"系列产品"，并在"属性"面板上设置"水平"对齐为"左对齐"。

步骤 2▶ 将光标置于表格 1-2-2-3 的第 1 行第 4 列单元格中，在其中插入图像"TOP.png" TOP»，并在"属性"面板上设置图像边框为"0"，"水平"对齐方式为"右对齐"。

4. 在"系列产品"中添加"鼠标经过图像"

步骤 1▶ 选中表格 1-2-2-3 第 2 行的 4 个单元格，在"属性"面板上设置"水平"对齐方式为"居中对齐"，"垂直"对齐为"居中"，"宽"为"25%"，"高"为"214px"，如图 3-103 所示。

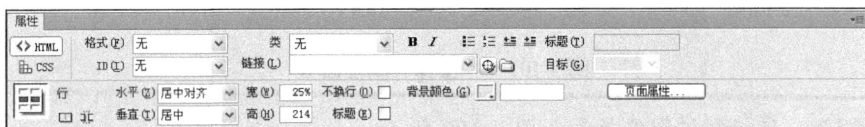

图 3-103　　"单元格"属性面板

步骤 2▶ 设置好属性的单元格效果如图 3-104 所示。

图 3-104　单元格效果

步骤 3▶ 将光标置于表格 1-2-2-3 的第 2 行第 1 列单元格中，在菜单栏中选择"插入/图像对象/鼠标经过图像"菜单命令，如图 3-105 所示。

步骤 4▶ 打开"插入鼠标经过图像"对话框，选择"原始图像"为"xitan66.JPG"图像文件，"鼠标经过图像"为"xitanxin66.JPG"，"替换文本"为"喜坛"，单击"确定"按钮，便在单元格中插入了第一个"鼠标经过图像"，如图 3-106 所示。

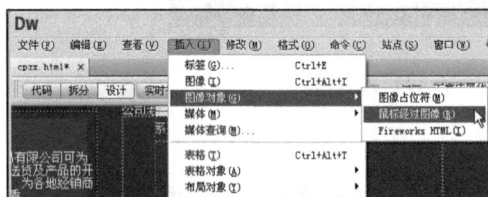

图 3-105　选择"鼠标经过图像"命令　　图 3-106　添加"鼠标经过图像"

步骤 5▶ 返回"设计"视图编辑窗口，查看图像添加效果，发现图像太大，需要进一步调整大小。在"图像"属性面板中，设置图像"宽"为"140px"，"高"为"190px"，如图 3-107 所示。

图 3-107　"图像"属性面板

步骤 6▶ 鼠标经过图像效果如图 3-108 所示。

图 3-108 "鼠标经过图像"效果

步骤7▶ 在表格 1-2-2-3 的第 2 行第 2 个单元中添加"鼠标经过图像"，图像名称分别为"wsryj.jpg"和"wsryz.jpg"，添加方法同上。

步骤8▶ 在表格 1-2-2-3 的第 2 行第 3 个单元中添加"鼠标经过图像"，图像名称分别为"laotanchj.jpg"和"laotanchj(1).jpg"，添加方法同上。

步骤9▶ 在表格 1-2-2-3 的第 2 行第 4 个单元中添加"鼠标经过图像"，图像名称分别为"chenjiao3.jpg"和"chenjiao5.jpg"，添加方法同上。

步骤10▶ 在表格 1-2-2-3 第 3 行的单元格里，依次输入酒类产品名称，分别是"喜坛""万事如意""陈坛老窖"和"老窖"，并设置"居中对齐"，最终效果如图 3-109 所示。

图 3-109 "系列产品"效果

十一、制作"名牌产品"部分

1. 添加"名牌产品"标题文字

步骤1▶ 将光标置于表格 1-2-2-3 的第 4 行第 1 列单元格中，输入标题文本"名牌产品"，然后在"属性"面板中设置"水平"对齐为"左对齐"。

步骤2▶ 选中表格1-2-2-3的第4行第4列单元格,在其中插入图像"TOP.png" TOP>>,并在"属性"面板中将图像边框设置为"0","水平"对齐为"右对齐"。

2. 添加"名牌产品"中产品图片及解说文字

步骤1▶ 分别选中表格1-2-2-3的第5,6,7行的第1列和第3列,在"属性"面板上设置"水平"对齐为"居中对齐","垂直"对齐为"居中","宽"为"25%","高"为"214px"。

步骤2▶ 分别选中表格1-2-2-3的第5,6,7行的第2列和第4列,在"属性"面板上设置"水平"对齐为"左对齐","垂直"对齐为"居中","宽"为"25%","高"为"214px"。

步骤3▶ 将光标置于表格1-2-2-3的第5行第1列单元格中,按下"Ctrl+Alt+I"组合键,打开"选择图像源文件"对话框,选择"images"文件夹下的"jingniang.jpg"文件,单击"确定"按钮;在紧接着弹出的"图像标签辅助功能属性"对话框中设置替换文本为"精酿",单击"确定"按钮插入图像;然后在"属性"面板中设置图像"宽"为"140","高"为"190",如图3-110所示。

步骤4▶ 将光标置于表格1-2-2-3的第5行第2列单元格中,输入"精酿"图像的解释文本内容:"精酿 发现,一种高度 心能到达的地方,才是至高点! 不朽传奇",效果如图3-111所示。

图3-110 插入"精酿"图像效果

图3-111 插入"精酿"图像及文字效果

提示 采用同样的方法,分别在其他单元格中插入图像及解释文字。

步骤5▶ 在第5行第3列的单元格中插入图像"haohua.jpg",并在"属性"面板上设置其"宽"为"140","高"为"190";在第5行第4列输入解释文字:"豪华 发现,一种坚持 在坚持中发扬,在继承中开拓! 六百年精湛酿艺"。

步骤6▶ 在第6行第1列的单元格中插入图像"jingpin518.jpg",并在"属性"面板上设置其"宽"为"140"，"高"为"190"；在第 6 行第 2 列输入解释文字："精品 518 发现，一种境界 有质，无止；有型，无形；有境，无垠！"。

步骤 7▶　在第 6 行第 3 列的单元格中插入图像"jingdian818.jpg"，并在"属性"面板上设置其"宽"为"140"，"高"为"190"；在第 6 行第 4 列输入解释文字："经典 818 发现，一种和谐 永"衡"，寻找永远的平衡"。

步骤 8▶　在第 7 行第 1 列的单元格中插入图像"haohua15.jpg"，并在"属性"面板上设置其"宽"为"140"，"高"为"190"；在第 7 行第 2 列输入解释文字："豪华 15 发现，一种运势 智者，顺势而为；仁者，以财发身！"。

步骤 9▶　在第 7 行第 3 列的单元格中插入图像"gj1573.jpg"，并在"属性"面板上设置其"宽"为"140"，"高"为"190"；在第 7 行第 4 列输入解释文字："国窖 1573 升级版"。

步骤 10▶　将光标定位于表格 1-2-2-3 的第 8 行第 4 列，在其中插入图像"TOP.png" `TOP>>`，在"属性"面板上设置"水平"对齐为"右对齐"。

步骤 11▶　保存文件，"产品中心"酒类产品图像展示及解释文字部分制作完成，按下"F12"键对网页制作效果进行预览，效果如图 3-112 所示。

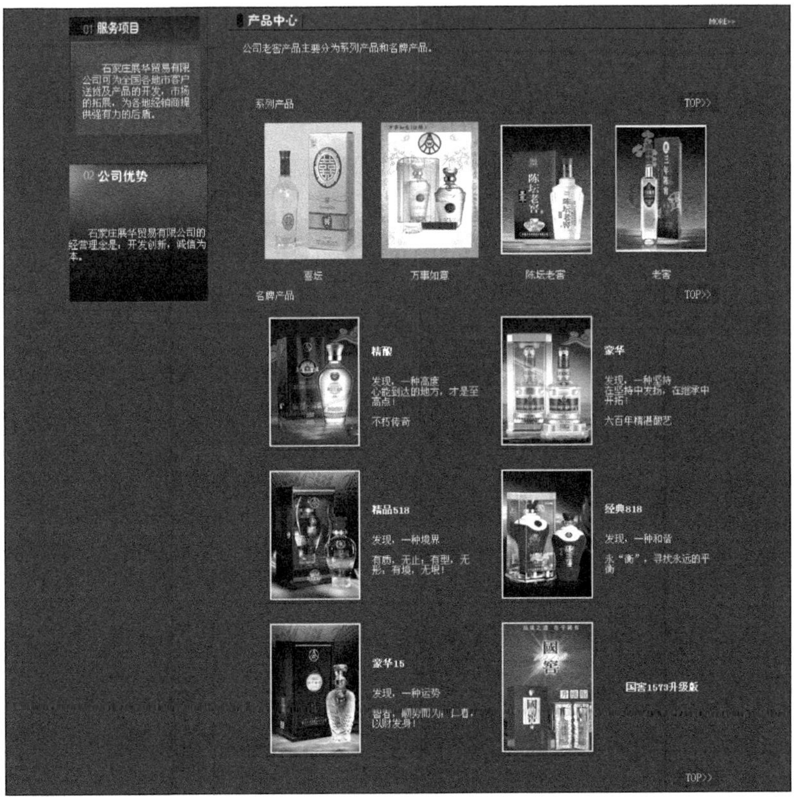

图 3-112　"产品中心"部分效果

十二、制作页脚部分

在页脚部分插入背景图像，并输入公司信息。

1．插入背景图像

步骤 1▶ 选中表格 1 的第 3 行单元格，右击鼠标，在弹出的快捷菜单中选择"编辑标签"命令，打开"标签编辑器"对话框，在左侧选择"浏览器特定的"类别，然后单击右侧"背景图像"对应的"浏览"按钮。

步骤 2▶ 打开"选择文件"对话框，选择要插入的背景图像文件"di09.gif"，单击"确定"按钮，即可将"di09.gif"图像作为背景插入到表格单元格中。

2．输入页脚公司信息

选中表格 1 的第 3 行单元格，在"属性"面板上设置其"水平"对齐为"居中"对齐；然后在单元格中输入文本"版权所有：河北展华贸易有限公司® 联系电话：0311-87790182 技术支持：石家庄易龙信息传媒有限公司 copyright@2009-2010All Rights Reserved"，效果如图 3-113 所示。

图 3-113　页脚公司信息

十三、设置文字 CSS 样式

对网页中输入的文本内容设置文字 CSS 样式。

1．设置"服务项目"和"公司优势"文字样式

定义"ys"CSS 样式，如图 3-114 所示。

2．设置"产品中心"文字样式

步骤 1▶ "公司老窖产品主要分为系列产品和名牌产品。"这段文字直接应用"ys"样式即可。

步骤 2▶ 为"系列产品"和"名牌产品"两个标题设置并应用"biaoti"样式，如图 3-115 所示。

图 3-114　"ys" CSS 样式　　　　　　图 3-115　"bitaoti" 样式

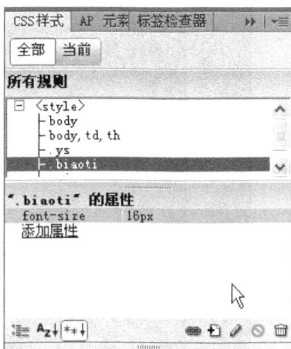

步骤 3▶　为"产品中心"酒类产品解释文字设置并应用"jieshao"样式,其属性如图 3-116 所示。

3. 页脚公司信息

步骤 1▶　为页脚公司信息设置并应用"yj"样式,其属性如图 3-117 所示。

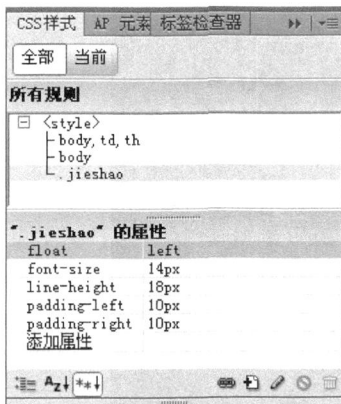

图 3-116　"jieshao"样式　　　　　　图 3-117　"yj"样式

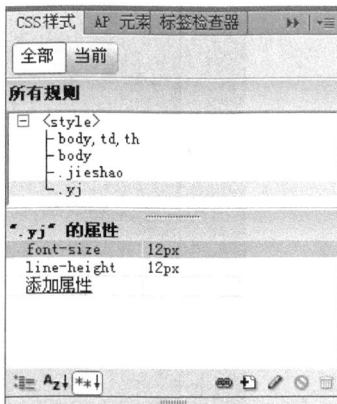

步骤 2▶　保存文档"cpzx.html",然后按下"F12"键预览网页效果,完成对"产品中心"网页的制作。

实战演练——制作"招商加盟"网页

根据前面所学在网页中添加图像的方法,在制作"产品中心"网页的基础上,制作"招商加盟"网页,网页效果如图 3-118 所示。

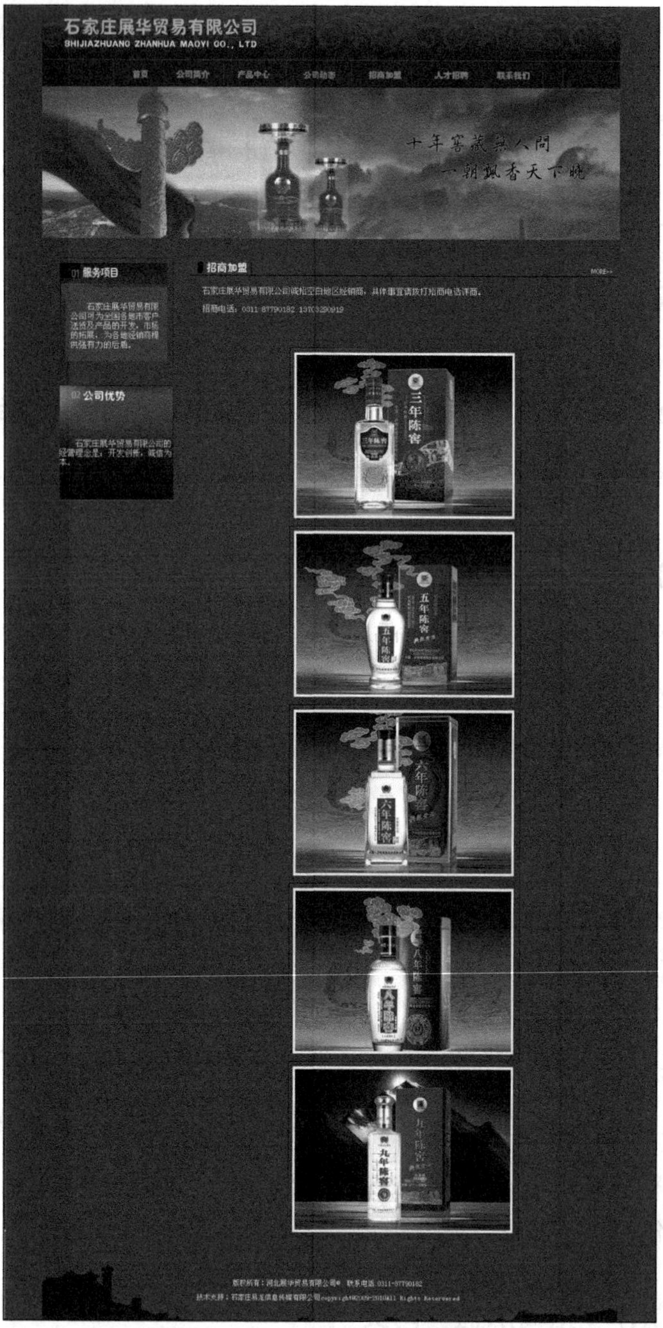

图 3-118　"招商加盟"网页效果

网页中的图片大小可设定为宽 360，高 270。图片文件为 "chenjiao3.jpg" "chenjiao5.jpg" "chenjiao6.jpg" "chenjiao8.jpg" 和 "chenjiao9.jpg"，共 5 张。

一、网页中图像路径的选择

在插入图像时，最好使用相对路径而不是绝对路径。

绝对路径就是主页上的文件或目录在硬盘上真正的路径，如"D: /zhandian/img/photo. jpg"，表示"photo.jpg"这张图片保存在"D"盘"zhandian"目录下的"img"子目录中。

在制作网页时，如果使用绝对路径，预览网页时在自己的计算机上一切正常。但是当将页面上传到网站服务器时，因为在网站服务器中找不到"D: /zhandian/img/photo.jpg"这个路径，图片将显示不出来。出现这种情况时，使用相对路径来解决。

相对路径又可分为文档相对路径和站点根目录相对路径。

➢ 文档相对路径是指文件与站点相对应的目录，在上例中如果网站首页与图像文件夹"img"在同一个路径下，那么在网页中链接的"photo.jpg"文件的地址，用"img/photo.jpg"路径来表示，这样不论将这些文件放到哪里，只要他们的相对关系没有变，就不会出错。

➢ 站点根目录相对路径是指如果网站中某个页面与图像文件夹"img"不在同一个路径下，那么在网页中链接的"photo.jpg"文件需要使用"../img/photo.jpg"找到站点根目录来定位文件。如图 3-119 中，"cpzx"网页中插入的 Logo 图片"logo_r1_c1"文件存放在站点根目录下的"images"文件夹中，而"cpzx"网页存储在"ziyemian"文件夹中，因此，Logo 图片的链接路径为"../images/logo_r1_c1.jpg"。

图 3-119　站点根目录相对路径

相对路径是本地站点中最常用的链接形式，相对链接的文件之间只要相互关系没有发生变化，移动整个文件夹时就不用更新链接。

为避免在制作网页时出现路径错误，可以使用 Dreamweaver 的站点管理功能来管理站点。使用"站点/新建站点"菜单命令创建站点，并定义站点目录之后，系统将自动把绝对路径转化为相对路径。

二、插入图像的快捷方法

在插入图像时，可以使用"属性"面板中的指向文件按钮 进行快速插入。具体方法为，单击鼠标确定要插入图像的位置，然后用鼠标单击并拖动"属性"面板上"源文件"编辑框右侧的 按钮到"文件"面板中要插入图像的名称上，释放鼠标即可把图像插入到网页中。使用这种方法插入图像的路径默认是相对路径，如图 3-120 所示。

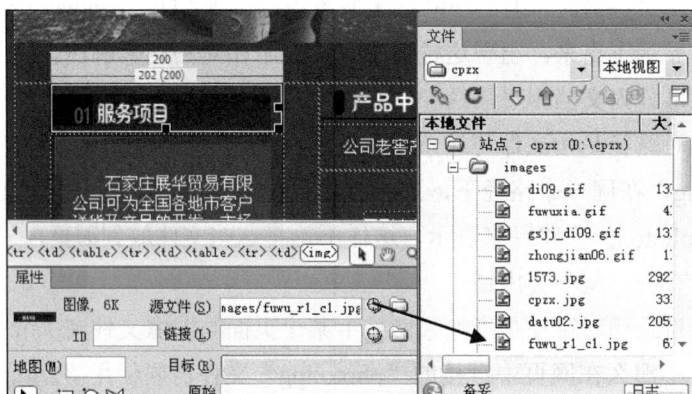

图 3-120 "指向文件"按钮

三、图像素材命名

在网页中插入图像时，要注意图像文件应以英文字母或拼音命名。此外，在为图像文件命名时要注意与图像内容相吻合，以起到见图知意的作用。

四、使用代码为单元格设置背景图像

可以在"代码"视图中实现为单元格设置背景图像的操作。首先在网页中插入一个 1 行 1 列的表格；然后将光标定位在单元格中，并打开"代码"视图；在光标所在位置输入代码"background="images/logo_bg.jpg""，图片"logo_bg.jpg"将作为背景插入到表格中，效果如图 3-121 所示。

```
<table width="1000" border="0" align="center">
  <tr>
  <td background="images/logo_bg.jpg"> </td>
  </tr>
</table>
```

图 3-121　使用代码为单元格设置背景图像效果

任务三　制作贸易公司网站首页

本任务是制作展华贸易公司网站"首页"，并通过完善"首页"，学习给网页添加动态媒体元素及 JavaScript 特效。

任务描述

本任务是制作展华贸易公司网站"首页"。公司网站"首页"的好坏影响到用户对公司网站的第一印象，所以为增加首页画面的可观性和交互性，在页面设计精美的基础上，还要添加一些动态媒体元素和网页特效。本任务是对公司网站"首页"进行完善，添加 Flash 动画，并使用 JavaScript 脚本制作图像滚动的页面效果。

知识讲解

只有文本和图像的网页会显得很单调，可以在网页中添加 Flash 动画或音乐等动态媒体元素，来提高画面的动感，使网页页面更加精彩；也可以通过添加 JavaScript 特效，使网页具有动态效果。

一、插入 Flash 动画

网页中最常用的动画格式是".swf"，其插入方法比较简单。

步骤 1▶　在 Dreamweaver 文档编辑窗口中，将鼠标光标定位在需要插入 Flash 动画的位置；在"插入"面板的"常用"类别中单击"媒体"按钮，在弹出的下拉列表中选择"SWF"选项，如图 3-122 所示。

步骤 2▶　打开"选择文件"对话框，在对话框中选择要插入的 SWF 文件，如图 3-123 所示。

图 3-122 "常用"插入栏    图 3-123 "选择文件"对话框

提示　　同图像的插入类似，当要插入的动画文件不在当前站点中时，系统会提示用户将文件拷贝到站点中，否则会影响正常显示。

步骤 3▶ 单击"确定"按钮，打开"对象标签辅助功能属性"对话框，在该对话框中单击"确定"按钮，即完成 Flash 动画的插入，如图 3-124 所示。

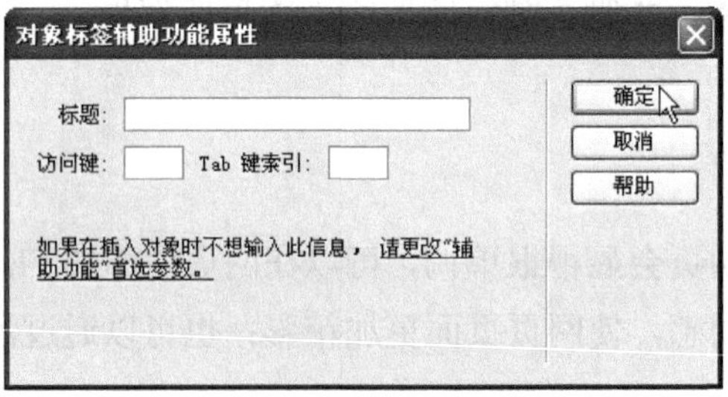

图 3-124 "对象标签辅助功能属性"对话框

步骤 4▶ 单击插入的 Flash 动画，显示出"属性"面板，如图 3-125 所示。

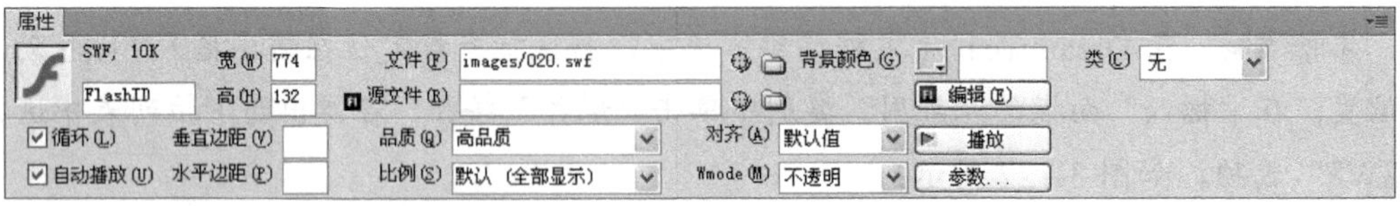

图 3-125 "Flash 动画属性"面板

步骤 5▶ 在"属性"面板中单击"播放"按钮 ▶ 播放 ，可在文档编辑窗口中播放插入的 Flash 动画，此时该按钮变为"停止"按钮 ■ 停止 ，单击该按钮即可停止播放 Flash 动画。

二、添加 Flash FLV

Flash FLV 是 Flash 视频，使用 Flash 可将 AVI 等视频转换为 Flash FLV，其添加方法可参考以下步骤。

步骤1▶　在网页文档编辑窗口中，将光标定位在需要插入 Flash FLV 的位置，在菜单栏中选择"插入/媒体/FLV"菜单命令，打开"插入 FLV"对话框，如图 3-126 所示。

步骤2▶　在该对话框的"URL"编辑框中输入 FLV 视频文件所在位置及名称，在"外观"下拉列表中选择 FLV 播放器的外观，单击"检测大小"按钮进行 FLV 视频大小的检测并自动填入到"宽度"和"高度"文本框中，选中"自动播放"和"自动重新播放"复选框，最后单击"确定"按钮，完成 FLV 文件的插入。

三、添加插件

插件的类型很多，通过使用插件可以添加更多类型的媒体文件，下面以添加视频文件为例进行讲解。

步骤1▶　在网页文档编辑窗口中，将鼠标光标定位在需要插入插件的位置。在菜单栏中选择"插入/媒体/插件"菜单命令，打开"选择文件"对话框，如图 3-127 所示。

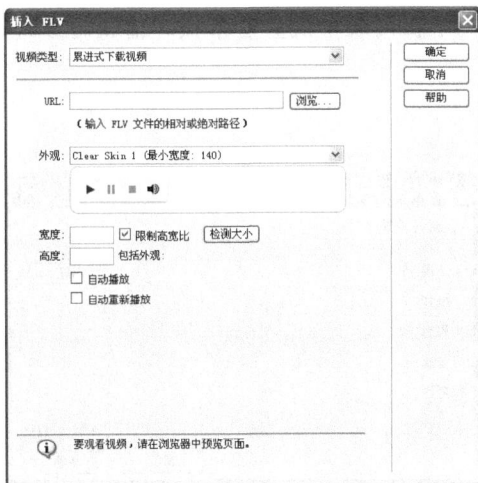

图 3-126　"插入 FLV"对话框

图 3-127　"选择文件"对话框

步骤2▶　在该对话框的"查找范围"下拉列表中选择文件夹，在文件列表中选择文件，然后单击"确定"按钮，将视频插入到网页中。

步骤3▶　选中插入的视频文件，在"属性"面板"宽"和"高"文本框中输入视频的大小，以完全显示视频内容，如图 3-128 所示。

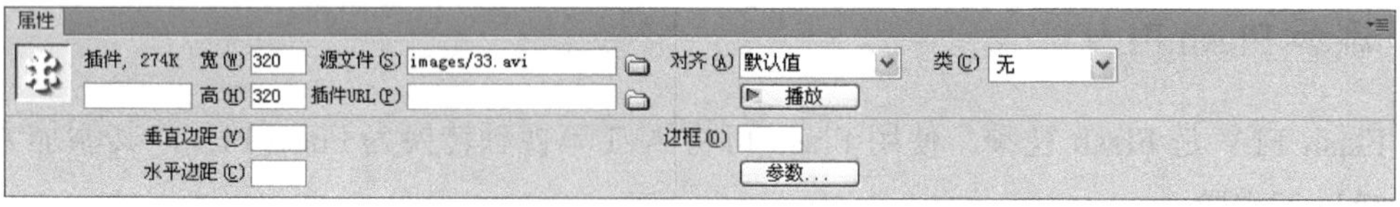

图 3-128　插件"属性"面板

> 一般通过插件插入的视频文件，默认大小为 32×32 像素，与实际视频尺寸不一致，因此必须在"属性"面板中手动设置其大小。

四、添加背景音乐

在 Dreamweaver 中可以给网页添加背景音乐。添加背景音乐后，在浏览网页页面时会自动播放音乐，但不会影响浏览者的其他操作。下面以插入标签的方法讲解添加背景音乐的操作步骤。

步骤 1▶　在网页文档编辑窗口中，选择菜单栏中的"插入/标签"菜单命令，打开"标签选择器"对话框，如图 3-129 所示。

步骤 2▶　依次展开左侧的"HTML 标签/页面元素/浏览器特定"列表，在右侧的列表框中选择"bgsound"，单击"插入"按钮，打开"标签编辑器"对话框，在"源"文本框中输入背景音乐的路径及名称，在"循环"下拉列表中设置音乐循环播放的方式，如图 3-130 所示。

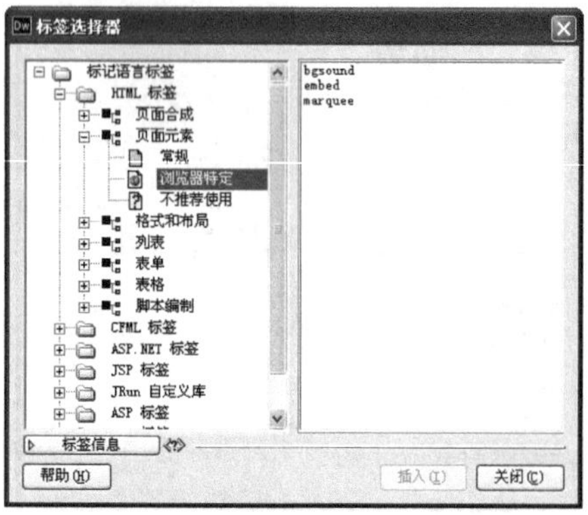

图 3-129　"标签选择器"对话框 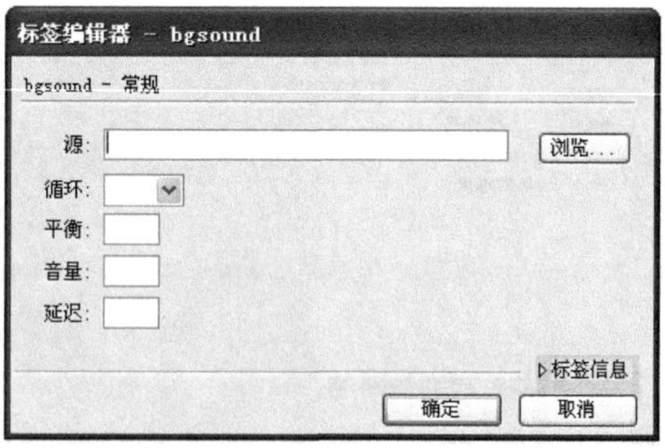　　**图 3-130　"标签编辑器–bgsound"对话框**

步骤 3▶　单击"确定"按钮，关闭"标签编辑器"对话框回到"标签选择器"对话框，单击"关闭"按钮即完成背景音乐的添加。

> 在网页中添加背景音乐时，不要在文档窗口中选择任何对象，因为背景音乐是针对网页主体所设置的。

五、添加 JavaScript 特效

JavaScript 是一种能让网页更加生动活泼的程序语言，也是目前网页设计中最容易学的语言。利用 JavaScript 可以简便地做出文字滚动效果、漂亮的数字钟效果、有广告效应的跑马灯效果等，这些特殊效果可以提高网页的可观赏性。下面学习在网页中实现图片无缝向右滚动特效的 JS 程序。当鼠标指向图像时，图像暂停滚动；当鼠标离开时，图像继续向右滚动。

1．设计思路

一个设定宽度并且隐藏超出它宽度的内容的容器 demo，里面放 demo1 和 demo2，demo1 是滚动内容，demo2 为 demo1 的直接克隆，通过不断改变 demo1 的 scrolltop 或者 scrollleft 达到滚动的目的，当滚动至 demo1 与 demo2 的交界处时直接跳回初始位置，因为 demo1 与 demo2 一样，所以分不出跳动的瞬间，从而达到"无缝"滚动的目的。

2．涉及对象的相关属性

➢ **Innerhtml**：设置或获取位于对象起始和结束标签内的 html。

➢ **scrollheight**：获取对象的滚动高度。

➢ **scrollleft**：设置或获取位于对象左边界和窗口中目前可见内容的最左端之间的距离。

➢ **scrolltop**：设置或获取位于对象最顶端和窗口中可见内容的最顶端之间的距离。

➢ **scrollwidth**：获取对象的滚动宽度。

➢ **offsetheight**：获取对象相对于版面或由父坐标 offsetparent 属性指定的父坐标的高度。

➢ **offsetleft**：获取对象相对于版面或由 offsetparent 属性指定的父坐标的计算左侧位置。

➢ **offsettop**：获取对象相对于版面或由 offsettop 属性指定的父坐标的计算顶端位置。

➢ **offsetwidth**：获取对象相对于版面或由父坐标 offsetparent 属性指定的父坐标的宽度。

3．图片无缝向右滚动 JS 代码

```
<!--下面是向右滚动代码-->
<div id="colee_right" style="overflow:hidden;width:550px;">//设定滚动标签
<table cellpadding="0" cellspacing="0" border="0" >//设定滚动左侧表格
<tr><td id="colee_right1" valign="top" align="center">
<table cellpadding="2" cellspacing="0" border="0">//设定滚动右侧表格
```

```
<tr align="center">//在单元格中插入图像
<td><p><img src="images/tupian1.jpg"></p></td>
<td><p><img src="images/tupian2.jpg"></p></td>
<td><p><img src="images/ tupian3.jpg"></p></td>
<td><p><img src="images/ tupian4.jpg"></p></td>
<td><p><img src="images/ tupian5.jpg"></p></td>
<td><p><img src="images/ tupian6.jpg"></p></td>
<td><p><img src="images/ tupian7.jpg"></p></td>
<td><p><img src="images/ tupian8.jpg"></p></td>
</tr>
</table>
</td>
<td id="colee_right2" valign="top"></td>
</tr>
</table>
</div>
<script>//图像向右滚动 JS 程序
var speed=30//速度数值越大速度越慢
var colee_right2=document.getElementById("colee_right2");
var colee_right1=document.getElementById("colee_right1");
var colee_right=document.getElementById("colee_right");
colee_right2.innerHTML=colee_right1.innerHTML
function Marquee4(){
if(colee_right.scrollLeft<=0)
colee_right.scrollLeft+=colee_right2.offsetWidth
else{
colee_right.scrollLeft--
}
}
var MyMar4=setInterval(Marquee4,speed)
colee_right.onmouseover=function() {clearInterval(MyMar4)}
colee_right.onmouseout=function() {MyMar4=setInterval(Marquee4,speed)}
</script>
<!--向右滚动代码结束--></td>
```

按下"F12"键预览网页，插入的 8 张图片依次向右滚动，效果如图 3-131 所示。

图 3-131 图片无缝向右滚动

任务实施

本任务是制作"展华贸易有限公司"网站的"首页"，效果如图 3-132 所示。

图 3-132 "首页"效果

一、准备工作

在 D 盘根目录下创建"zhanhua"文件夹，用于保存站点中的网页、图像及其他素材。在"zhanhua"文件夹中创建"images"文件夹，将制作网页所用到的图像、素材复制到该文件夹下；否则可能会导致图像无法正常显示。

将任务一和任务二制作好的六个网页复制到"zhanhua"文件夹中，并将所有网页中用到的图像、动画等复制到站点中相应目录下，以保证图像和动画能正常显示。

> **提示**　　此处的相应目录，是指与制作网页时插入图像和动画的目录相一致，比如网页中图像的路径为"images/datu02.jpg"，那么此时就要将图像拷贝至"images"文件夹中。

二、在 Dreamweaver 中创建站点

步骤 1▶　在菜单栏中选择"站点/新建站点"菜单命令，打开"站点设置对象"对话框。

步骤 2▶　在"站点"类别中设置站点名称为"zhanhua"，"本地站点文件夹"为"D:\zhanhua\"，如图 3-133 所示。

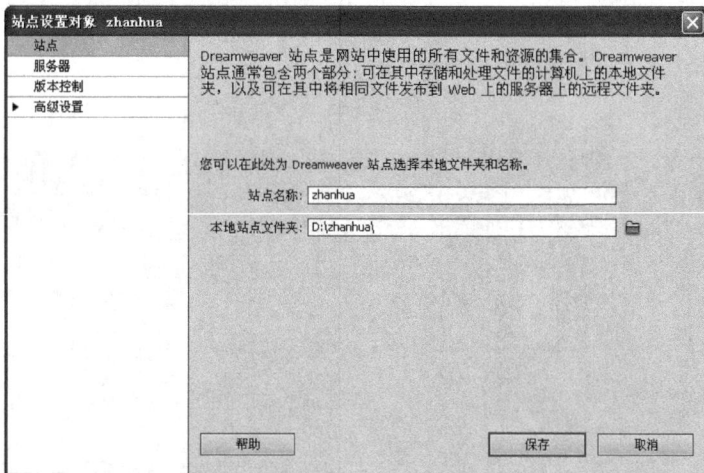

图 3-133　设置站点信息

步骤 3▶　在"高级设置"类别下的"本地信息"中，设置"默认图像文件夹"为"D:\zhanhua\images"，"Web URL"为"http://localhost/"，单击"保存"按钮，完成站点的创建，如图 3-134 所示。

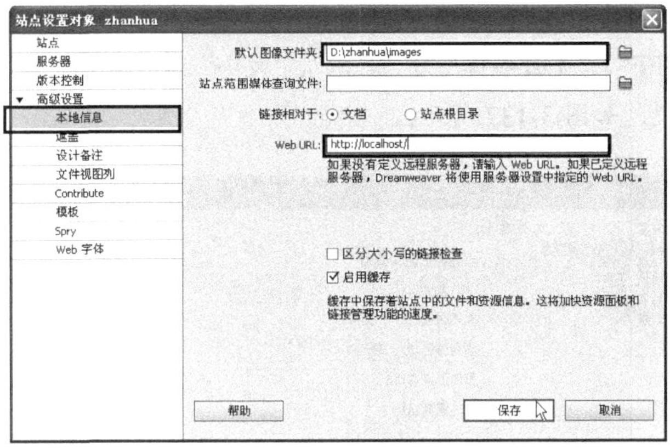

图 3-134　设置"本地信息"

三、新建"index.html"网页文档

步骤 1▶　首先在"文件"面板中选中站点根文件夹，然后右击鼠标，在弹出的快捷菜单中选择"新建文件"，如图 3-135 所示。

步骤 2▶　将新建文件命名为"index.html"，作为网站首页文件，此时"文件"面板中显示的站点目录如图 3-136 所示。

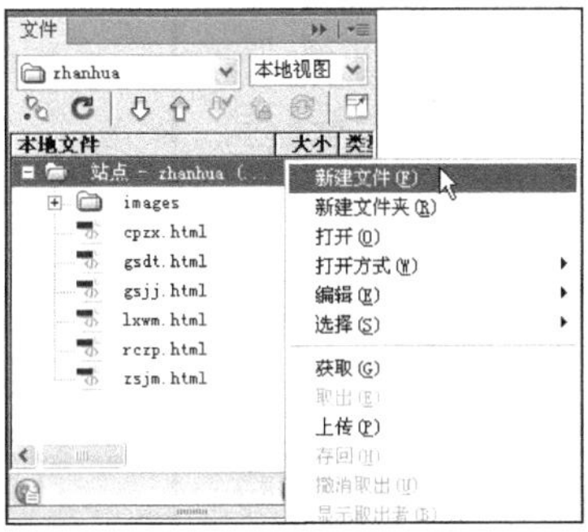

图 3-135　快捷菜单

图 3-136　网站文件目录

步骤 3▶　这样在 D 盘根目录下就创建了一个名为"zhanhua"的新站点，它包含了所有网站网页文件，以及制作网页用到的所有图像和其他素材。

四、设置"index.html"网页页面属性

步骤 1▶　在"文件"面板中双击"index.html"网页文档名称，打开网页文档。单击"属性"面板上的"页面属性"按钮 页面属性 ，打开"页面属性"对话框，对网页页面属性进行设置。

步骤 2▶ 在"外观（CSS）"类别中设置页面"背景颜色"为深红色"#9c1c1b"，"文本颜色"为白色"#FFF"，"页面字体"为"宋体"，"大小"为"14.7px"，"上边距"为"0px"，"下边距"为"0px"，如图 3-137 所示。

图 3-137 设置"外观（CSS）"类别

步骤 3▶ 在"标题/编码"类别中设置"标题"为"石家庄展华贸易有限公司首页"，如图 3-138 所示。

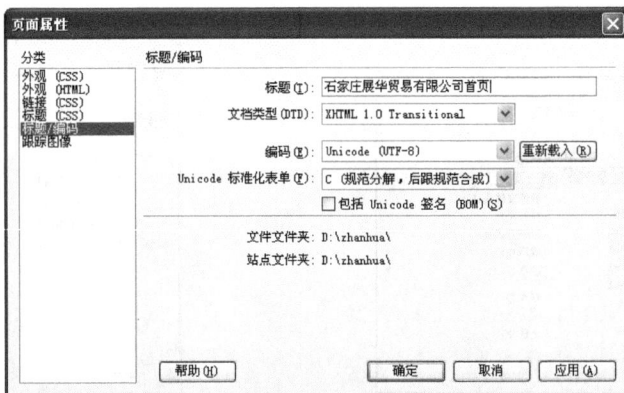

图 3-138 "标题/编码"类别

步骤 4▶ 任务四中要为网页添加超链接，在此先设置一下"链接"属性。为使超链接与背景区别开来，将链接颜色设置的醒目一些。在"链接（CSS）"类别中设置"链接颜色"为白色"#FFF"，"变换图像链接"为黄色"#FF0"，"已访问链接"为青色"#0FF"，"活动链接"为绿色"#0F0"，"下划线样式"选择"始终有下划线"，如图 3-139 所示。

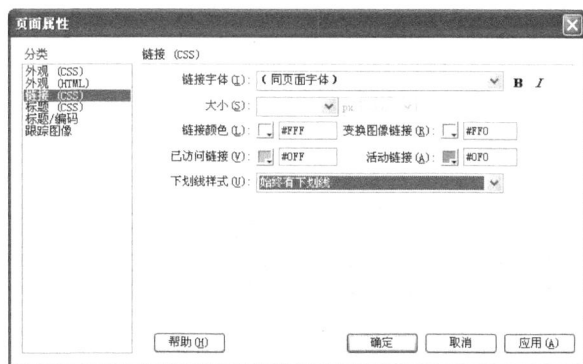

图 3-139 "链接（CSS）"类别

步骤 5▶ 单击"确定"铵钮，页面属性设置完成。返回到网页文档的"设计"视图编辑窗口中，此时网页变成以红色为背景的页面效果。

五、在页面中插入文本和图像

参照任务二"产品中心"网页的制作，为首页页面设置图像、文本内容，效果如图 3-140 所示。

图 3-140 首页效果

六、在网站"首页"中添加 Flash 动画

步骤 1▶ 打开保存好的"index.html"网站首页文档，将光标定位于 Logo 图像所在单元格右侧的单元格中，如图 3-141 所示。

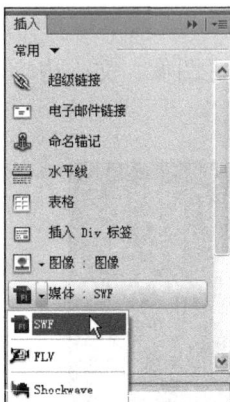

图 3-141　插入 Flash 动画位置

步骤 2▶ 在"插入"面板"常用"类别中单击"媒体"按钮，在弹出的下拉列表中选择"SWF"选项，如图 3-142 所示。

步骤 3▶ 打开"选择 SWF"对话框，在对话框中选择要插入的 SWF 文件"020.swf"，如图 3-143 所示。

图 3-142　选择"SWF"选项　　　　图 3-143　"选择文件"对话框

步骤 4▶ 单击"确定"按钮，打开"对象标签辅助功能属性"对话框，在该对话框中再次单击"确定"按钮，完成 Flash 动画的插入。

步骤 5▶ 单击选中插入的 Flash 动画，在"属性"面板上设置其"宽"为"600"，"高"为"89"，"Wmode"为"透明"，如图 3-144 所示。

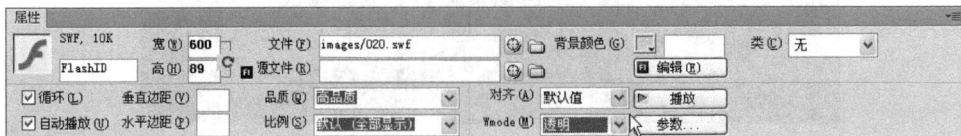

图 3-144　"Flash 动画属性"面板

步骤 6▶ 完成 Flash 动画的插入和设置后，保存文件，按下 "F12" 键预览网页效果，如图 3-145 所示。

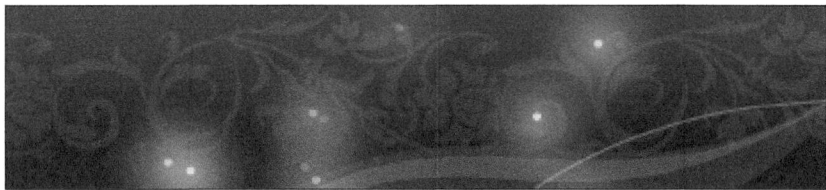

图 3-145 Flash 动画预览效果

七、在网站"首页"添加图片无缝滚动效果

步骤 1▶ 在 Dreamweaver 中打开网站首页文件 "index.html"，将光标置于 "产品展示" 图像所在单元格右侧的单元格中，如图 3-146 所示。

图 3-146 定位光标

步骤 2▶ 单击 "文档工具栏" 中的 "拆分" 按钮 拆分 ，在文档窗口左侧将显示源代码，找到鼠标光标所在位置，在光标所在单元格里添加 JS 代码，如图 3-147 所示。

步骤 3▶ 保存文档，按下 "F12" 键预览网页，可以看到在产品展示区，酒类产品图像依次向右滚动，当鼠标指向时，图像滚动暂停，鼠标离开时，图像继续滚动，效果如图 3-148 所示。

实战演练

根据前面所学在网页中添加 Flash 动画的方法，分别在 "公司简介" "公司动态" "产品中心" "招商加盟" "联系我们" 和 "人才招聘" 6 个网页中的导航图像右侧添加 Flash 动画 "020.swf"，并设置属性。

```
111         <table border="0" cellspacing="0" cellpadding="0">
112           <tr>
113             <td width="154"><img src="images/cpzs_r1_c1.jpg" width="154" height="214" /></td>
114             <td width="587" background="images/cpzs_r1_c2.jpg" align="left">
115             <!--下面是向右滚动代码-->
116  <div id="colee_right" style="overflow:hidden;width:550px;">
117  <table cellpadding="0" cellspacing="0" border="0" >
118  <tr><td id="colee_right1" valign="top" align="center">
119  <table cellpadding="2" cellspacing="0" border="0">
120  <tr align="center">
121  <td><p><img src="images/shouchj8.jpg"></p></td>
122  <td><p><img src="images/shouhaohua15.jpg"></p></td>
123  <td><p><img src="images/shouhaohua.jpg"></p></td>
124  <td><p><img src="images/shoujingdian818.jpg"></p></td>
125  <td><p><img src="images/shoujingniang.jpg"></p></td>
126  <td><p><img src="images/shou9nian.jpg"></p></td>
127  <td><p><img src="images/shou6nian.jpg"></p></td>
128  <td><p><img src="images/shou5nian.jpg"></p></td>
129  </tr>
130  </table>
131  </td>
132  <td id="colee_right2" valign="top"></td>
133  </tr>
134  </table>
135  </div>
136  <script>
137  var speed=30;//速度数值越大速度越慢
138  var colee_right2=document.getElementById("colee_right2");
139  var colee_right1=document.getElementById("colee_right1");
140  var colee_right=document.getElementById("colee_right");
141  colee_right2.innerHTML=colee_right1.innerHTML
142  function Marquee4(){
143  if(colee_right.scrollLeft<=0)
144  colee_right.scrollLeft+=colee_right2.offsetWidth
145  else{
146  colee_right.scrollLeft--
147  }
148  }
149  var MyMar4=setInterval(Marquee4,speed)
150  colee_right.onmouseover=function() {clearInterval(MyMar4)}
151  colee_right.onmouseout=function() {MyMar4=setInterval(Marquee4,speed)}
152  </script>
153  <!--向右滚动代码结束--></td>
```

图 3-147 添加 JS 代码

图 3-148 图像向右滚动效果

任务四 完善贸易公司网站

任务描述

本任务是首先对公司网站"首页"进行完善，然后根据"首页"导航栏中的标题，以图像热点的方式与其他网页建立站内超链接；接着还要在"产品中心"网页中添加锚点超链接；在"人才招聘"网页中添加文件下载超链接；在"联系我们"网页中添加电子邮件超链接；在所有网页的页脚添加制作单位"石家庄易龙传媒有限公司"站外超链接。

知识讲解

超链接属于网页的一部分，它可以使网页与站点之间建立连接。各个网页链接在一起后，才能成为一个有机整体，真正构成一个网站。

一、超链接的含义

超链接由源端点和目标端点两部分组成，其中设置了链接的一端称为源端点，跳转到的页面或对象称为目标端点。网页中用于制作超链接的源端点可以是一段文本或一个图片；目标端点可以是另一个网页，也可以是相同网页上的不同位置，还可以是一张图片，一个电子邮件地址，一个文件，甚至是一个应用程序。

在浏览者单击已经制作链接的文本或图片后，链接目标将显示在浏览器中，并根据目标的类型打开或运行。

二、超链接的分类

可以从以下几方面对超链接进行分类。

1．按照源端点分类

按照源端点的不同，可以将超链接分为文本链接、图像链接和表单链接 3 种。

➢ **文本链接**：是指以文字作为超链接源端点的链接，如图 3-149 所示。

➢ **图像链接**：是指以图像作为源端点的超链接，可以把整幅图像作为超链接，也可以设置图像中的部分区域作为超链接，如图 3-150 所示。

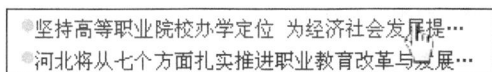

图 3-149　文本链接　　　　　　　　图 3-150　图像链接

➢ **表单链接**：需要与表单结合使用，当用户单击表单中的按钮时，会自动跳转至相应页面，如图 3-151 所示。

图 3-151　表单链接

2. 按照目标端点分类

根据目标端点的不同，超链接可分为内部链接、外部链接、锚点链接和电子邮件链接 4 种。

- **内部链接**：其目标端点是本站点中的其他网页或文件，即只在本站点内进行页面跳转，如图 3-152 所示。

图 3-152　内部链接

- **外部链接**：指链接的目标端点与源端点不在同一个站点中。外部链接可实现网站与网站之间的跳转，可以将浏览范围扩大到整个互联网，如网站上的友情链接就属于外部链接，如图 3-153 所示。

- **锚点链接**：如果网页太长，可用锚点链接实现跳转到当前网页或其他网页中的某一指定位置，如图 3-154 所示，单击"TOP"可以返回到页面顶端。

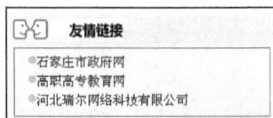

图 3-153　外部链接

图 3-154　锚点链接

- **电子邮件链接**：单击电子邮件链接，将打开系统默认的电子邮件收发程序，邮件地址自动添加到"收件人"文本框中，如图 3-155 所示。

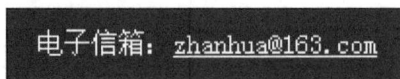

图 3-155　电子邮件链接

三、设置链接属性

在没有选中任何对象的前提下，单击"属性"面板上的"页面属性"按钮 页面属性...，打开"页面属性"对话框，首先在左侧列表中选择"链接（CSS）"选项，然后在右侧设置各项链接属性，如图 3-156 所示。

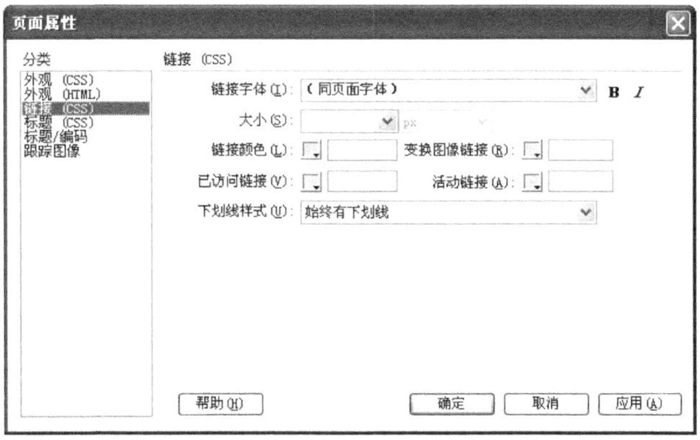

图 3-156 "页面属性"对话框

在"页面属性"对话框中,可以设置页面中所有文字链接的属性,下面简单介绍一下各设置项的意义。

- **链接字体**:指定页面中链接文本的字体及样式,如宋体、加粗或倾斜等。
- **大小**:指定链接文本的字号大小,如 12 像素。
- **链接颜色**:指定链接文本未被单击前在网页中显示的颜色。
- **变换图像链接**:指定当鼠标指向链接文本时的文字颜色。
- **已访问链接**:指定链接文本被单击后,鼠标离开时文本的颜色。
- **活动链接**:指定当鼠标单击链接后,且鼠标未在其他位置选择前,文本的颜色。
- **下划线样式**:指定在浏览页面时,链接文本下划线的显示效果。主要有"始终有下划线""始终无下划线""仅在变换图像时显示下划线"和"变换图像时隐藏下划线"4 种样式。

四、设置文本超链接

超链接的形式有很多种,其中最基本、最常用的是文本超链接,即单击文本实现在网页间跳转或执行其他程序。默认情况下,设置超链接后的文本是蓝色,同时文本下方有一条下划线;如果用户已经浏览过某个超链接,该超链接的文本颜色就会发生变化(默认变为紫色)。文本超链接颜色的设置在"页面属性"中可以实现。当移动鼠标指针到文本链接上时,鼠标指针就会变成小手的形状,这时候用鼠标左键单击,就可以直接跳到与该超链接相连接的网页或 WWW 网站上去。

要给某段文本设置超链接,可以先用鼠标选中该文本,然后在"属性"面板上的"链接"编辑框中设置被链接对象的 URL 地址,如图 3-157 所示。

图 3-157 "文本"属性面板

要设置站点内部超链接，可以单击上图中"链接"编辑框右侧的"文件夹"按钮 📁，然后在弹出的"选择文件"对话框中选择需要链接的文件，单击"确定"按钮，即可创建需要的链接，如图 3-158 所示。

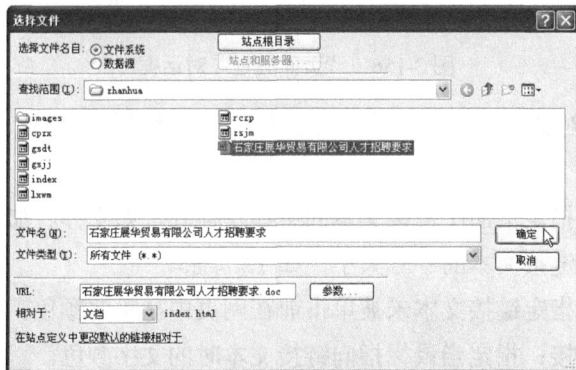

图 3-158 "选择文件"对话框

要设置外部超链接，只需在"链接"编辑框中输入链接网址即可。

五、设置图像超链接

为让网页画面更美观，可以选择以图像方式对网页进行链接。图像超链接访问后颜色不会发生变化。

1. 给整个图像添加超链接

首先用鼠标选定要制作超链接的图像，然后在"属性"面板上的"链接"编辑框中设置被链接对象的 URL 地址即可，其设置方法与文本超链接一样。

2. 给图像局部添加超链接

给图像局部添加超链接也称为"图像热点"技术，其本质是将一幅图像划分为多个区域（这些区域可以是矩形、圆形或多边形），并为这些区域创建不同的超链接。具体方法可参考以下步骤。

步骤 1▶ 选中要添加热点超链接的图像，在"属性"面板左下方选择"热点"图形按钮，如图 3-159 所示。

图 3-159　　"图像"属性面板

步骤 2▶ 在图像上拖动鼠标绘制图形热点区域，如图 3-160 所示。

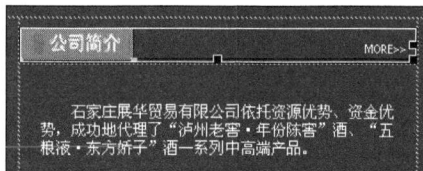

图 3-160　　建立矩形热点区域

步骤 3▶ 单击矩形热点区域，打开"热点"属性面板，如图 3-161 所示。

图 3-161　　"热点"属性面板

其中各设置项的意义如下：

➢ **链接：** 设置热点链接的 URL 地址。

➢ **目标：** 设置热点链接的打开方式（后面将会详细讲解）。

➢ **替换：** 设置热点链接的替代文字。

步骤 4▶ 选择各热点区域，并依次为各区域设置所需要的超链接。

> **提示**
> 使用热点区域所设置的图像局部链接在实际网页浏览中是不会直接显示出来的，只有当鼠标移动到所创建的热点区域之后单击才能实现链接并跳转到另外的网页文档中。

六、快速创建站点内部超链接

选定要设置链接的文本或图像对象，在"属性"面板上按下"链接"编辑框右侧的"指向文件"按钮 ，拖动鼠标到"文件"面板上要链接的文件上（"文件"面板上显示的必须是当前站点），释放鼠标，即可快速创建所需要的链接，如图 3-162 所示。

图 3-162　快速创建站点内部超链接

七、设置超链接"目标"选项

超链接"目标"下拉列表中有 5 个选项，如图 3-163 所示。

下面简单介绍一下各选项的意义。

- ➤ "**_blank**"：表示在新浏览器窗口中打开链接文件。
- ➤ "**_new**"：表示在同一个新的浏览器窗口中打开链接文件。
- ➤ "**_parent**"：表示返回到上一级浏览器窗口。
- ➤ "**_self**"：表示在当前浏览器窗口中打开链接文件。
- ➤ "**_top**"：表示回到最顶端的浏览器窗口。

八、设置锚点链接

锚点链接是指在网页文档中设置命名锚记（这些锚记通常设置在文档的特定主题位置或顶端），然后创建指向这些命名锚记的链接，这些链接可以快速将浏览者带到指定位置。一般的超链接是从一个网页文档跳转到另一个网页文档，锚点链接不仅可以跳转到当前网页中的指定位置，还可以跳转到其他网页中的指定位置。

1．添加命名锚记

步骤 1▶　将光标定位在要插入锚点的地方，单击"插入"面板"常用"类别中的"命名锚记"按钮，如图 3-164 所示。

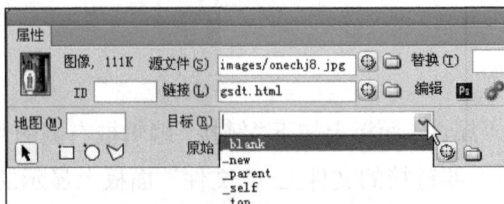

图 3-163　"目标"下拉列表

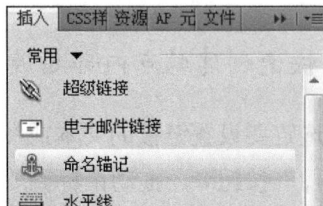

图 3-164　"命名锚记"按钮

步骤 2▶ 打开"命名锚记"对话框，输入锚记名称"mingcheng"，单击"确定"按钮，完成命名锚记的添加，如图 3-165 所示。此时可以看到在网页页面中出现所添加的命名锚记，如图 3-166 所示。

图 3-165 "命名锚记"对话框

图 3-166 命名锚记添加效果

提示　添加命名锚记后，在网页中其他位置设置锚点链接，单击链接，网页将回到添加命名锚记的位置。

2．设置锚点链接

选中要设置锚点链接的文本或图像（此处为图像 TOP>> ），在"属性"面板上的"链接"编辑框中输入"#命名锚记名"（此处为"#mingcheng"），如图 3-167 所示。

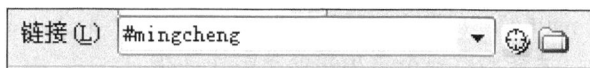

图 3-167 "链接"编辑框

这样锚点链接便设置完成了，在浏览网页时，单击 TOP>> 链接，浏览器将跳转到当前网页中插入命名锚记"mingcheng"的位置。当然这个命名锚记在浏览器中是不会显示出来的。

知识库　如果要链接的目标锚点位于其他网页中，则需要先输入网页的 URL 地址和名称，然后再输入"#"符号和锚点名称。例如，假设目标锚点位于"jieshi.html"页面上的某个特定位置，锚记名称为"news"；要设置到该锚点的链接，首先需要选择要设置的锚点对象，然后在"属性"面板上的"链接"编辑框中输入"jieshi.html#news"。

九、设置电子邮件链接

很多网页都会在最下方留下作者或公司的 E-mail 地址，用户可以直接单击 E-mail 地址，给网站相关人员发送邮件，这就是所谓的电子邮件链接。需要注意的是，电子邮件链接是将浏览者的本地电子邮件管理软件打开，而不是向服务器发出请求。电子邮件链接既可以设置在文字上，也可以设置在图片上。设置电子邮件链接的方法有两种，分别是直接键入地址和使用 E-mail 链接对话框。

1. 直接键入地址

选中文本或图像对象，在"属性"面板上的"链接"编辑框中直接输入"mailto:电子邮件地址"即可，如图 3-168 所示。

2. 使用"电子邮件链接"对话框

步骤 1▶ 单击"插入"面板"常用"类别中的"电子邮件链接"按钮 ，打开"电子邮件链接"对话框，如图 3-169 所示。

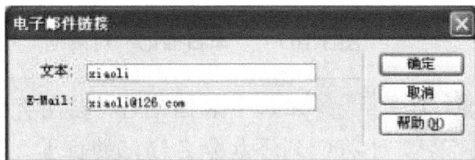

图 3-168 电子邮件链接	图 3-169 "电子邮件链接"对话框

步骤 2▶ 在对话框的"文本"编辑框中输入要设置链接的文本，在"E-mail"编辑框中输入邮箱地址，然后单击"确定"按钮，完成电子邮件链接的设置。

> **提示** "mailto:""@"和"."是电子邮件链接中 3 个必不可少的元素，有了它们，才能构成一个正确的电子邮件链接。

十、文件下载链接

网站中通常会提供一些文件下载服务，文件下载是通过设置文件下载链接来实现的。文件下载链接的设置方法与文字链接类似，区别在于所链接的文件不是网页文件而是其他文件，如".exe"".doc"".zip"等文件。

文件下载链接并不是一种特殊的链接，只是所指向的文件比较特殊。设置文件下载链接的具体操作可参考以下步骤。

步骤 1▶ 在文档窗口中选择需添加文件下载链接的网页对象，如图 3-170 左图所示。

步骤 2▶ 在"属性"面板上的"链接"编辑框中设置链接文件，如图 3-170 右图所示。

图 3-170 设置文件下载链接

十一、设置空链接

空链接是一个未指派目标的超链接,设置空链接的目的通常是激活页面上的对象或文本,使其可以应用行为。给页面对象设置空链接的方法很简单,选定对象后,在"属性"面板上的"链接"编辑框中输入符号"#"即可,如图 3-171 所示。

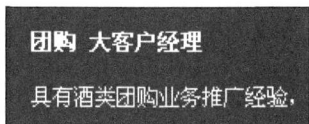

图 3-171　设置空链接

任务实施

一、完善公司网站首页

为便于理解,将本任务分为 4 小节进行介绍。

1. 设置网页链接属性

打开任务三中制作的"index.html"网站首页文件,单击"属性"面板上的"页面属性"按钮 页面属性... ,打开"页面属性"对话框,在"链接(CSS)"类别中设置"链接颜色"为白色"#FFF","变换图像链接"为黄色"#FF0","已访问链接"为青色"#0FF","活动链接"为绿色"#0F0","下划线样式"选择"始终有下划线",如图 3-172 所示。

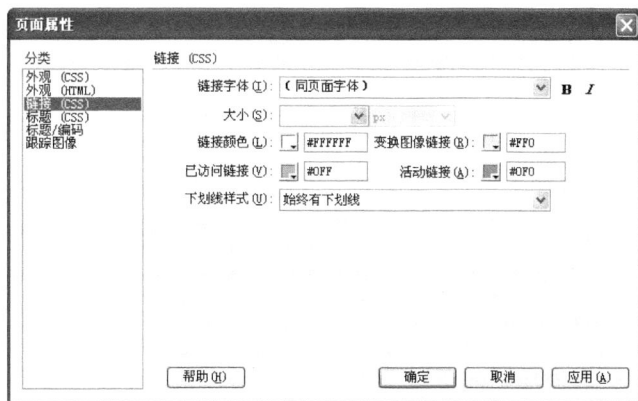

图 3-172　"链接(CSS)"类别

单击"确定"铵钮,参数设置完成。

2. 设置"首页"跳转到站内其他页面的图像热点链接

步骤 1▶ 单击导航图像"nav.jpg"，在"属性"面板左下方选择"矩形热点工具"，如图 3-173 所示。

步骤 2▶ 在导航图像"nav.jpg"上拖动鼠标绘制一个矩形，范围将"首页"内容覆盖即可，如图 3-174 所示。

图 3-173　矩形热点工具　　　　图 3-174　"首页"内容添加热点

步骤 3▶ 在"属性"面板上"链接"编辑框中输入链接目标"index.html"，并按回车键，"首页"区域图像热点链接即添加完毕，如图 3-175 所示。

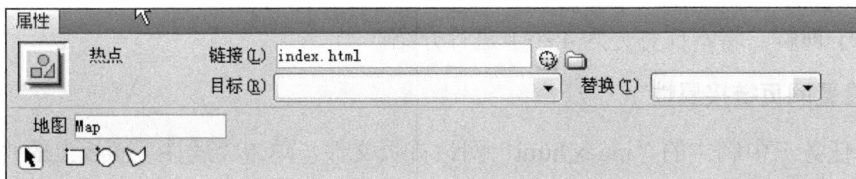

图 3-175　设置链接目标

步骤 4▶ 采用同样的方法，添加其他图像热点链接，如图 3-176 所示。

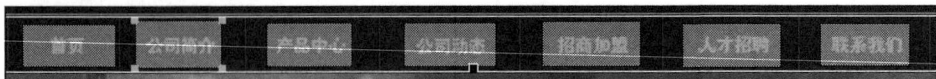

图 3-176　为导航图像添加热点链接

其链接网页地址分别如下："公司简介"区域，链接"gsjj.html"网页；"产品中心"区域，链接"cpzx.html"网页；"公司动态"区域，链接"gsdt.html"网页；"招商加盟"区域，链接"zsjm.html"网页；"人才招聘"区域，链接"rczp.html"网页；"联系我们"区域，链接"lxwm.html"网页。

3. 给"首页"图像添加站内链接

步骤 1▶ 选中"人才招聘"图像，单击并拖动"属性"面板上"链接"编辑框右侧的"指向文件"按钮 到"文件"面板上"cpzx"站点中的"rczp.html"文件上，释放鼠标即可为"人才招聘"图像添加超链接，如图 3-177 所示。

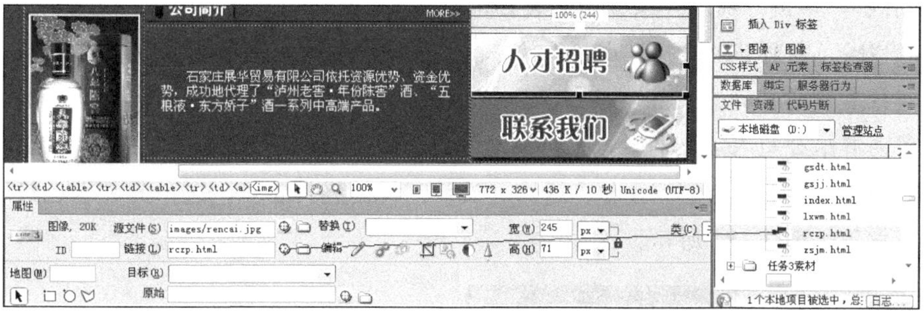

图 3-177 为"人才招聘"图像添加超链接

步骤 2▶ 采用同样的方法，选中"联系我们"图像，单击并拖动"属性"面板上"链接"编辑框右侧的"指向文件"按钮⊙到"文件"面板上"cpzx"站点中的"lxwm.html"文件上，释放鼠标即可为"联系我们"图像添加超链接。

4．给页脚文本添加站外链接

步骤 1▶ 选中页脚文本"石家庄易龙信息传媒有限公司"，在"属性"面板上"链接"编辑框中输入公司网址"http://www.yilong9.cn/"，在"目标"下拉列表中选择"_blank"选项，如图 3-178 所示。

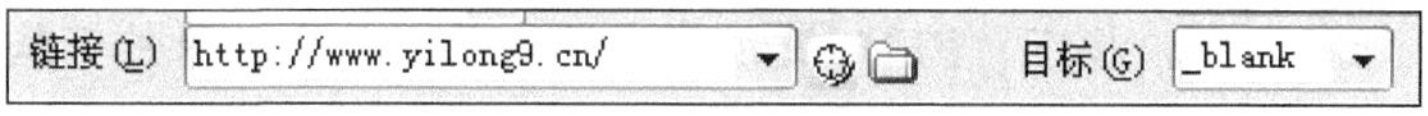

图 3-178 添加站外链接

步骤 2▶ 回到"设计"视图编辑窗口，文本下方出现下划线，表示链接设置成功，效果如图 3-179 所示。

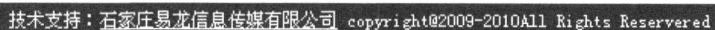

图 3-179 为文本设置链接效果

步骤 3▶ 保存文档，之后在浏览器中预览网页，用鼠标单击文本"石家庄易龙信息传媒有限公司"时，网页将跳转到石家庄易龙信息传媒有限公司网站首页，实现网站的站外链接，此时便完成了网站首页的制作。

二、为"人才招聘"网页添加文件下载链接

步骤 1▶ 在 Dreamweaver 中打开文档"rczp.html"，打开"页面属性"对话框，在"链接（CSS）"类别中设置"链接颜色"为白色"#FFF"，"变换图像链接"为黄色"#FF0"，"已访问链接"为青色"#0FF"，"活动链接"为绿色"#0F0"，"下划线样式"选择"始终有下划线"，单击"确定"按钮回到文档编辑窗口。

步骤2▶ 在网页中选择文本"附件下载：人才招聘内容"，单击"属性"面板上"链接"编辑框右侧的"浏览文件"按钮📄，打开"选择文件"对话框，选择"zhanhua/石家庄展华贸易有限公司人才招聘要求.doc"文件，如图 3-180 所示。

步骤3▶ 单击"确定"铵扭，返回"设计"视图编辑窗口，选中的文本已经添加上超链接，效果如图 3-181 所示。

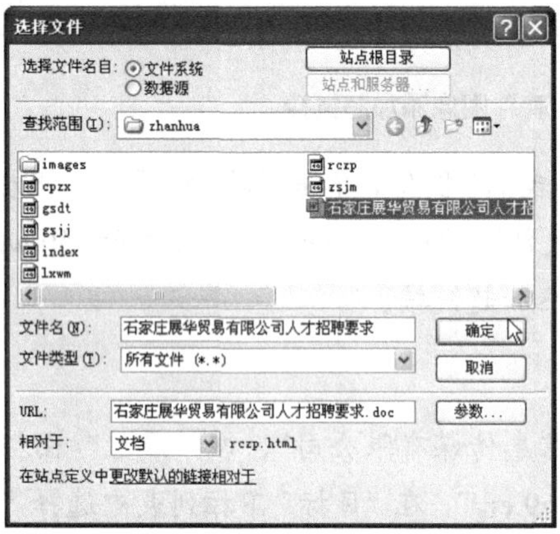

图 3-180　"选择文件"对话框

图 3-181　文件下载链接效果

步骤4▶ 保存文档，按下"F12"键预览网页效果，单击"附件下载：人才招聘内容"文本，打开"文件下载"对话框，如图 3-182 左图所示。

步骤5▶ 单击"保存"按钮，打开"另存为"对话框，选择文件要保存的路径，单击"保存"按钮，文件即被下载到指定路径，如图 3-182 右图所示。

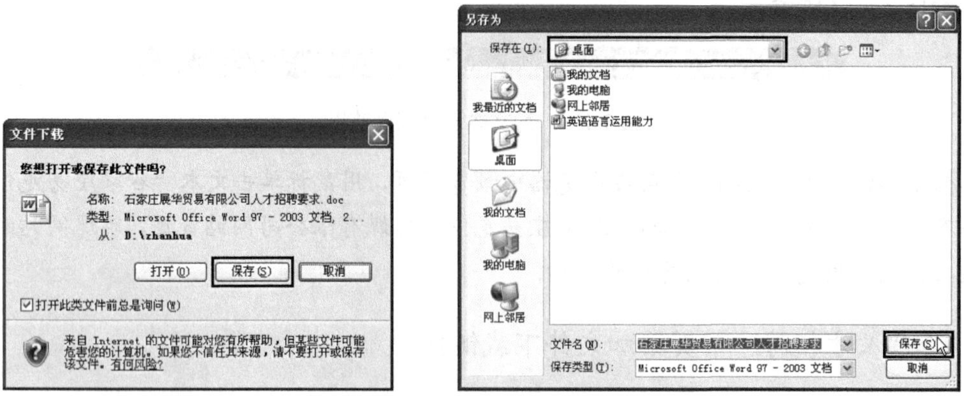

图 3-182　"另存为"对话框

三、为"产品中心"网页添加锚点链接

1. 设置网页链接属性

在 Dreamweaver 中打开网页文档"cpzx.html",打开"页面属性"对话框,在"链接(CSS)"类别中设置"链接颜色"为白色"#FFF","变换图像链接"为黄色"#FF0","已访问链接"为青色"#0FF","活动链接"为绿色"#0F0","下划线样式"选择"始终有下划线"。

2. 设置锚点链接

由于产品展示图片较多,网页页面较长,所以要在页面中添加锚点链接。整个页面一共需要添加 3 个命名锚记,第一个是在"产品中心"图像所在单元格,设置返回顶部的命名锚记;然后为网页上的 3 个"TOP"图像设置锚点链接,单击"TOP"图像可跳转到顶部锚点。

第二个是为"系列产品"文本设置命名锚记,然后为网页上的"系列产品"解释文本添加锚点链接,单击"系列产品"解释文本可跳转到此锚记。

第三个是为"名牌产品"文本设置命名锚记,为网页上"名牌产品"解释文本添加锚点链接,单击"名牌产品"解释文本可跳转到此锚记。

下面介绍具体操作。

(1)添加顶部命名锚记

步骤 1▶　在"产品中心"图像所在单元格单击鼠标光标,在菜单栏中选择"插入/命名锚记"菜单命令,打开"命名锚记"对话框,输入锚记名称"ding",单击"确定"按钮,完成命名锚记的添加,如图 3-183 所示。

步骤 2▶　在网页页面上出现所添加的锚点标记,如图 3-184 所示。

步骤 3▶　**设置锚点链接。**选中要添加锚点链接的其中一个图像 TOP>>,在"属性"面板上的"链接"编辑框中输入"# ding",如图 3-185 所示。

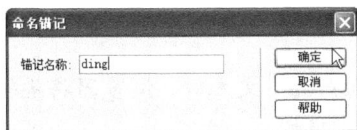

图 3-183　"命名锚记"对话框　　　图 3-184　命名锚记效果　　　图 3-185　"链接"文本框

步骤 4▶　这样锚点链接便设置完成了,当单击图像时,浏览器会跳转到当前网页中插入命名锚记"ding"的位置。

步骤 5▶　可采用同样的方法,为其他两个图像 TOP>> 设置锚点链接。

（2）为"系列产品"文本添加命名锚记

步骤 1▶ 选中嵌套表格中的"系列产品"4 个字，如图 3-186 所示。

图 3-186 选中"系列产品"文本

步骤 2▶ 在菜单栏中选择"插入/命名锚记"菜单命令，打开"命名锚记"对话框，输入锚记名称"xilie"，单击"确定"按钮，如图 3-187 所示。

步骤 3▶ 完成命名锚记的添加，在网页页面上出现所添加的锚点标记，如图 3-188 所示。

图 3-187 "命名锚记"对话框

图 3-188 命名锚记添加效果

步骤 4▶ 设置锚点链接。选中要添加锚点链接的文本"系列产品"，在"属性"面板上的"链接"编辑框中输入"# xilie"，如图 3-189 所示。

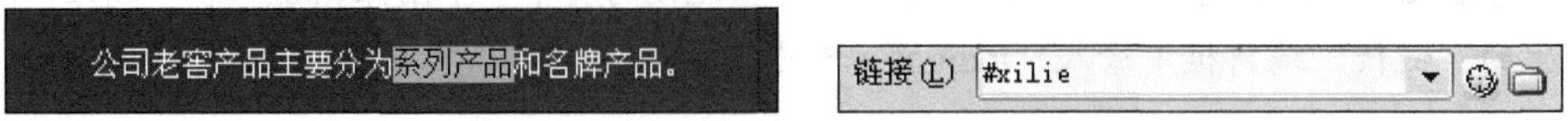

图 3-189 设置锚点链接

步骤 5▶ 这样锚点链接便设置完成了，当单击"系列产品"文本时，浏览器将跳转到当前网页中插入命名锚记"xilie"的位置。

（3）为"名牌产品"文本添加锚点链接

步骤 1▶ 选中嵌套表格中的文本"名牌产品"4 个字，如图 3-190 所示。

图 3-190　选中"名牌产品"文本

步骤 2▶　在菜单栏中选择"插入/命名锚记"菜单命令，打开"命名锚记"对话框，输入锚记名称"mingpai"，单击"确定"按钮，如图 3-191 所示。

步骤 3▶　完成命名锚记的添加，在网页页面上出现所添加的锚点标记，效果如图 3-192 所示。

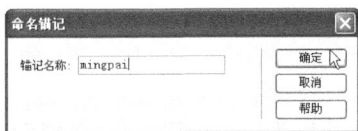

图 3-191　"命名锚记"对话框

图 3-192　命名锚记添加效果

步骤 4▶　设置锚点链接。选中要添加锚点链接的文本"名牌产品"，在"属性"面板上的"链接"编辑框中输入"#mingpai"，如图 3-193 所示。

图 3-193　设置锚点链接

步骤 5▶　这样锚点链接便设置完成了，当单击文本"名牌产品"时，浏览器将跳转到当前网页中插入命名锚记"mingpai"的位置。保存网页，按"F12"键预览网页。

四、为"联系我们"网页添加电子邮件链接

步骤 1▶　在 Dreamweaver 中打开网页文档"lxwm.html"，打开"页面属性"对话框，在链接（CSS）"类别中设置"链接颜色"为白色"#FFF"，"变换图像链接"为黄色"#FF0"，"已访问链接"为青色"#0FF"，"活动链接"为绿色"#0F0"，"下划线样式"选择"始终有下划线"。

步骤 2▶　在网页文档中选择文本"zhanhua@163.com"，在"属性"面板上"链接"编辑框中输入"mailto:zhanhua@163.com"，如图 3-194 所示。

电子信箱：zhanhua@163.com

图 3-194　设置电子邮件链接效果

步骤 3▶　保存文档，按下 "F12" 键预览网页效果，单击链接文本 "zhanhua@163.com"，会弹出系统默认的电子邮件收发程序，电子邮件链接添加完成。

实战演练

一、制作 "公司简介" 等网页的站内链接

根据前面所学在网页中添加站内链接的方法，分别给 "公司简介" "公司动态" "产品中心" "招商加盟" "联系我们" 和 "人才招聘" 6 个网页中的导航图像添加站内链接。在各个页面的导航图像上添加图像热点区域链接，使网站中的各个页面相互链接起来。

二、制作 "公司简介" 等网页的站外链接

根据前面所学在网页中添加站外链接的方法，分别为 "公司简介" "公司动态" "产品中心" "招商加盟" "联系我们" 和 "人才招聘" 6 个网页中的页脚文本 "石家庄易龙信息传媒有限公司" 设置站外链接，链接地址为 "http://www.yilong9.cn/"，在链接 "目标" 下拉列表中选择 "_blank" 选项。

> **提示**
> 设置文字站外链接时，需要在每个网页的 "页面属性" 文本框的 "链接（CSS）" 类别中设置文字链接属性，且属性要统一。同时还要在 "页面属性" 文本框 "标题/编码" 类别中设置网页文档 "标题" 内容。

> **小技巧**
> 在建立外部网站超链接时，在 "链接" 编辑框中输入的网址必须要完整，比如 "http://elong9.cn"，不能省略 "http://" 中的任何字符，且输入的网址必须是绝对路径。

项目总结

本项目主要是通过石家庄展华贸易有限公司企业形象网站的制作，来学习企业网站的一般制作方法。首先通过与客户沟通，确定了网站制作的整体要求，对网站进行了栏目设计、功能设计、色调设计，明确了制作工单的任务；然后对网站制作项目进行任务分解，主要分为 4 个任务，7 个网页页面。

任务一：制作"公司简介""公司动态""人才招聘"和"联系我们"4 个页面；学习在网页中输入文本内容，并对文本字体、大小、颜色等属性进行设置。

任务二：制作"招商加盟"和"产品中心"2 个页面；学习在网页中添加图像和背景图像，并对图像的大小、对齐等属性进行设置。

任务三：制作"展华贸易公司"网站"首页"；学习给网页添加动态媒体元素及 JavaScript 特效，在网页 Logo 图像右侧添加 Flash 动画，在首页制作图像无缝滚动效果。

任务四：完善网站"首页"，并与任务一、任务二制作的网页进行链接；学习给网页添加超链接，设置站内链接、站外链接、电子邮件链接、锚点链接以及链接属性的方法。

从技术层面来说，本项目主要介绍了使用 Dreamweaver 软件在网页中添加各类对象的方法，主要有在网页中添加文本对象、插入图像素材、添加动态媒体元素、添加超链接等内容，这些也是本项目中需要重点掌握的操作技能。

项目考核

一、填空题

1．在文档编辑窗口中，对文本内容分段需要按下_____键。

2．在"插入"面板的_____类别中单击"字符"按钮，可以插入特殊符号。

3．在菜单栏中选择"插入/HTML"中的_____命令，可在文档中插入一条水平线。

4．设置网页的背景图像可以通过"页面属性"对话框中的_____类别进行。

5．在网页中插入图像的组合键是_____。

6．在网页中插入 Flash 动画的方法是_____。

7．根据路径的不同，超级链接可分为相对路径和_____。

8．"mailto:""_____"和"."这 3 个元素在电子邮件超链接中是必不可少的。

9．使用_____技术可以将一幅图像划分为多个区域，然后分别为这些区域创建不同的超链接。

10．使用_____超链接不仅可以跳转到当前网页中的指定位置，还可以跳转到其他网页中的指定位置。

二、选择题

1．在文档中输入文本进行换行时，插入换行符的组合键是（　　）。

A．Ctrl+Space　　　B．Shift+Space　　C．Shift+Enter　　D．Ctrl+Enter

2. Dreamweaver CS6 中提供的编号列表的样式不包括（　　　）。

    A．数字　　　　　　B．字母　　　　　　C．罗马数字　　　　D．中文数字

3. 在"页面属性"对话框中，可以设置当前网页在浏览器标题栏显示的标题以及文档类型和编码的类别是（　　　）。

    A．标题/编码　　　B．外观　　　　　　C．链接　　　　　　D．跟踪图像

4. 只是作为临时代替图像的符号，在设计阶段使用的占位工具是（　　　）。

    A．Flash 动画　　　B．图像占位符　　C．视频　　　　　　D．背景音乐

5. 在"选择图像源文件"对话框中，在"相对于"下拉列表中选择"文档"选项，表示"URL"将使用文档相对路径，下列选项中属于文档相对路径的是（　　　）。

    A．/bg.gif　　　　　　　　　　　　B．/images/bg.gif

    C．images/bg.gif　　　　　　　　　D．/images/images/bg.gif

6. 在网页中使用最为普遍的图像格式是（　　　）。

    A．GIF 和 BMP　　B．GIF 和 JPG　　C．BMP 和 JPG　　D．BMP 和 PSD

7. 建立超链接时，"属性"面板上的"目标"下拉列表中，表示打开一个新的浏览器窗口的选项是（　　　）。

    A．"_blank"　　　　B．"_parent"　　　C．"_self"　　　　D．"_top"

8. 建立图像局部超链接时，不能创建的热点区域形状是（　　　）。

    A．矩形　　　　　　B．圆形　　　　　　C．多边形　　　　　D．椭圆形

9. 下列属于超链接绝对路径的是（　　　）。

    A．http://www.zhanhua.com/zhanhua/index.htm

    B．zhanhua/index.htm

    C．../ zhanhua/index.htm

    D．/index.htm

10. 下列属于锚点链接的是（　　　）。

    A．http://www.elong.com/ index.htm

    B．mailto:zhanhua@163.com

    C．bbs/index.htm

    D．jieshi.htm#news

三、简答题

1. 常用的列表类型有哪些？

2. 什么是鼠标经过图像？如何设置鼠标经过图像效果？

3. 根据目标端点的不同，超链接可分为哪几种？

拓展训练——制作个人博客网站

项目描述

　　"博客"是英文单词 Blog 的译音，Blog 是 Weblog 的简称，中文意思是"网络日志"。它是由简短且经常更新的文章所构成的网页，这些文章按照年份和日期排列。创办 Blog 的人自称 Blogger，中文的说法叫博客。因此，"博客"既可以指撰写网络日志这种行为，也可以指撰写网络日志的人。在现在众多的 Blog 里，我们可以看到国内外的新闻报道，可以看到日记、照片、诗歌、散文，甚至有人在自己的 Blog 中发表小说。

　　请根据项目三中学习的 Dreamweaver 软件的操作方法，制作个人博客网站，在网站中根据个人情况添加文本内容、图像素材、超链接及其他动态媒体元素。

网页设计

　　首先对网站进行规划，确定在网站上要展示的主题、内容，个人博客网站是以个人为中心的，要突出个性，可以添加与个人息息相关的网页内容，比如个人档案、诗文欣赏、电影相册等内容，其网站栏目设计如图 3-195 所示。

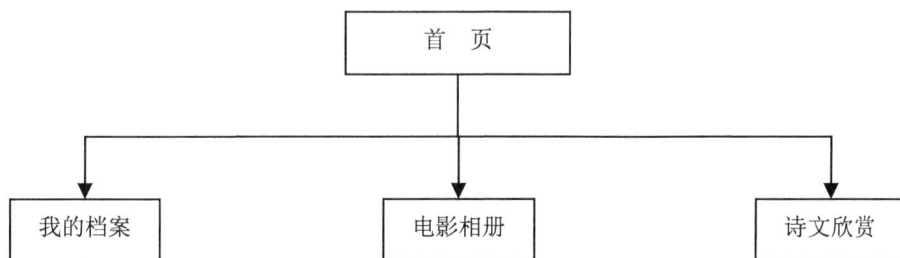

图 3-195　个人博客网站栏目设计

　　网站功能的设计是以图文并茂的形式展示个人内容。确定好网站的标题、内容后，搜集需要用到的相关文本素材，制作网站中使用的背景图像，以及网站中使用的图像，并在 Photoshop 软件中处理成需要的大小及格式；最后在 Dreamweaver 软件中制作个人博客网站。

　　个人博客"首页"最终效果如图 3-196 所示。

图 3-196 个人博客"首页"效果

个人博客"电影剧照"最终制作效果如图 3-197 所示。

图 3-197 个人博客"电影剧照"效果

个人博客"我的档案"最终制作效果如图 3-198 所示。

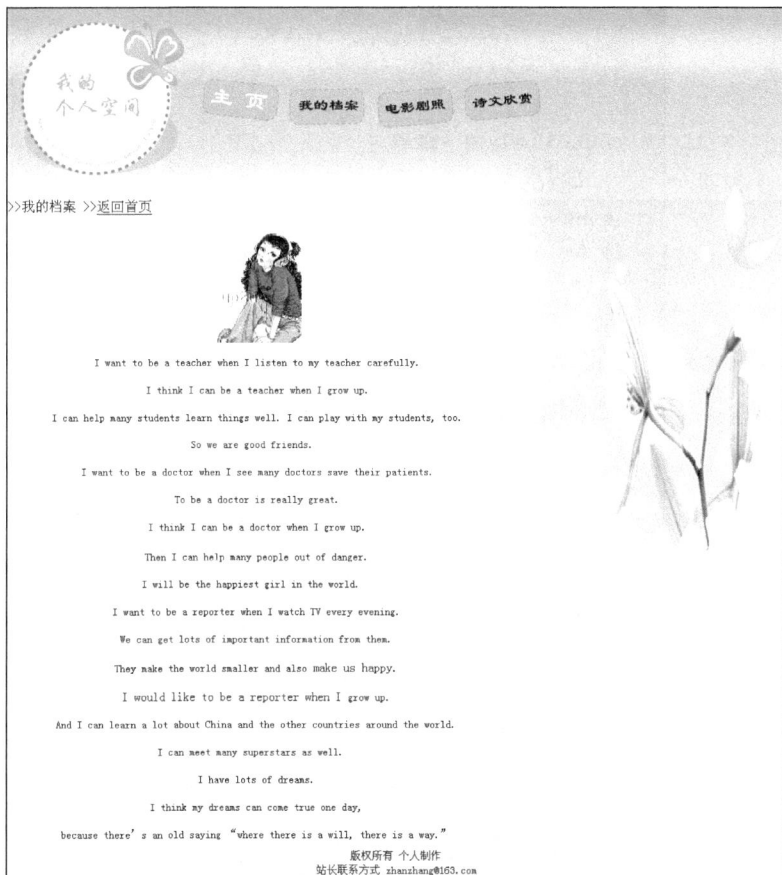

图 3-198　个人博客"我的档案"效果

个人博客"诗文欣赏"最终效果如图 3-199 所示。

制作要点：

（1）在网页中插入文本。

（2）在网页中插入图像及背景图像。

（3）在网页中设置鼠标经过图像效果。

（4）设置站内网页间相互跳转的图像热点超链接。

（5）在网页中添加站外链接。

（6）在网页中添加电子邮件超链接。

（7）在网页中添加锚点链接。

（8）在网页中插入 Flash 动画。

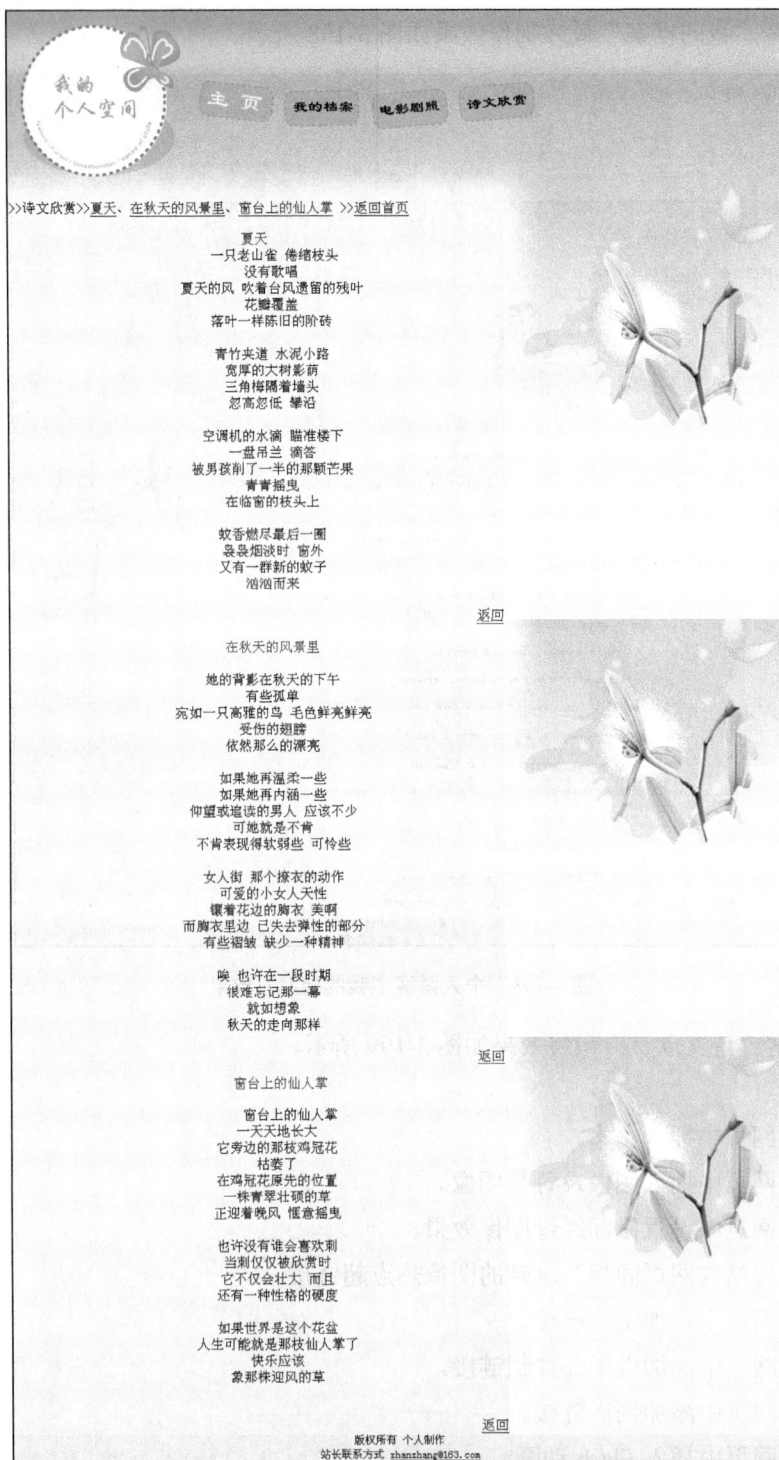

图 3-199 个人博客"诗文欣赏"效果

项目四　网页布局
——制作企业宣传型网站

项目描述

　　河北博宏房地产有限公司是一家专业从事房地产开发与经营的公司。为全方位展示公司形象和实力，更好地宣传推广公司工程案例，博宏公司委托石家庄易龙信息传媒有限公司为其制作公司网站。

　　本项目围绕"博宏房地产"网站真实案例，介绍网页布局的相关知识和 2 种布局技术：Dreamweaver 表格布局和 Div+CSS 布局。通过本项目的学习，使读者掌握网页布局的基本知识和方法，并能使用表格和 Div+CSS 布局网页。

学习目标

- ❧　了解网页布局基础知识
- ❧　了解表格、Div 标签、AP Div 及 CSS 的概念
- ❧　掌握创建和编辑表格的方法
- ❧　掌握创建和编辑 Div 标签及 AP Div 的方法
- ❧　能够使用表格布局网页
- ❧　能够使用 Div+CSS 布局网页

项目分析

　　石家庄易龙信息传媒有限公司接到河北博宏房地产有限公司的委托后，业务员通过与客户面对面的交流，了解了客户需求、行业背景及其在行业中的地位，最终与客户协商后确定了网站的定位、风格、栏目及功能模块。

- ➤　**网站定位**：全方位展现公司形象和综合实力，着力网站的宣传功能。
- ➤　**网站风格**：色调统一、协调，以中国红为主色调体现公司的热情和激情。
- ➤　**栏目设计**：要求有"规划设计""时政要闻""人力资源"等几个栏目。
- ➤　**功能设计**：要求以图文并茂的形式展现。

网站结构图效果，如图 4-1 所示。

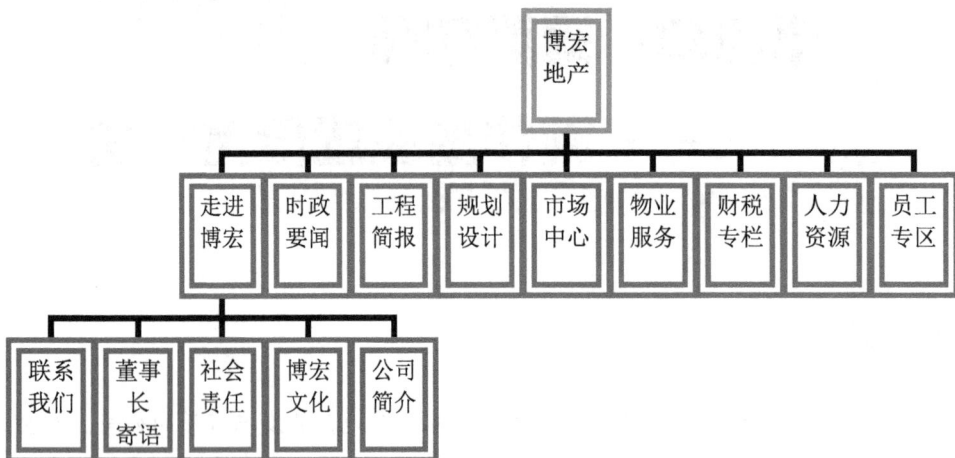

图 4-1　网站结构图

首页效果如图 4-2 所示。

图 4-2　首页效果图

针对博宏房地产网站项目，我们根据效果图采用 Dreamweaver 表格布局技术制作网站首页；用 CSS 样式美化"时政要闻"页面；采用 Div+CSS 布局技术制作"物业服务"页面。

为便于讲解，将本项目任务分解，如图 4-3 所示。

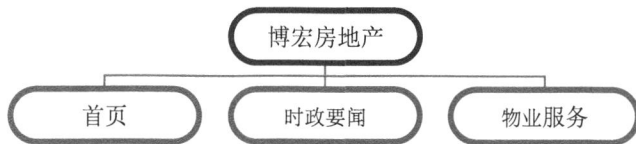

图 4-3　博宏房地产任务分解图

任务一：在 Dreamweaver 中使用表格布局网站首页，首先绘制页面布局草图，规划网站页面表格结构，接下来依次创建 Banner 区表格，主体内容区表格和版权区表格，实际网页效果参见图 4-2。

任务二：在 Dreamweaver 中使用 CSS 样式美化"时政要闻"页面，实际网页效果如图 4-4 所示。

图 4-4　"时政要闻"页面效果

任务三：在 Dreamweaver 中使用 Div+CSS 布局"物业服务"页面，实际网页效果如图 4-5 所示。

图 4-5   "物业服务"页面

任务一   使用表格布局网站首页

任务描述

在 Dreamweaver 中合理运用表格布局网页，可以使页面结构清晰，网页形式多样化。使用表格布局的网页，即使浏览者改变计算机的分辨率也不会影响网页的浏览效果。

下面首先介绍网页布局的类型和表格的基本操作知识，然后采用表格布局博宏房地产网站首页。

知识讲解

一、网页布局基础知识

网页布局是指通过合理安排，使网页上的元素以一定顺序和结构显示出来。网页布局和网站的内容、风格相关。在进行网页布局时，首先要多参考各类网站的布局模式，然后再根据需要设计适合自己网站的布局类型。

1. 网页布局类型

常见网页布局类型有以下几种。

> "T"形布局，是指页面顶部为网站标志（或横幅）和导航条，下面左侧为主菜单，右侧显示内容的布局。由于网页的整体效果类似英文字母"T"，所以称为"T"形布局。这是网页设计中应用最广泛的一种布局类型。这种布局的优点是页面结构清晰，主次分明；缺点是规矩呆板，其抽象图如图4-6所示。

> "口"形布局，是指网页上方显示网站标志和导航条，下方显示版权信息，中间部分的左侧是主菜单，右侧放置友情链接，中间放置主要内容的布局。这种布局的优点是充分利用版面，信息量大；缺点是页面拥挤，显示不够灵活，其抽象图如图4-7所示。

> "三"形布局，是指页面上横向两条色块，将页面整体分割为3部分，中间正文一般为文字的布局。这种布局常用于简单网页，例如文学网站、论坛帖子等，其抽象图如图4-8所示。

图4-6 "T"形布局抽象图　　图4-7 "口"形布局抽象图　　图4-8 "三"形布局抽象图

> "POP"形布局，又称"随意"形布局。POP引自广告术语，是指页面布局像一张宣传海报，以一张精美的图片为页面的设计中心，能给浏览者带来较强烈的视觉冲击，常用于时尚站点、产品宣传的企业网站和个人站点。这种布局的优点是漂亮，容易吸引浏览者注意；缺点是速度慢。

除上面介绍的常见类型外，布局类型还有很多种，本书不再赘述。

2．网页布局注意事项

平时在构建网页布局时，需要注意以下几点。

（1）设置合适的显示器分辨率

现在主流的计算机显示器是17英寸，显示器分辨率一般应设置为1 024×768，最佳显示分辨率为1 005×600。设置显示分辨率的方法为：选择菜单栏中的"编辑/首选参数"菜单命令，打开"首选参数"对话框，首先在左侧的"分类"列表中选择"窗口大小"，然后在右侧单击选择合适的选项即可；或者单击"文档工具栏"中的"多屏幕"按钮 ，在其下拉菜单中进行选择，如图4-9所示。

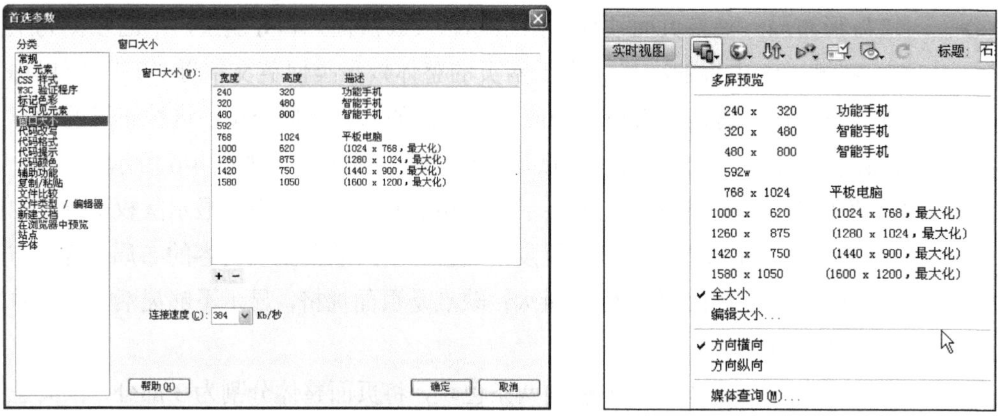

图 4-9　设置显示分辨率

因为大多数网页内容都不能在一个屏幕显示完，所以一般只设置网页的宽度，允许滚屏显示，但滚屏显示时，一般不超过 3 屏。

（2）布局类型一致

对于小型网站，主页一般使用一种布局类型就可以了；对于一些大型网站，由于首页内容繁多，一般将其划分成几种基本的布局类型来显示；对于二级页面，页面布局要一致，可以在颜色和各布局模块的大小比例上有所不同。

（3）不要随意改动网页布局

布局类型一旦确定就不要随意改动，应用布局类型制作出实用又漂亮的网页需要长期的学习和积累。

（4）在构建网页布局时，可以使用标尺、辅助线和网格等进行网页元素的移动与定位。在"查看"菜单项下可以设置标尺、辅助线和网格的显示。

二、表格

表格由若干行和列组成，行和列交叉的区域称为单元格。一般以单元格为单位来插入网页元素，也可以行和列为单位来修改性质相同的单元格。这里的表格功能和使用方法与文字处理软件的表格不太一样。网页中还有一种仅用于网页布局的无形表格，这种表格只在设计时可见。合理运用表格布局网页，可以使页面结构清晰，形式多样。

1．创建表格

表格在网页中的应用非常广泛，插入表格的方法也很简单。

步骤 1▶　在"文档"窗口中要插入表格的位置单击，定位插入点。

步骤 2▶　通过以下任意一种方式打开"表格"对话框，如图 4-10 所示。

（1）在菜单栏中选择"插入/表格"菜单命令；

（2）单击"插入"面板"常用"类别中的"表格"按钮囲；

（3）单击"插入"面板"布局"类别中的"表格"按钮囲；

（4）按"Ctrl+Alt+T"组合键。

图 4-10　"表格"对话框

为便于理解，下面简单介绍一下"表格"对话框中各设置项的意义。

➢ **行数、列**：用于设置表格的行数和列数。

➢ **表格宽度**：以像素为单位或以浏览器窗口宽度的百分比设置表格的宽度。

➢ **边框粗细**：以像素为单位设置表格边框的粗细。对于大多数浏览器来说，此选项值设置为 1。如果用表格进行页面布局，须将此选项值设置为 0，浏览网页时就不显示表格的边框。

➢ **单元格边距**：设置单元格边框与单元格内容之间的像素数。对于大多数浏览器来说，此选项值设置为 1。如果用表格进行页面布局，将此选项值设置为 0，浏览网页时单元格边框与内容之间没有间距。

➢ **单元格间距**：设置相邻的单元格之间的像素数。对于大多数浏览器来说，此选项值设置为 2。如果用表格进行页面布局时，将此选项值设置为 0，浏览网页时单元格之间没有间距。

➢ **标题**：设置表格标题，它显示在表格的外面。可以在其上方的列表中选择表格标题相对于表格的显示位置。

➢ **摘要**：对表格的说明，但该文本不会显示在用户的浏览器中，仅在源代码中显示，可提高源代码的可读性。

提示

在"表格"对话框中，当"边框粗细"设置为 0 时，在窗口中不显示表格的边框，若要查看单元格和表格边框，可在菜单栏中选择"查看/可视化助理/表格边框"菜单命令。

步骤 3▶ 根据需要设置表格的大小、行数、列数等，单击"确定"按钮完成表格的插入，随即在编辑窗口中出现相应的表格。

2. 表格属性

插入表格后，通过选择不同的表格对象，可以在"属性"面板中看到它们的各项参数，修改这些参数可以得到不同风格的表格。

（1）表格属性

表格的"属性"面板如图 4-11 所示。

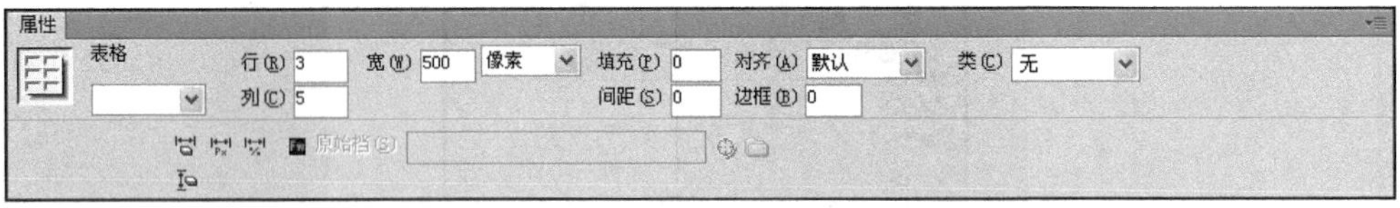

图 4-11 表格的"属性"面板

"表格"属性面板中各设置项的意义如下。

➢ **表格**：其下方文本框用于标志表格。

➢ **行、列**：用于设置表格中行和列的数目。

➢ **宽**：用于设置表格的宽度，单位为像素或百分比。

➢ **填充**：也称单元格边距，是单元格内容和单元格边框之间的像素数。对于大多数浏览器来说，此选项值设置为 1。如果用表格进行页面布局时，将此选项值设置为 0，浏览网页时单元格边框与内容之间没有间距。

➢ **间距**：也称单元格间距，是相邻单元格之间的像素数。对于大多数浏览器来说，此选项值设置为 2。如果用表格进行页面布局时，将此选项值设置为 0，浏览网页时单元格之间没有间距。

➢ **对齐**：表格在页面中相对于同一段落其他元素的像素位置，有左对齐、居中对齐、右对齐 3 个选项，默认为左对齐。

➢ **边框**：以像素为单位设置表格边框的宽度。

➢ **"清除列宽"按钮** 和 **"清除行高"按钮**：从表格中删除所有明确指定的列宽和行高数值。

➢ **"将表格宽度转换为像素"按钮**：将表格宽度的单位由百分比转换为像素。

➢ **"将表格宽度转换为百分比按钮"**：将表格宽度的单位由像素转换为百分比。

（2）单元格与行或列的属性

行、列与单元格的"属性"面板都是一样的，唯一不同的是左下角的名称，如图 4-12 和图 4-13 所示。

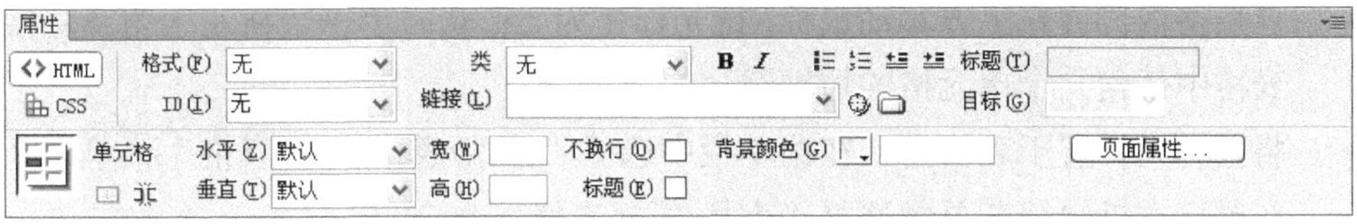

图 4-12　单元格的"属性"面板

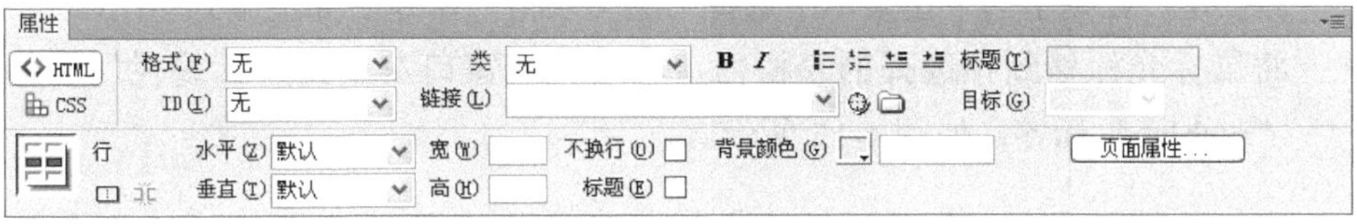

图 4-13　行的"属性"面板

单元格"属性"面板中各设置项的意义如下。

➢ **"合并所选单元格，使用跨度"按钮**：合并单元格（操作之前要先选择需要合并的单元格）。

➢ **"拆分单元格为行或列"按钮**：将一个单元格拆分为多行或多列。

➢ **水平**：设置行或列中内容的水平对齐方式，包括"默认""左对齐""居中对齐"和"右对齐"4 个选项。一般标题行的所有单元格设置为居中对齐方式。

➢ **垂直**：设置行或列中内容的垂直对齐方式，包括"默认""顶端""居中""底部"和"基线"5 个选项，一般常用"居中"对齐方式。

➢ **宽、高**：设置单元格的高度和宽度，单位为像素或百分比。

➢ **不换行**：设置单元格文本是否换行，如果启用"不换行"选项，当输入的数据超出单元格宽度时，会自动增加单元格的宽度来容纳数据。

➢ **标题**：设置是否将行或列的每一个单元格的格式设置为表格标题单元格的格式。

> 设置表格背景图像时，在"属性"面板中是不能直接操作的，Dreamweaver CS6 已经没有这项功能了，要设置表格背景图像需要在"代码"视图中添加代码"background="images***.jpg""，其中"***.jpg"就是为表格设置的背景图像名称。

3．选择表格元素

一般要先选择表格元素，然后才能对其进行操作。一次可以选择整个表格、多行或多列，也可以选择一个或多个单元格。

（1）选择整个表格

执行下列操作中的任意一项，即可选择整个表格。

> ➤ 自表格内部向左上方移动鼠标,待光标变为 ▦ 形状时单击表格左上角或直接单击表格中任何一个单元格的边框线。

> ➤ 将鼠标光标置于表格内,在菜单栏中选择"修改/表格/选择表格"菜单命令,或在鼠标右键快捷菜单中选择"表格/选择表格"命令。

> ➤ 将鼠标光标移到预选择的表格内,表格上端或下端弹出绿线标志,单击绿线中的 ▾ 按钮,在弹出的下拉菜单中选择"选择表格"命令,如图 4-14 所示。

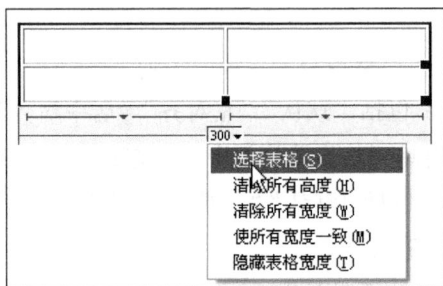

> ➤ 将鼠标光标移到预选择的表格内,单击文档窗口左下角"标签栏"中相应的"<table>"标签,如图 4-15 所示。

图 4-14 通过表格宽度可视化助理选取表格　　　图 4-15 单击"table"标签选择整个表格

（2）选择表格的行或列

执行下列各项中的任意项,即可选定表格的行或列。

> ➤ 当鼠标光标位于欲选择的行首或列顶时,鼠标光标变成黑色箭头形状,此时单击即可选择行或列。如果按住鼠标左键不放并移动黑色箭头,可以选择连续的行或列。

> ➤ 按住鼠标左键从左至右或从上至下拖曳,将选择相应的行或列。

> ➤ 将鼠标光标置于欲选择的行中,单击文档窗口左下角"文档标签栏"中的"<tr>"标签选择行。

> ➤ 将鼠标光标移到表格内,单击欲选择列的绿线标志中的箭头按钮 ▾,在弹出的下拉菜单中选择"选择列"菜单命令。

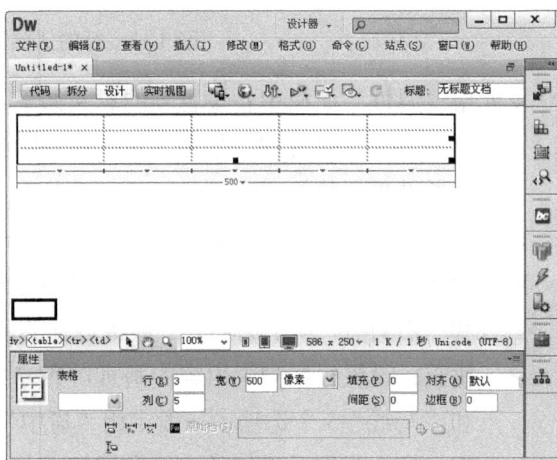

有时需要选择不相邻的多行或多列，可以通过下面的方法来实现。

➤　按住"Ctrl"键，依次单击欲选择的行或列。

➤　按住"Ctrl"键，在已选择的连续行或列中依次单击欲去除的行或列。

（3）选择单元格

选择单个单元格的方法有下面两种。

① 将光标置于单元格内，然后按住"Ctrl"键，单击单元格可以将其选择。

② 将光标置于单元格内，然后单击文档窗口左下角"文档标签栏"中的<td>标签将其选择。

选择相邻单元格的方法也有下面两种。

① 在起始单元格中按住鼠标左键并拖曳到最后的单元格。

② 将光标置于起始单元格内，然后按住"Shift"键不放，同时单击最后的单元格。

选择不相邻单元格的方法也有两种。

① 按住"Ctrl"键，依次单击欲选择的单元格。

② 按住"Ctrl"键，在已选择的连续单元格中依次单击欲去除的单元格。

4．编辑表格

表格是 Dreamweaver CS6 页面排版的核心，下面学习表格的编辑操作。

（1）输入表格内容

创建并设置好表格以后，就可以向其中添加各种元素了，如文本、图像等。

① 输入文本

在表格中添加文本就如同在文档中操作一样，除了直接输入文本外，也可以从其他文档中复制文本，然后将其直接粘贴到表格内，这也是在文档中添加文本的一种简便而快速的方法。随着文本的增多，表格也会自动扩展。

② 插入图像

在表格中插入图像的方法有以下几种。

➤　将插入点置于单元格中，选择"插入"面板"常用"类别中的"图像"按钮 📧 。

➤　将插入点置于单元格中，在菜单栏中选择"插入/图像"菜单命令。

➤　从资源管理器、站点资源管理器或桌面上直接将图像文件拖曳至需要插入图像的单元格内。

弹出"选择图像源文件"对话框，在"查找范围"下拉列表中选择图像所在文件夹，在文件列表中选择要插入的图像文件，然后单击"确定"按钮，即可在单元格中插入图像，如图 4-16 所示。

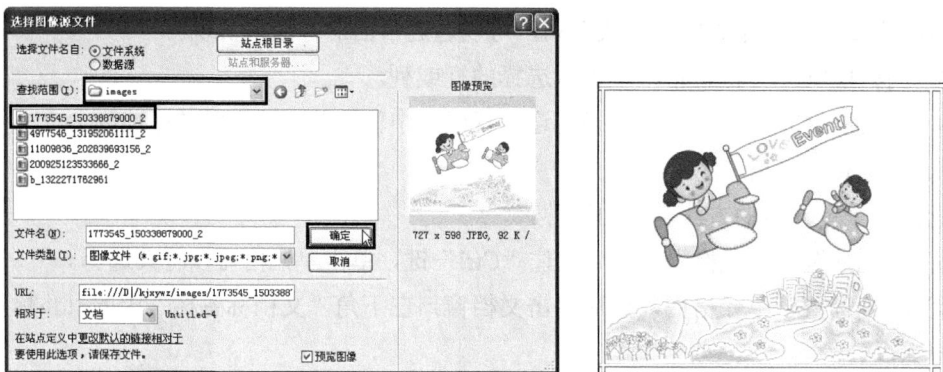

图 4-16　在表格单元格中插入图像

在单元格中插入图像时，如果单元格的尺寸小于所插入图像的尺寸，则插入图像后，单元格的尺寸会随着图像尺寸自动增高或增宽。

5．合并单元格

合并单元格是指将多个单元格合并为一个单元格。合并单元格首先要选择欲合并的单元格，然后采取以下几种方法中的一种进行操作。

➢　在菜单栏中选择"修改/表格/合并单元格"菜单命令。

➢　右击鼠标，在弹出的快捷菜单中选择"表格/合并单元格"菜单命令。

➢　单击"属性"面板左下角的"合并所选单元格，使用跨度"按钮□。

合并单元格前后的效果对比如图 4-17 所示。

图 4-17　合并单元格前后对比

6．拆分单元格

拆分单元格是针对单个单元格而言的，可看成合并单元格操作的逆操作。首先需要将鼠标光标定位在要拆分的单元格中，然后采取以下几种方法中的任一种进行操作。

➢　在菜单栏中选择"修改/表格/拆分单元格"菜单命令，打开"拆分单元格"对话框，如图 4-18 所示。

➢　右击鼠标，在弹出的快捷菜单中选择"表格/拆分单元格"菜单命令。

➢　单击"属性"面板左下角的"拆分单元格为行或列"按钮，拆分单元格前后的效果对比如图 4-19 所示。

图 4-18　"拆分单元格"对话框

图 4-19　拆分单元格前后对比

7. 嵌套表格

在 Dreamweaver 中，在单元格中还可以插入表格，这叫嵌套表格，具体操作如下。

步骤 1▶　将光标定位在需要插入表格的单元格中。

步骤 2▶　在菜单栏中选择"插入/表格"菜单命令，或在"插入"面板"常用"类别中单击"表格"按钮，在"表格"对话框中设置相应参数后，单击"确定"按钮即可插入，如图 4-20 所示。

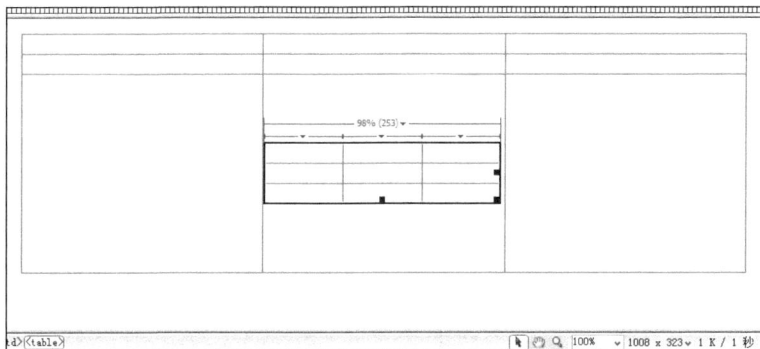

图 4-20　嵌套表格

8. 使用扩展表格模式

直接使用表格进行网页布局，各个布局表格的嵌套关系不直观。此时可以使用"扩展"布局模式。

在"插入"面板"布局"类别中单击"扩展"按钮，可转换到"扩展表格模式"，这样就可以清楚地看出布局结构，也可以进行布局操作，如图 4-21 所示。在扩展模式下，只进行页面布局，不要在单元格中添加内容。

任务实施

在学习了表格的创建和设置方法后，接下来通过构建"博宏房地产"网站首页的主体结构，来学习表格在网页布局中的应用，最终效果见本书附赠素材"素材与实例\项目四\素材"目录下的"index-1.html"文档。

图 4-21　扩展表格模式

步骤 1▶　通过对目标页面的分析，可将页面最外层分成 3 大块，分别为 "banner" "main" 和 "bottom"，如图 4-22 所示。

步骤 2▶　在本地磁盘新建文件夹 "bhfdc"，并将 "\素材与实例\项目四\素材" 目录下的 images 文件夹拷贝到站点 "bhfdc" 根目录下。

步骤 3▶　启动 Dreamweaver CS6，新建站点 "bhfdc"，然后新建网页文档，并重命名为 "index.html"，此时的 "文件" 面板如图 4-23 所示。

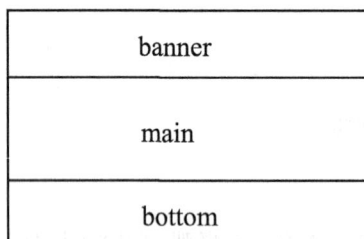

图 4-22　页面布局草图

图 4-23　新建站点

步骤 4▶　打开文档 "index.html"，单击 "插入" 面板 "常用" 类别中的 "表格" 按钮，打开 "表格" 对话框，如图 4-24 所示。

步骤 5▶　设置各项参数后，单击 "确定" 按钮，在文档中插入 1 个 1 行 2 列，宽 980 像素，其他各项均为 0 的表格，称该表格为表格 1。在选中表格的状态下，在 "属性" 面板上设置 "对齐" 为 "居中对齐"。

步骤 6▶　**设置表格属性。**将光标置于表格 1 第 1 个单元格中，在 "属性" 面板上设置单元格宽度为 "215" 像素，高为 "90" 像素，如图 4-25 所示。

图 4-24 插入表格　　　　　图 4-25 设置单元格属性

步骤 7▶ 在"设计"视图中选中表格 1，单击"文档工具栏"中的"拆分"按钮，在文档编辑窗口左侧显示"代码"视图，将光标置于表格 1 起始标签"<table"右侧，按空格键打开"代码提示窗"，双击其中的"background"，如图 4-26 所示。

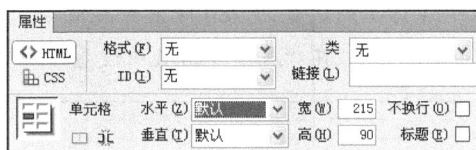

图 4-26 在标签选择器中选择"background"

步骤 8▶ 单击 ■浏览... 链接，在弹出的"选择文件"对话框中选择"index111.jpg"，为表格 1 设置背景图像，如图 4-27 所示。

图 4-27 设置表格 1 背景图像

步骤 9▶ Logo 和导航栏布局。回到"设计"视图，将光标置于表格 1 第 2 个单元格中，在"属性"面板上设置"垂直"为"顶端"，然后在其中插入一个 2 行 1 列，宽为100%，其他各项均为 0 的表格，称该表格为表格 1-1，设置第 1 行的"高度"为 60 像素，第 2 行的"高度"为 30 像素，效果如图 4-28 所示。

图 4-28　插入嵌套表格

步骤 10▶　Flash **布局**。将光标置于表格 1 尾部，打开"表格"对话框，在表格 1 下方插入一个 4 行 1 列，宽为 980 像素，其他各项均为 0 的表格，称该表格为表格 2。在选中表格 2 的状态下，在"属性"面板中设置"对齐"为"居中对齐"，效果如图 4-29 所示。

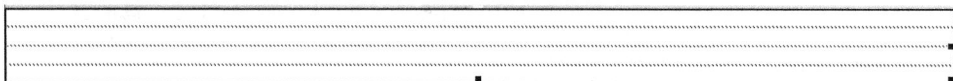

图 4-29　插入表格 2 并设置属性

步骤 11▶　Banner **布局**（1）。将光标置于表格 2 尾部，打开"表格"对话框，在表格 2 下方插入一个 1 行 2 列，宽为 980 像素，其他各项均为 0 的表格，单击"确定"按钮，即在文档窗口中插入表格，称该表格为表格 3。

步骤 12▶　选中表格 3，在"属性"面板上设置"对齐"为"居中对齐"。将表格 3 的第 1，2 个单元格"宽度"分别设置为"215 像素"和"765 像素"，效果如图 4-30 所示。

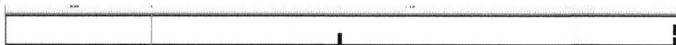

图 4-30　Banner 布局（1）效果

步骤 13▶　Banner **布局**（2）。将光标置于表格 3 第 1 个单元格中，在"属性"面板上设置"垂直"为"顶端"，然后在其中插入一个 2 行 1 列，宽为 98%，其他各项均为 0 的表格，称该表格为表格 3-1，设置表格为"左对齐"。

步骤 14▶　将光标置于表格 3 第 2 个单元格中，在"属性"面板上设置"垂直"为"顶端"，插入一个 2 行 1 列，宽为 98%，其他各项均为 0 的表格，称该表格为表格 3-2，设置表格"右对齐"，效果如图 4-31 所示。

图 4-31　Banner 布局（2）效果

步骤 15▶　**主体内容布局**（1）。返回表格 3 尾部，插入一个 1 行 1 列，宽为 980 像素，其他各项均为 0 的表格，称该表格为表格 4。设置表格 4 居中对齐，设置单元格"高度"为"25像素"。

步骤 16▶ 将光标置于表格4尾部,插入一个1行3列,宽为980像素,其他各项均为0的表格,称该表格为表格5。设置表格5居中对齐,将表格5的第1,2,3个单元格宽度分别设为385像素、385像素和210像素。

步骤 17▶ 将光标置于表格5第1个单元格中,在"属性"面板上设置"垂直"为"顶端",然后在其中插入一个1行3列,宽为98%,其他各项均为0的表格,称该表格为表格5-1,并设置表格5"左对齐"。

步骤 18▶ 将光标置于表格5第2个单元格中,在"属性"面板上设置"垂直"为"顶端",插入一个1行3列,宽为98%,其各选项均为0的表格,称该表格为表格5-2,设置表格5-2"居中对齐"。

步骤 19▶ 将光标置于表格5第3个单元格中,在"属性"面板上设置"垂直"为"顶端",并在其中插入一个2行1列,宽为98%,其他各项均为0的表格,称该表格为表格5-3,并设置表格5-3"右对齐",效果如图4-32所示。

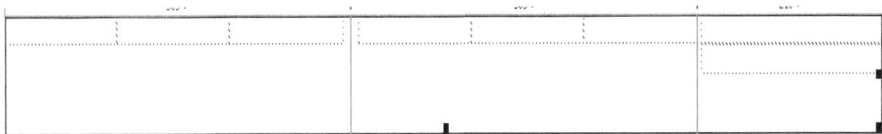

图4-32　主体内容布局(1)效果

步骤 20▶ 主体内容布局(2)。返回表格5尾部,插入一个1行1列,宽为980像素,其他各项均为0的表格,称该表格为表格6。在"属性"面板上设置表格6"居中对齐",单元格"高度"为"25像素"。

步骤 21▶ 将光标置于表格6尾部,插入一个1行3列,宽为980像素,其他各项均为0的表格,称该表格为表格7,设置表格7"居中对齐",并将表格7的第1,2,3个单元格宽分别设置为210像素、385像素和385像素。

步骤 22▶ 将光标置于表格7第1个单元格中,在"属性"面板上设置"垂直"为"顶端",然后在其中插入一个2行1列,宽为98%,其他各项均为0的表格,称该表格为表格7-1,设置表格7-1"左对齐"。

步骤 23▶ 将光标置于表格7第2个单元格中,在"属性"面板上设置"垂直"为"顶端",插入一个2行1列,宽为98%,其他各项均为0的表格,称该表格为表格7-2,设置表格7-2"居中对齐"。

步骤 24▶ 将光标置于表格7第3个单元格中,在"属性"面板上设置"垂直"为"顶端",插入一个2行1列,宽为98%,其他各项均为0的表格,称该表格为表格7-3,设置表格7-3"右对齐",效果如图4-33所示。

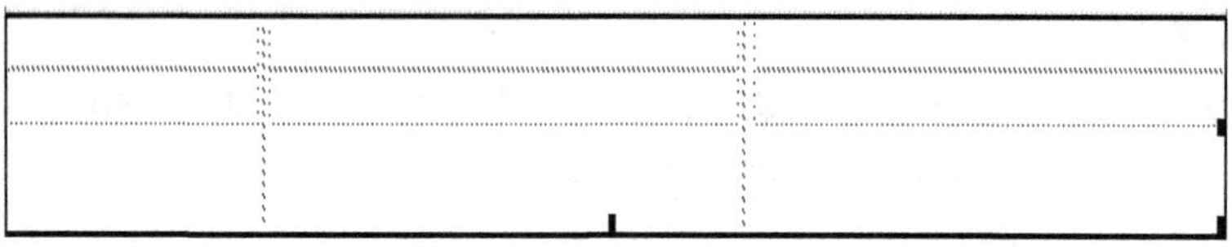

图 4-33　主体内容布局(2)效果

步骤 25▶　主体内容布局（3）。返回表格 7 尾部，插入一个 1 行 1 列，宽为 980 像素，其他各项均为 0 的表格，称该表格为表格 8，设置表格 8 "居中对齐"，单元格 "高度" 为 "25 像素"。

步骤 26▶　将光标置于表格 8 尾部，插入一个 1 行 3 列，宽为 980 像素，其他各项均为 0 的表格，称该表格为表格 9，设置表格 9 "居中对齐"，并将其第 1，2 个单元格宽度分别设为 400 像素和 580 像素。

步骤 27▶　将光标置于表格 9 第 1 个单元格中，在 "属性" 面板上设置 "垂直" 为 "顶端"，插入一个 2 行 2 列，宽为 98%，其他各项均为 0 的表格，称该表格为表格 9-1，设置表格 9-1 "左对齐"，并将表格 9-1 第 1 行的 2 个单元格合并。

步骤 28▶　将光标置于表格 9 第 2 个单元格中，在 "属性" 面板上设置 "垂直" 为 "顶端"，插入一个 2 行 1 列，宽为 98%，其他各项均为 0 的表格，称该表格为表格 9-2，设置表格 9-2 "右对齐"。将表格 9-2 第 1 行的 2 个单元格合并，效果如图 4-34 所示。

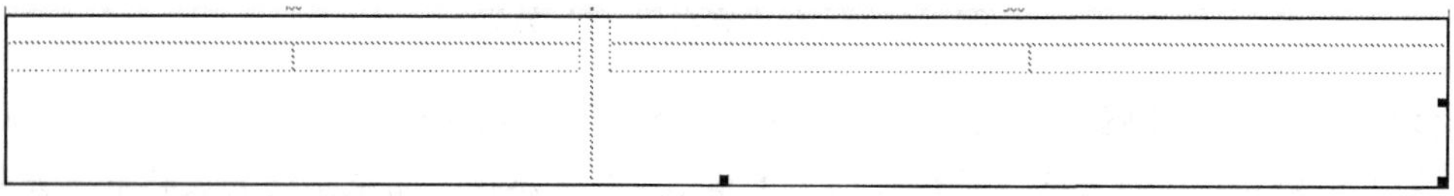

图 4-34　主体内容布局（3）效果

步骤 29▶　版权信息布局。将光标置于表格 9 尾部，插入一个 3 行 1 列，宽为 980 像素，其他各项均为 0 的表格，称该表格为表格 10。选中表格，在 "属性" 面板上设置 "对齐" 为 "居中对齐"，效果如图 4-35 所示。

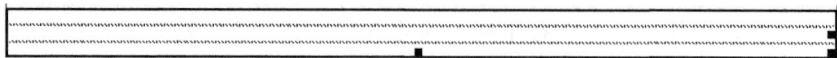

图 4-35　版权信息布局效果

最后的网页布局效果如图 4-36 所示。

图 4-36　网站首页的布局效果

完成布局后再往各个表格中添加网页元素，最后的网页效果可参见图 4-2。实际制作网页时，应避免用一个大表格布局整个网页。

实战演练

使用表格布局博宏房地产网站的"时政要闻"页面并添加网页元素。最终效果参见本书附赠素材"\素材与实例\项目四\素材"目录中的"szyw-1.html"和"szyw-2.html"文件，效果如图 4-37 所示。

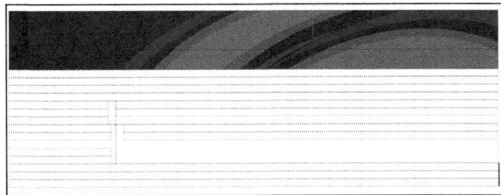

图 4-37　"时政要闻"页面的布局效果

经验技巧

在网页制作中，使用表格布局时需要注意以下问题。

（1）在 Dreamweaver 中，应用表格布局时，避免用一个表格布局整个网页，尤其是复杂的网页。

（2）使用表格布局网页时，一般都会用到嵌套表格。最外层表格的宽度和高度的单位建议使用"像素"，而里面的嵌套表格的宽度和高度建议使用"百分比"。这样能保证在不同的浏览环境（或不同的分辨率）下不变形。

任务二　使用 CSS 样式美化"时政要闻"页面

任务描述

使用 CSS 样式表可以为网页中的 HTML 标签定义样式，也可以定义应用于任何元素的样式，还可以为链接文本定义样式，从而达到美化页面的效果。本任务中，首先在"基础知识"中了解 CSS 元素的定义、属性以及 CSS 样式表的创建、编辑及删除，然后应用 CSS 样式表美化任务一中的"时政要闻"页面，效果参见图 4-4。

知识讲解

一、CSS 样式概述

1．CSS 样式定义

CSS（Cascading Style Sheet，可译为"层叠样式表"或"级联样式表"）是一组格式设置规则，用于控制 Web 页面的外观。通过使用 CSS 样式设置页面格式，可将页面内容与表现形式分离。页面内容存放在 HTML 文档中，而用于定义表现形式的 CSS 规则则存放在另一个独立的样式表文件中或 HTML 文档的某一部分，通常为文件头部分。将内容与表现形式分离，不仅可使站点外观的维护更加容易，还可以使 HTML 文档代码更加简练，缩短浏览器的加载时间。

2．CSS 样式的功能

CSS 样式表的功能一般可以归纳为以下几点。

（1）可以灵活控制网页中文本的字体、颜色、大小、间距、风格及位置。

（2）可以灵活地为网页中的元素设置各种效果的边框。

（3）可以方便地为网页中的元素设置不同的背景颜色、背景图像及平铺方式。

（4）可以控制网页中各元素的位置，使元素在网页中浮动。

（5）可以为网页中的元素设置各种滤镜，从而产生诸如阴影、辉光、模糊和透明等只有在一些图像处理软件中才能实现的效果。

（6）可以与脚本语言相结合，使网页中的元素产生各种动态效果。

3.　"CSS 样式"面板

在 Dreamweaver CS6 中，"CSS 样式"面板是新建、编辑、管理 CSS 样式的主要工具。在打开文档的情况下，在菜单栏中选择"窗口/CSS 样式"菜单命令，可以打开或关闭"CSS样式"面板。在"所有规则"列表中，每选择一个规则，在下方的"属性"列表中将显示相应的属性和属性值。单击 全部 按钮，将显示文档所涉及的全部 CSS 样式；单击 当前 按钮，将显示文档中光标所在处正在使用的 CSS 样式，如图 4-38 所示。

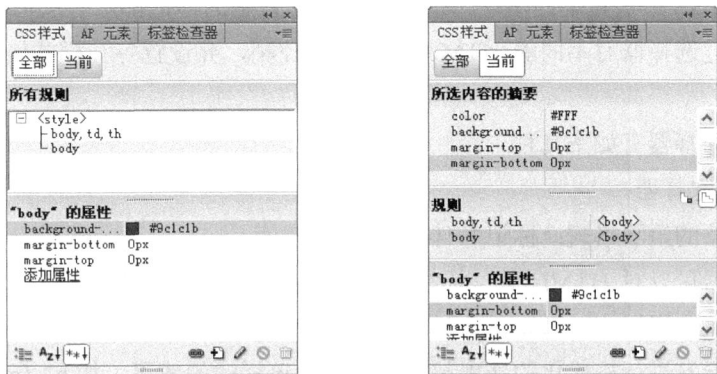

图 4-38　"CSS 样式"面板

在"CSS 样式"面板的底部排列有 7 个按钮，下面简单介绍一下各按钮的功能。

➢ **（显示类别视图）**：将 Dreamweaver 支持的 CSS 属性划分为 9 个类别，每个类别的属性都包含在一个列表中，单击类别名称旁边的⊞图标可展开或折叠类别。

➢ **（显示列表视图）**：按字母顺序显示 Dreamweaver 支持的 CSS 属性。

➢ **（只显示设置属性）**：仅显示已设置的 CSS 属性，此视图为默认视图。

➢ **（附加样式表）**：选择要链接或导入到当前文档中的外部样式表。

➢ **（新建 CSS 规则）**：新建 Dreamweaver 支持的 CSS 规则。

➢ **（编辑样式）**：编辑当前文档或外部样式中的样式。

➢ **（删除 CSS 规则）**：删除"CSS 样式"面板中所选规则或属性，并从应用该规则的所有元素中删除格式（但不能删除对该样式的引用）。

二、CSS 的基本语法

CSS 的基本语法如下：

选择器{样式属性：取值；样式属性：取值；…}

其中选择器可以是多种形式的。例如，要定义 HTML 标记中的 body 样式，CSS 代码如下：

body {color: #000；font-family: "宋体";}

这段代码定义了页面主体部分（HTML 中<body>标记中的内容）的样式，color 表示主体部分文字的颜色属性，#000 表示颜色的属性值；font-family 表示主体部分文字的字体属性，"宋体"表示字体的属性值，其功能是将页面的文字显示为黑色，字体为宋体，效果如图 4-39 所示。

1．CSS 样式选择器

选择器是 CSS 中很重要的概念，所有 HTML 语言中的标记都是通过不同的 CSS 选择器控制的。通过选择器对不同的 HTML 标签进行控制，并设置各种样式属性，即可实现各种效果。

CSS 中的选择器有如下几种。

（1）标签选择器

标签选择器的语法格式：标记名{样式属性：取值；…}。

标签选择器可以对 HTML 某一标签进行样式定义，其显著特点是该样式会自动为该标签的所有对象应用样式。例如，当创建或修改"h2"标签（标题 2）的 CSS 样式时，所有使用"h2"标签进行格式化的文本都将自动应用该样式的效果。如 h2 {color: #F00;}，其功能是将页面中"h2"标签中的文字显示为红色，效果如图 4-40 所示。

在重定义标签选择器时应多加小心，因为这样做可能会改变许多页面的布局。例如，如果对"table"标签进行重新定义，就会影响其他使用表格的页面布局。

（2）类选择器

类选择器的语法格式：标记名．类名{样式属性：取值；…}。

类选择器可以把相同的元素分类成不同的样式。定义类选择器时，在自定义类名称的前面加一个句点（．）。

例如，设置两种字体不同的文字段落，一个为宋体，一个为隶书，设置代码如下：

p．songti{ font-family：宋体}

p．lishu{ font-family：隶书}

在这段代码中，定义了段落标记的 songti 和 lishu 两个类，songti 和 lishu 称为类选择器。类名称可以是任意英文单词或英文开头与数字的组合。类选择器可以省略 HTML 标记名，可以写成以下形式：

.songti{font-family: "宋体";

}

.lishu{font-family: "隶书";

```
}
```

与直接定义 HTML 中的标签选择器不同的是：这段代码仅仅是定义了样式，并没有应用样式。如果要应用样式中的类 songti 和 lishu，还需在正文中添加如下代码：

<p class="songti">

<p class="lishu">

应用样式的效果如图 4-41 所示。

图 4-39　CSS 基本语法应用　　图 4-40　标签选择器应用效果　　图 4-41　类选择器应用效果

（3）ID 选择器

ID 选择器的语法格式：#标识名{样式属性：取值；…}。

在 HTML 文档中，在需要唯一标识一个元素时，就会赋予它一个 ID 标识，以便在整个文档进行处理时能够很快找到该元素。整个文档中的每个 ID 属性的值都必须是唯一的。命名必须以字母开头，然后紧挨字母、数字或连字符。字母限于 A~Z 和 a~z。和类选择器相似，如要应用样式中的 ID 选择器，调用时把 class 换成 id。例如，在页面中定义了一个 id 为 heiti 的元素，设置该元素的字体为黑体，代码如下：

```
#heiti {
        font-family: "黑体";
}
```

<p id="heiti">

效果如图 4-42 所示。一般在页面布局时会使用 ID 选择器。

（4）复合内容（基于选择的内容）选择器

复合内容选择器的语法格式：标记名 标记名{样式属性：取值；…}。

复合内容选择器是对某种元素包含关系（例如对元素 1 里包含元素 2）定义的样式表。这种选择器只对元素 1 里的元素 2 进行定义。例如：

table a { font-family: "隶书"; text-decoration: none;}

这段代码只对表格内的链接文字有效，设定字体为隶书，修饰为无，而对于表格外的链接文字不起作用，效果如图 4-43 所示。

图 4-42　CSS ID 选择器应用效果（第 2 个段落）　　图 4-43　CSS 复合内容选择器应用效果

2．CSS 样式的定义位置

CSS 的定义位置主要有以下几种。

（1）CSS 定义在 head 内部

CSS 一般位于 HTML 文件的头部，即\<head\>与\</head\>标记内，并且以\<style\>标签开始，\</style\>标签结束。

基本语法格式：

\<style type="text/css"\>

\<!--

选择器{样式属性：取值；…}

选择器{样式属性：取值；…}

……

--\>

\</style\>

（2）CSS 嵌入 body 内部

这种样式是混合在 HTML 标记里使用的，用这种方法可以很直观地对某个元素直接定义样式。

基本语法格式：

\<HTML 标记 style ="样式属性：取值；样式属性：取值；……" \>

HTML 标记就是标识 HTML 元素的标记，如 body，p，table 等。style 参数后面引号里的内容就相当于样式表大括号里的内容。这样的写法比较直观，但无法体现层叠样式表的优势，建议少用。

（3）在独立的外部文件中定义

CSS 既可以在 HTML 文档内部，也可以单独在外部文件（如 mycss.css）中定义。把编辑好的 CSS 文档保存成外部文件，然后在\<head\>与\</head\>标记间添加如下所示的代码：

<link　rel="stylesheet"　href="mycss.css"　type="text/css">

这里应用了一个<link>标记，rel="stylesheet"用于指定链接的元素是一个样式表文档，href="mycss.css"表示链接的文件路径和名称。

3．CSS 样式的优先级

不同选择器定义相同的元素时需要考虑不同选择器之间的优先级，优先顺序依次是 ID 选择器、类选择器和标签选择器，也就是说，ID 选择器的优先级最高，其次是类选择器。例如：

```
P {
    font-family："宋体";
 }
.lishu{
    font-family："隶书";
    }
#id1 {
    font-family："黑体";
    }
```

如果对同一段落同时设置这 3 种样式，那么系统会按照优先权最高的 ID 选择器显示为黑体，效果如图 4-44 所示。

三、CSS 样式表的操作

CSS 样式在网页设计中起着非常重要的作用，下面学习如何创建、应用和编辑 CSS 样式。Dreamweaver CS6 中 CSS 的操作实现了完全可视化，无需编写任何代码。

1．新建"内部样式表"

新建"内部样式表"的方法有以下 3 种。

（1）在"CSS 样式"面板中创建 CSS 样式表文件

在 Dreamweaver CS6 的菜单栏中选择"窗口/CSS 样式"菜单命令，打开"CSS 样式"面板。

在"CSS 样式"面板中，单击"新建 CSS 规则"按钮，打开"新建 CSS 规则"对话框，如图 4-45 所示。

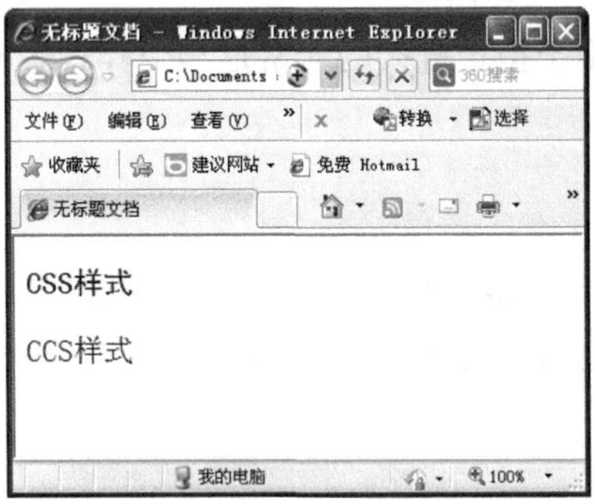

图 4-44　CSS 样式优先级效果实例 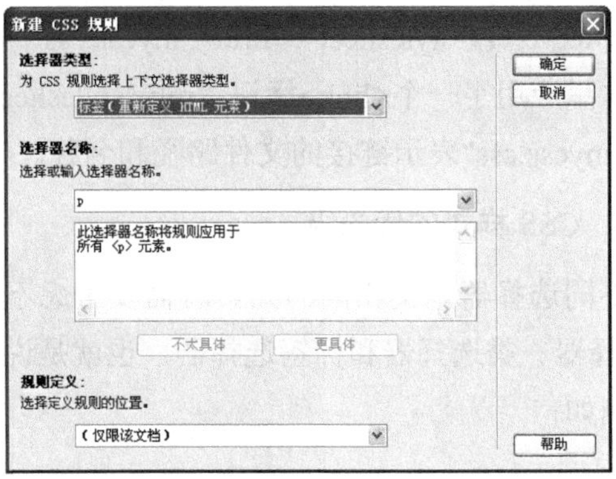　　　图 4-45　"新建 CSS 规则"对话框

下面简单介绍一下"新建 CSS 规则"对话框中各设置项的意义。

➢ **选择器类型**：有 4 个选项，类选择器、标签选择器、ID 选择器和复合内容选择器。

➢ **选择器名称**：输入或选择 CSS 样式的名称。

其具体规则可参考以下叙述。

"类选择器"命名：以英文或数字命名，名称前加符号"."，如".red"。

"标签选择器"命名：可以通过单击下拉列表按钮选择需要的标签代码，如选择标签"p"。

"ID 选择器"命名：命名必须以字母开头，然后紧挨字母、数字或连字符。字母限于 A~Z 和 a~z，名称前加符号"#"，如"#idone"。

"复合内容"命名：基于选择的内容，HTML 文档中的标签会显示在文本框中。

➢ **规则定义**：选择 CSS 样式的使用方式，"新建样式表文件"选项主要定义的是外部样式表文件，单击"确定"后会弹出保存 CSS 样式表文件的对话框；"仅限该文档"定义的是内部样式表，不需要保存外部的 CSS 文件。

在"新建 CSS 规则"对话框的"选择器类型"区选择"标签"，在"选择器名称"下拉列表中选择"p"，单击"确定"按钮，弹出"p 的 CSS 规则定义"对话框，如图 4-46 所示。

Dreamweaver CS6 的 CSS 样式包含 CSS 的属性分为类型、背景、区块、方框、边框、列表、定位、扩展和过渡 9 类，这些属性将在后面介绍。在设置"类型"参数后单击"确定"按钮，即建立了一个名为"p"的内部样式表，在"CSS 样式"面板中可以看到建立的内部样式表，如图 4-47 所示。

（2）选择菜单命令创建 CSS 样式表文件

在 Dreamweaver CS6 中选择"格式/CSS 样式/新建"菜单命令（如图 4-48 所示），即可打开"新建 CSS 规则"对话框。

图 4-46　"p 的 CSS 规则定义"对话框

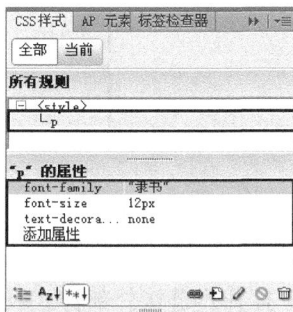

图 4-47　新建的 CSS 样式

图 4-48　"新建 CSS 规则"菜单

（3）在"属性"面板中创建 CSS 样式表文件

在"属性"面板中单击 CSS 按钮，在"目标规则"下拉列表中选择"新 CSS 规则"，然后单击 编辑规则 按钮（如图 4-49 所示），即可打开"新建 CSS 规则"对话框。

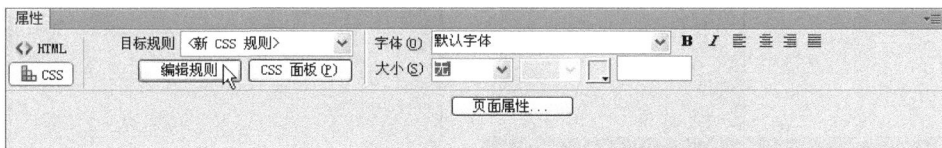

图 4-49　"属性"面板

2．新建"外部样式表"

新建"外部样式表"的方法有以下两种。

（1）在"新建 CSS 规则"对话框中"规则定义"下拉列表中选择规则定义的位置和 CSS 样式的使用方式；选择"新建样式表文件"选项，则新建的是外部样式表文件。

（2）在 Dreamweaver CS6 的菜单栏中选择"文件/新建"菜单命令，打开"新建文档"对话框，如图 4-50 所示。在"页面类型"中选择"CSS"，单击"创建"按钮，建立一个内容为空的 CSS 文件。

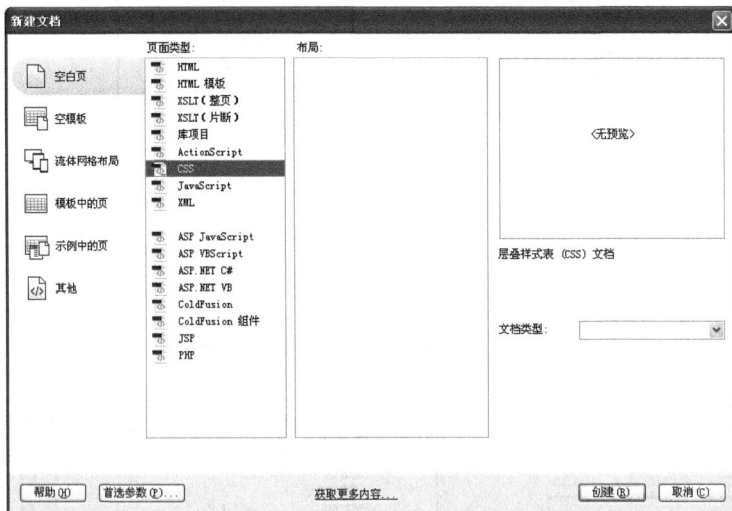

图 4-50　"新建文档"对话框

3．应用"外部样式表"

单击"CSS 样式"面板底部的"附加样式表"按钮，打开"链接外部样式表"对话框，如图 4-51 所示。

在"链接外部样式表"对话框中单击 浏览 按钮，可打开"选择样式表文件"对话框，如图 4-52 所示。

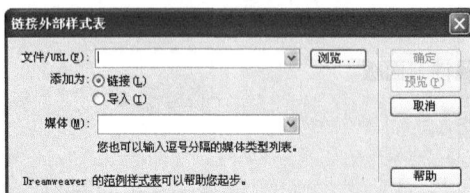

图 4-51　"链接外部样式表"对话框

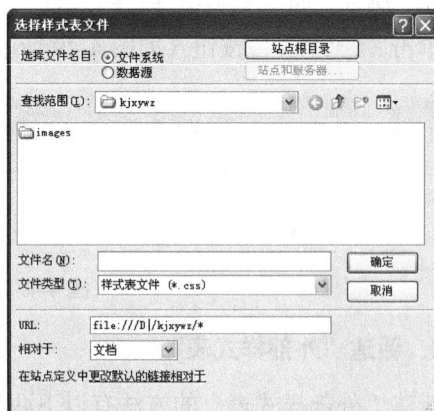

图 4-52　"选择样式表文件"对话框

在"选择样式表文件"对话框中可选择要添加的样式文件，添加的形式有两种，即链接和导入，下面分别介绍。

> ➢ **"链接"**：网页与样式表文件的关系是链接关系，并且不将样式表信息导入网页中。

> ➢ **"导入"**：将外部样式表文件信息导入当前网页文档中，这样外部的 CSS 样式就会链接或导入当前文档中。

> **提示**　如果所要链接或导入的文件不在当前站点中，系统会提示用户将该样式表复制到当前站点的根文件夹中。

在"链接外部样式表"对话框中，单击蓝色下划线文字"范例样式表"，将打开"范例样式表"对话框，如图 4-53 所示。

Dreamweaver CS6 提供了多种范例样式表，从对话框的列表框中选择任意一个样式表，可将其直接应用于页面，也可以在其基础上创建自己的样式。单击"预览"按钮，将会看到该样式表应用到文本的效果。

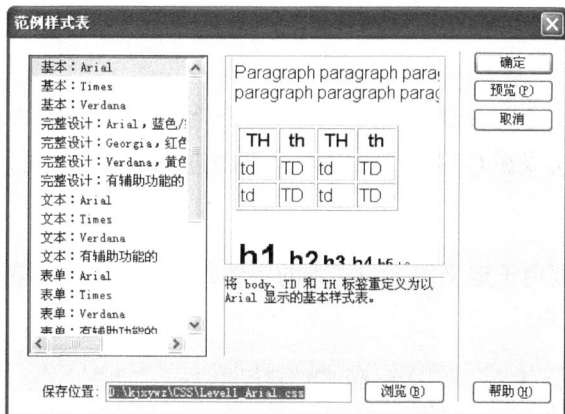

图 4-53　"范例样式表"对话框

4. 编辑 CSS 样式

在一个样式创建完成后，还可以对样式表进行适当修改，以适应新的变化。样式表的编辑可采用以下两种方法。

> ➢ 在"属性"面板中单击 CSS 按钮，在"目标规则"下拉列表中选择要编辑的样式（此处选择"body"），然后单击 编辑规则 按钮（如图 4-54 所示），将打开"***的 CSS 规则定义"对话框。

> ➢ 在"CSS 样式"面板中选择要编辑的样式名称，如"p"，然后单击面板下方的"编辑样式"按钮 （如图 4-55 所示），将弹出"***的 CSS 规则定义"对话框，在对话框中可以对 CSS 样式重新编辑。

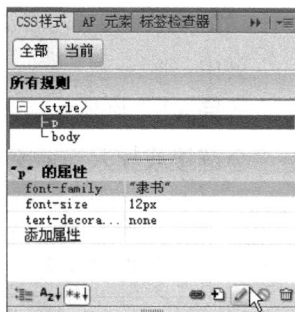

图 4-54 "属性"面板   图 4-55 "CSS 样式"面板

5. 删除 CSS 样式

首先在"CSS 样式"面板中选择要删除的 CSS 样式名称，然后单击面板下方的"删除样式"按钮🗑，就可以删除选中的样式。

四、CSS 属性

Dreamweaver CS6 将 CSS 属性分为 9 大类——类型、背景、区块、方框、边框、列表、定位、扩展和过渡，可以在 CSS 规则定义对话框中进行设置，下面分别介绍。

1. 类型

"类型"属性主要用于定义网页中文本的字体、大小、颜色、样式及文本链接的修饰效果等，如图 4-56 所示。

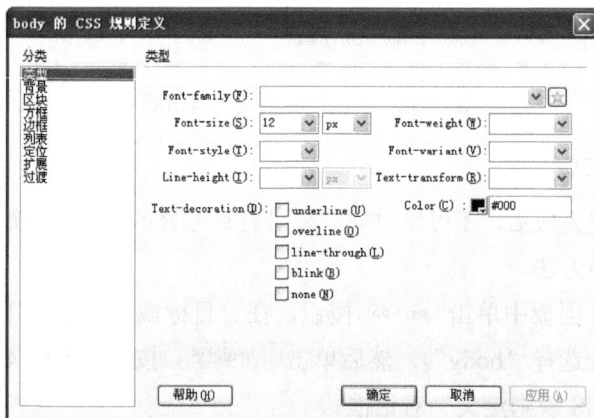

图 4-56 "类型"选项

"类型"选项中的各项属性全部是针对网页文本的，下面分别介绍。

➤ **字体**：属性名为"font-family"，用于指定文本字体，可以手动编辑字体列表。

- ➤ **大小**：属性名为"font-size"，可以对文字的尺寸进行无限控制，支持9种尺寸度量单位，常用单位是"像素（px）。

- ➤ **粗细**：属性名为"font-weight"，用于设置字体的粗细效果，有"正常"（normal）、"粗体"（bold）、"特粗"（bolder）、"细体"（lighter）及其他9组具体粗细值，共13个选项。

- ➤ **样式**：属性名为"font-style"，用于设置字体的风格，有"正常"（normal）、"斜体"（italic）、"偏斜体"（oblique）3个选项，偏斜体是指文本为倾斜的字体格式。

- ➤ **变体**：属性名为"font-variant"，设置文字变形的字体格式，可以将正常文字缩小一半尺寸后大写显示。

- ➤ **行高**：属性名为"line-height"，设置文本的行间距，有两个选项——正常和值，选择"正常"，系统会自动设置文本间行的高度；选择"值"，还需要输入具体数值来设置文本之间的行距。

- ➤ **大小写**：属性名为"text-transform"，可以设置文本的大小写方式，有"首字母大小"（capitalize）、"大写"（uppercase）、"小写"（lowercase）和"无"（none）4个选项。

- ➤ **修饰**：属性名为"text-decoration"，用于控制链接文本的显示状态，有"下划线"（underline）、"上划线"（overline）、"删除线"（line-through）、"闪烁"（blink）和"无"（none，使上述效果都不会发生）5种修饰方式可供选择，选择需要的复选框，给文字添加修饰。

- ➤ **颜色**：属性名为"color"，设置文本的颜色。

2. **背景**

"背景"类别主要用于设置背景颜色和背景图像的相关属性，如图4-57所示。

- ➤ **背景颜色**：属性名为"background-color"，用于设置背景颜色。

- ➤ **背景图像**：属性名为"background-image"，用于为网页设置背景图像，通过单击右侧的"浏览"按钮可以选择一个图像作为背景。

- ➤ **重复**：属性名为"background-repeat"，用于控制背景图像的填充方式，有4个选项："不重复"（no-repea），表示背景图像不重复，只显示一次；"重复"（repeat），表示图像会像贴磁砖一样，在水平和垂直方向重复；"横向重复"（repeat-X），表示背景图像在水平方向上重复；"纵向重复"（repeat-Y），表示背景图像在垂直方向上重复。

图 4-57　"背景"选项

- ➢ **附件**：属性名为"background-attachment"，用于控制背景图像是否会随页面滚动而一起滚动，有两个选项："固定"（fixed），表示文字滚动时背景图像保持固定；"滚动"（scroll），表示背景图像随文字内容一起滚动。

- ➢ **水平位置 | 垂直位置**：属性名为"background-position"，设置背景图像相对于元素的初始位置，有"左对齐"（left 表示将背景图像与前景元素左对齐）、"右对齐"（right）、"顶部"（top）、"底部"（bottom）、"居中"（center）和"值"（value，自定义背景图像的起点位置，可对背景图像的位置做出更精确的控制）等选项。

3．区块

"区块"类别主要用于控制网页元素的间距、对齐方式等属性，如图 4-58 所示。

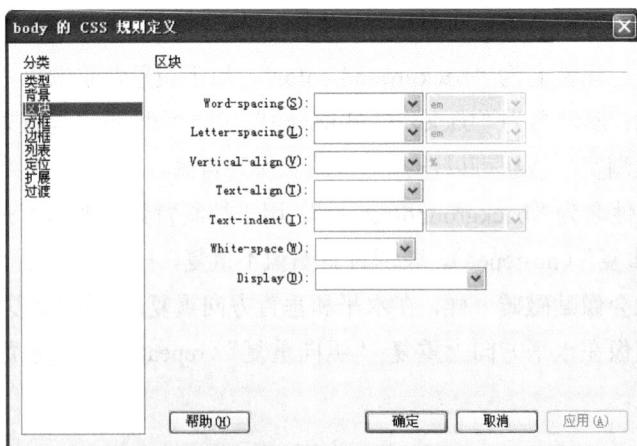

图 4-58　"区块"选项

> ➤ **单词间距**：属性名为"word-spacing"，主要用于控制文字间相隔的距离，有"正常"（normal）和"值"（value，自定义间隔值）两个选项，当选择"值"选项时，可用的单位有 8 种。

> ➤ **字母间距**：属性名为"letter-spacing"，其作用与"单词间距"类似，也有"正常"（normal）和"值"（value，自定义间隔值）两个选项。

> ➤ **垂直对齐**：属性名为"vertical-align"，用于控制文字或图像相对于其母体元素的垂直位置。如果将一个 2×3（像素）的 GIF 图像同其母体元素文字的顶部垂直对齐，则该 GIF 图像将在该行文字的顶部显示。该属性共有"基线"（baseline，将元素的基准线同母体元素的基准线对齐）、"下标"（sub，将元素以下标的形式显示）、"上标"（super，将元素以上标的形式显示）、"顶部"（top，将元素顶部同最高的母体元素对齐）、"文本顶对齐"（text-top，将元素顶部同母体元素文字的顶部对齐）、"中线对齐"（middle，将元素的中点同母体元素的中点对齐）、"底部"（bottom，将元素的底部同最低的母体元素对齐）、"文本底对齐"（text-bottom，将元素的底部同母体元素文字的底部对齐）及"值"（value，自定义）9 个选项。

> ➤ **文本对齐**：属性名为"text-align"，设置块的对齐方式。有"左对齐"（left）、"右对齐"（right）、"居中"（center）和"两端对齐"（justify）4 个选项。

> ➤ **文字缩进**：属性名为"text-indent"，在文本框中输入具体数值，可精确设置文本首行缩进的大小。

> ➤ **空格**：属性名为"white-space"，设置文本处理空格的方式。在 HTML 中，空格是被省略的，也就是说，在一个段落标签的开头无论输入多少个空格都是无效的。输入空格有两种方法，一种是直接输入空格的代码" "，另一种是使用"<pre>"标签。在 CSS 中则使用属性"white-space"控制空格的输入，该属性有"正常"（normal，收缩空白）、"保留"（pre，保留所有空白，包括空格、制表符和回车）和"不换行"（nowrap，指当用户强行换行时才换行，否则不会自动换行）3 个选项。

> ➤ **显示**：属性名为"display"，设置是否显示及如何显示元素，共有 19 种方式，这里不再一一列举。

4．**方框**

CSS 将网页中所有的块元素都看作是包含在一个方框中的，"方框"类别如图 4-59 所示。

> ➤ **宽**：属性名为"width"，用于确定方框本身的宽度。

> ➤ **高**：属性名为"height"，用于确定方框本身的高度。

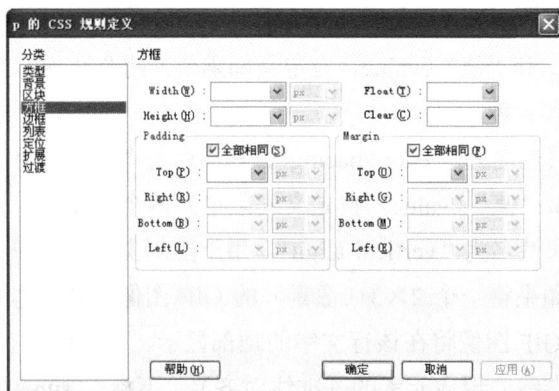

图 4-59 "方框"类别

- **浮动**：属性名为"float"，用于设置块元素的浮动效果。
- **清除**：属性名为"clear"，用于清除设置的浮动效果。
- **填充**：属性名为"padding"，用于设置元素内容与元素边框之间的间距。取消选择"全部相同"选项可单独设置每个边填充的具体数值，包括"上"（Top，控制上边距的宽度）、"右"（Right，控制右边距的宽度）、"下"（Bottom，控制下边距的宽度）和"左"（Left，控制左边距的宽度）4个选项。
- **边界**：属性名为"margin"，用于确定围绕块元素的留白数量，包括"上"（Top，控制上留白的宽度）、"右"（Right，控制右留白的宽度）、"下"（Bottom，控制下留白的宽度）和"左"（Left，控制左留白的宽度）4个选项。

5．边框

网页元素边框的效果是在"边框"类别中设置的，如图 4-60 所示。

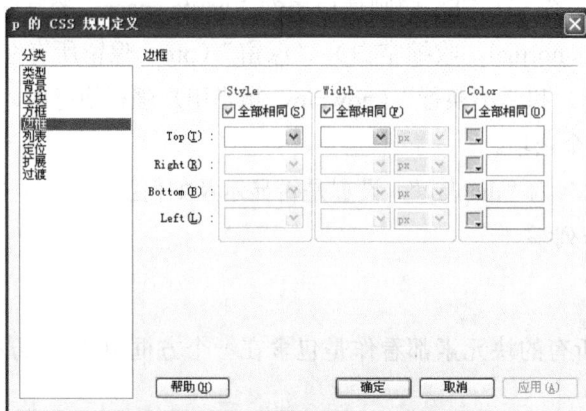

图 4-60 "边框"类别

➤ **样式**：属性名为"border-style"，用于设置边框的外观样式。取消选择"全部相同"选项，可分别设置各个边框样式。边框样式下拉列表中共有 9 个选项，分别是 none（表示"无边框"）、dotted（表示边框为点线）、dashed（表示边框为长短线）、solid（表示边框为实线）、double（表示边框为双线）、groove（表示边框为槽状）、ridge（表示边框为脊状）、inset（表示边框为凹陷）和 outset（表示边框为凸出）。

➤ **宽度**：属性名为"border-width"，设置元素上、下、左、右各个边框的粗细。取消选择"全部相同"选项，可分别设置各个边框的粗细。

➤ **颜色**：属性名为"border-color"，用于设置 4 个边框的颜色。取消选择"全部相同"选项，可分别设置各个边框的颜色。

6. 列表

"列表"类别中的各项属性用于设置项目列表的样式，如图 4-61 所示。

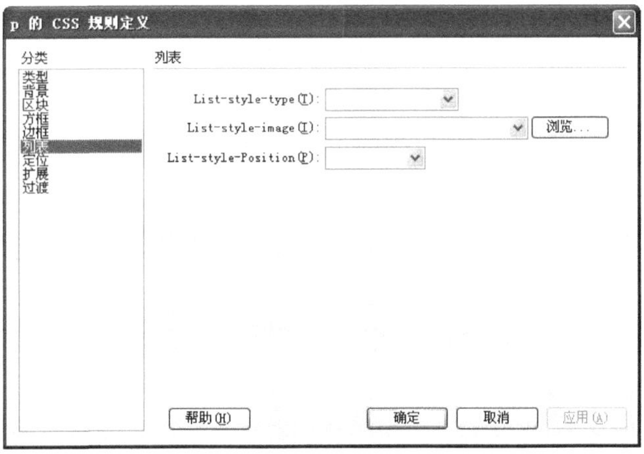

图 4-61 "列表"类别

➤ **类型**：属性名为"list-style-type"，用于设置项目列表中每一项列表前使用的符号，共有 9 个选项，常用的有"disc"（表示圆点）、"circle"（表示圆圈）、"square"（表示方块）。

➤ **项目符号图像**：属性名为"list-style-image"，其作用是将列表前面的符号换为图像，单击"浏览"按钮可设置图像。

➤ **位置**：属性名为"list-style-position"，用于设置列表的位置，"outside"表示在方框之外显示，"inside"表示在方框之内显示。

"列表"类别不仅可以修改列表符号的类型，还可以使用自定义的图像来代替列表符号，这使得文档中的列表样式更加丰富。

7. 定位

"定位"类别可以使网页元素随处浮动，这对于一些固定元素（如表格）来说，是一种功能的扩展，而对于一些浮动元素（如 AP 元素）来说，却是控制其位置的有效方法，"定位"类别属性如图 4-62 所示。

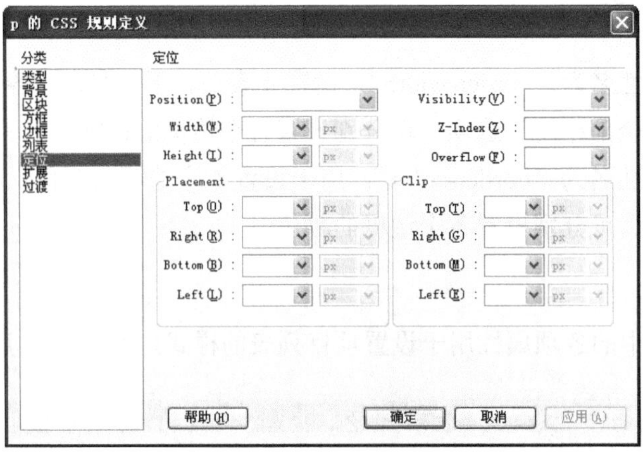

图 4-62 "定位"类别

➢ **位置**：属性名为"position"，用于设置元素的定位方式，共有 4 个选项，常用的有两项，"absolute"表示绝对定位，使用"定位"框中输入的坐标值来放置元素，坐标原点为页面左上角；"relative"表示相对定位，使用"定位"框中输入的坐标来放置元素，坐标原点为当前位置。

➢ **显示**：属性名为"visibility"，用于将网页中的元素隐藏。

➢ **宽**：属性名为"width"，用于设置元素的宽度。

➢ **Z 轴**：属性名为"z-index"，用于控制网页中块元素的叠放顺序，可以为元素设置重叠效果。该属性的参数值使用纯整数，其值为"0"时，元素在最下层，适用于绝对定位或相对定位的元素。

➢ **高**：属性名为"height"，用于设置元素的高度。

➢ **溢位**：属性名为"overflow"，在确定了元素的高度和宽度后，当元素面积不能全部显示元素中的内容时，该属性便起作用了。该属性下拉列表中共有 4 个选项，"visible"表示扩大面积，显示所有内容；"hidden"表示隐藏超出范围的内容；"scroll"表示在元素的右边显示一个滚动条；"auto"表示当内容超出元素面积时，自动显示滚动条。

➢ **定位**：为元素确定了绝对和相对定位类型后，该组属性决定元素在网页中的具体位置，其中"left"用于控制元素左边的起始位置，"top"用于控制元素上面的起始位置，"right"和"bottom"分别用于控制元素右边和下面的起始位置。

➢ **剪辑**：属性名为"clip"，当元素被指定为绝对定位后，该属性可以把元素区域剪切成各种形状，但目前提供的只有方形一种，其属性值为"rect(top right bottom left)"，即"clip:rect(top right bottom left)"，属性值的单位为任何一种长度单位。

8. 扩展

"扩展"类别包括两部分，如图 4-63 所示，

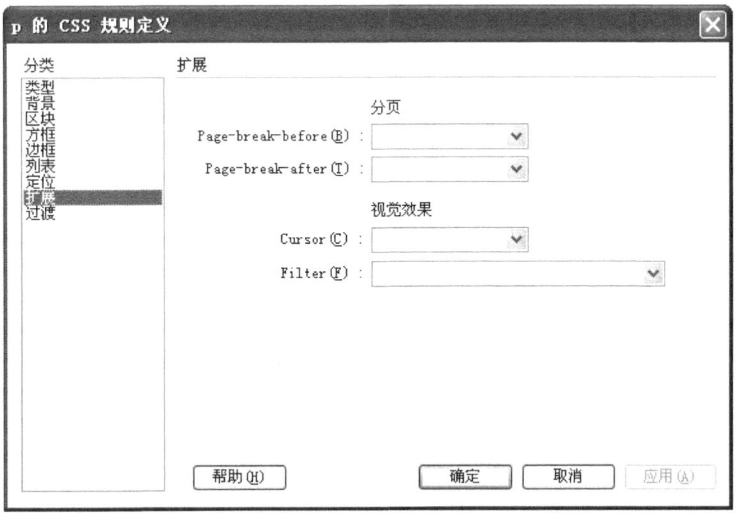

图 4-63　"扩展"类别

➢ "分页"栏中两个属性的作用是为打印的页面设置分页符。"之前"属性名为"page-break-before"；"之后"属性名为"page-break-after"。

➢ **光标**：属性名为"cursor"，可以指定在某个元素上要使用的鼠标光标形状，共有 15 种形状，分别代表鼠标光标在 Windows 操作系统里的各种形状。另外，该属性还可以指定鼠标光标图标的 URL 地址。

➢ **过滤器**：属性名为"filter"，可为网页元素设置多种特殊显示效果，如阴影、模糊、透明和光晕等。

9. 过渡

"过渡"类别中的各项属性用于设置元素的动画效果。其最明显的表现是：当用户把鼠标悬停在某个元素上时，可高亮显示它们（如表单域、按钮等）。过渡可以给页面增加一种非常平滑的外观，"过渡"类别属性如图 4-64 所示。

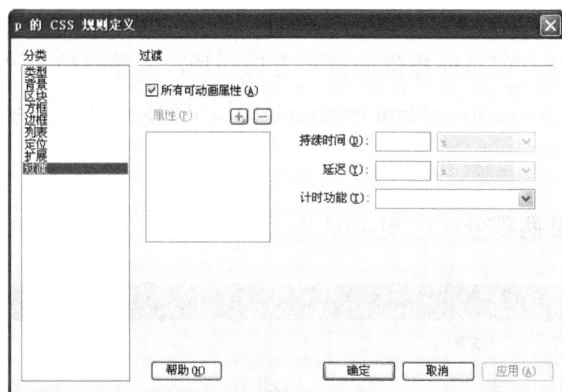

图 4-64　"过渡" 类别

> ➢ **所有可动画属性**：勾选后可以设置所有的动画属性。
> ➢ **属性**：可以为 CSS 过渡效果添加属性。
> ➢ **持续时间**：以秒（s）或毫秒（ms）为单位输入过渡效果的持续时间。
> ➢ **延迟**：以秒（s）或毫秒（ms）为单位输入过渡效果的延迟时间。
> ➢ **计时功能**：设置动画的计时方式。

任务实施

　　在学习了 CSS 样式表的创建和属性后，接下来通过为"博宏房地产"网站的"时政要闻"页面设置样式来学习 CSS 样式表在网页上的应用，最终效果见本书附赠素材"\素材与实例\项目四\素材"目录下的"szyw.html"文件。

一、为"时政要闻"页面设置标签样式

　　为"时政要闻"页面创建一个"<body>"标签样式，设置该样式的类型、背景和方框属性。

　　步骤 1▶　启动 Dreamweaver CS6，在"文件"面板"站点"下拉列表中选择站点"bhfdc"，双击打开文件列表中的"szyw.html"文档（如果在任务一中没有保存"szyw.html"，可以打开"素材与实例\项目四\素材"目录下的"szyw-2.html"文档）。

　　步骤 2▶　单击"CSS 样式"面板下方的"新建 CSS 规则"按钮 🗈，打开"新建 CSS 规则"对话框，在"选择器类型"下拉列表中选择"标签"，在"选择器名称"下拉列表中选择"body"，在"规则定义"下拉列表中选择"新建样式表文件"，然后单击"确定"按钮，如图 4-65 所示。

　　步骤 3▶　打开"将样式表文件另存为"对话框，在"保存在"下拉列表中选择网站

根文件夹，在"文件名"编辑框中输入文件名"mycss"，单击"保存"按钮，如图 4-66 所示。

图 4-65　"新建 CSS 规则"对话框

图 4-66　"样式表文件另存为"对话框

步骤 4▶　打开"body 的 CSS 规则定义（在 mycss.css 中）"对话框，在左侧的"分类"列表区选择"类型"，在"字体(Font-family)"下拉列表中选择"宋体"，在字体"大小（Font-size）"下拉列表中选择"12"，在"行高（Line-height）"编辑框中输入"20"，在"修饰（Text-decroation）"选项区选择"无(none)"，设置字体"颜色（Color）"为黑色"#000"，如图 4-67 所示。

步骤 5▶　在"分类"列表区选择"背景"，在"背景颜色（Background-color）"编辑框中输入"#900"，如图 4-68 所示。

图 4-67　设置"类型"属性

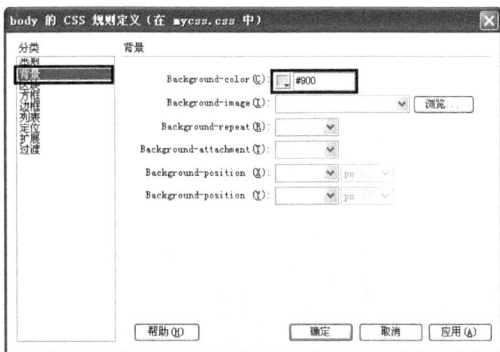

图 4-68　设置"背景"属性

步骤 6▶　在"分类"列表区选择"方框"，在边界（Margin）区域"上(Top)"编辑框中输入"0"，则下方所有的值都变为"0"，如图 4-69 所示。

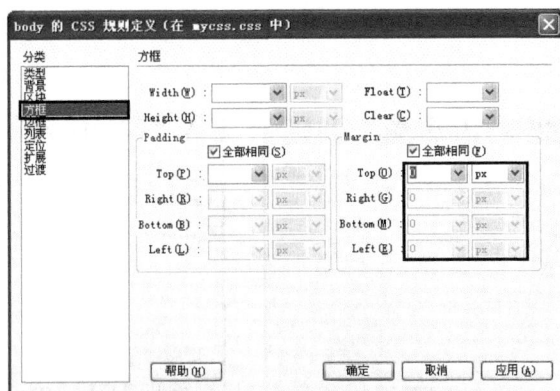

图 4-69　设置"方框"属性

步骤 7▶　在"body 的 CSS 规则定义（在 mycss.css 中）"对话框中单击"确定"按钮，则"CSS 样式"面板中生成"<body>"样式（如图 4-70 所示），"时政要闻"页面已自动应用该样式。

图 4-70　生成样式

步骤 8▶　保存网页文档和样式表文件，按"F12"键预览，可以看到设置的网页背景颜色，文本也变为设置的样式，如图 4-71 所示。

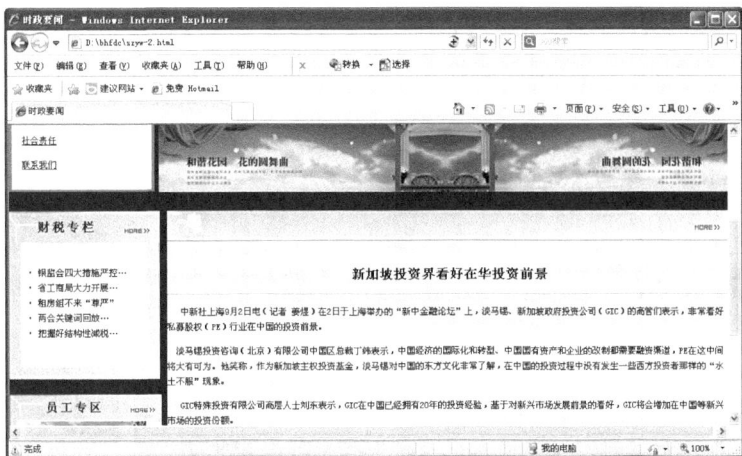

图 4-71　"body"样式设置效果

二、为"时政要闻"页面设置类样式

下面设置两个类样式，并设置其类型属性，然后将创建的样式应用于"时政要闻"网页。

步骤1▶　继续在"szyw.html"中操作，单击"CSS 样式"面板下方的"新建 CSS 规则"按钮，打开"新建CSS规则"对话框，在"选择器类型"下拉列表中选择"类"，在"选择器名称"编辑框中输入"white"，在"规则定义"下拉列表中选择前面创建的样式文件"mycss"，然后单击"确定"按钮，如图 4-72 所示。

步骤2▶　打开".white 的 CSS 规则定义（在 mycss.css 中）"对话框，在左侧的"分类"列表中选择"类型"，在"行高（Line-height）"编辑框中输入"20"，在"修饰（Text-decroation）"选项区选择"无(none)"，设置字体"颜色（Color）"为白色"#FFF"，最后单击"确定"按钮，如图 4-73 所示。

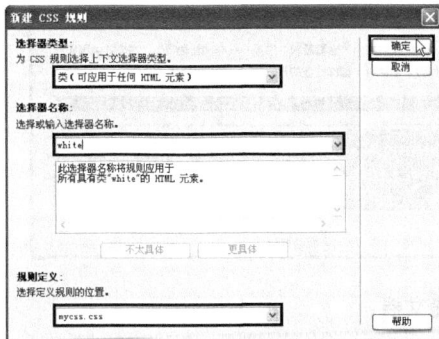

图 4-72　新建 CSS 规则　　　　图 4-73　设置类型属性

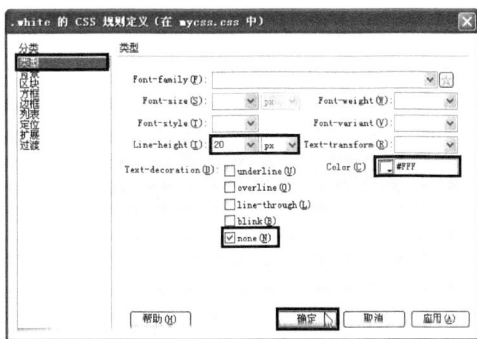

步骤 3▶ 在网页文档中，选择网页最上方的文本"设为首页|加入收藏"，在"属性"面板上"类"下拉列表中选择刚创建的类样式"white"，对所选内容应用样式，如图 4-74 所示。

图 4-74 应用类样式

步骤 4▶ 选择网页最下方的版权信息文本，同样对其应用类样式"white"。

步骤 5▶ 保存网页文档和样式表文件，按"F12"键预览，效果如图 4-75 所示。

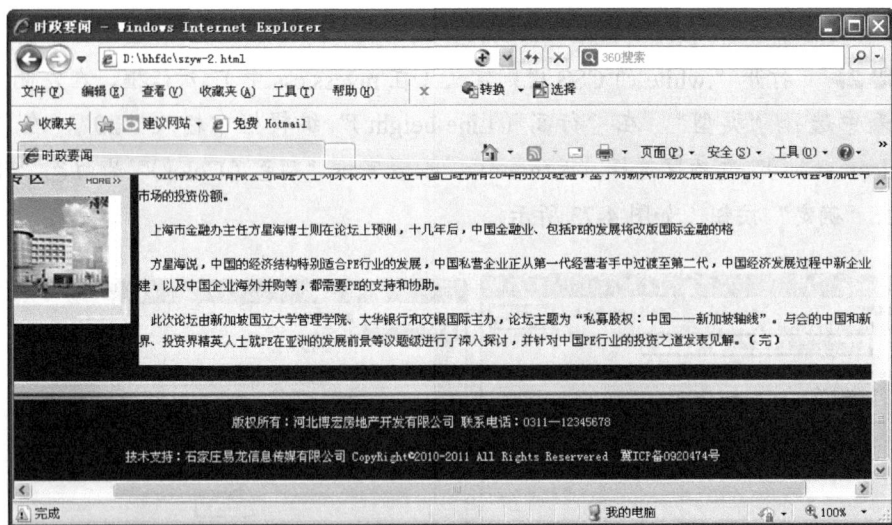

图 4-75 预览文档

步骤 6▶ 继续在"szyw.html"文档中操作，单击"CSS 样式"面板下方的"新建 CSS 规则"按钮，打开"新建 CSS 规则"对话框，在"选择器类型"下拉列表中选择

"类"，在"选择器名称"编辑框中输入"hang"，在"规则定义"下拉列表中选择前面创建的样式文件"mycss"，然后单击"确定"按钮。

步骤7▶　打开".hang 的 CSS 规则定义（在 mycss.css 中）"对话框，在左侧的"分类"列表区选择"类型"，在"行高（Line-height）"编辑框中输入"25"，然后单击"确定"按钮，如图 4-76 所示。

步骤8▶　在网页文档中选择"财税专栏"下方的文字，在"属性"面板上"类"下拉列表中选择刚创建的类样式"hang"，对所选内容应用样式，保存网页文档和样式表文件，按"F12"键预览，效果如图 4-77 所示。

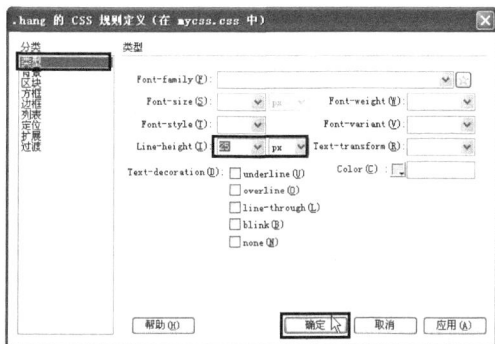

图 4-76　设置类型属性　　　　图 4-77　预览文档

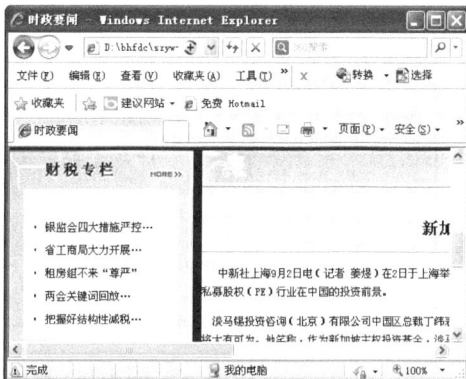

三、为"时政要闻"页面设置 ID 样式

下面创建一个 ID 样式，并设置其类型属性。

步骤1▶　继续在"szyw.html"文档中操作，单击"CSS 样式"面板下方的"新建 CSS 规则"按钮，打开"新建 CSS 规则"对话框，在"选择器类型"下拉列表中选择"ID"，在"选择器名称"编辑框中输入"footer"，在"规则定义"下拉列表中选择前面创建的样式文件"mycss"，然后单击"确定"按钮。

步骤2▶　打开"#footer 的 CSS 规则定义（在 mycss.css 中）"对话框，在左侧的"分类"列表区选择"类型"，在"行高（Line-height）"编辑框中输入"25"，设置字体"颜色（Color）"为白色"#FFF"，然后单击"确定"按钮，如图 4-78 所示。

步骤3▶　选择网页最下方的版权信息所在单元格，在"属性"面板上的"ID"下拉列表中选择"footer"，对单元格应用 ID 样式，如图 4-79 所示。

图 4-78 设置类型属性

图 4-79 对单元格应用 ID 样式

步骤 4▶ 保存网页文档和样式文件，按 "F12" 键预览网页，效果如图 4-80 所示。

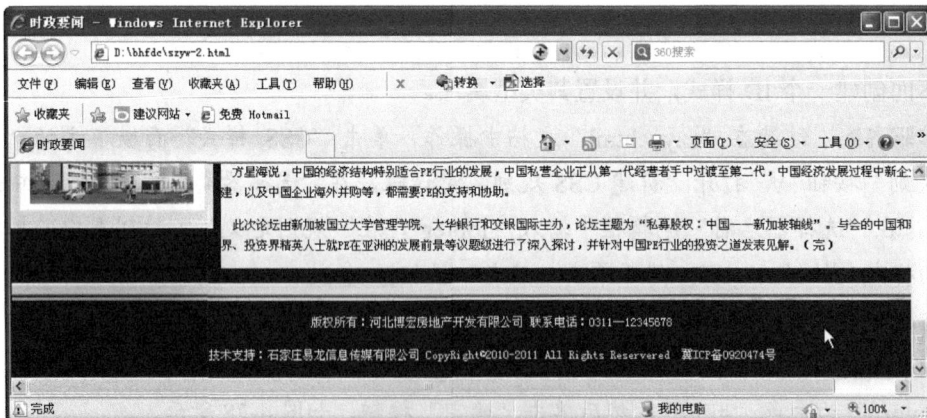

图 4-80 预览文档

四、为"时政要闻"页面设置复合样式

默认状态下，网页中的链接文本为有下划线的蓝色文本。下面为"时政要闻"页面设

置复合样式，使链接文本在默认状态下为黑色文本，鼠标经过时为有下划线的红色文本，访问过的文本为蓝色。

步骤1▶ 继续在 "szyw.html" 中操作，单击 "CSS 样式" 面板下方的 "新建 CSS 规则" 按钮，打开 "新建 CSS 规则" 对话框，在 "选择器类型" 下拉列表中选择 "复合内容"，在 "选择器名称" 下拉列表中选择 "a:link"，在 "规则定义" 下拉列表中选择前面创建的样式文件 "mycss"，然后单击 "确定" 按钮，如图 4-81 所示。

步骤2▶ 打开 "a:link 的 CSS 规则定义（在 mycss.css 中）" 对话框，在左侧的 "分类" 列表区选择 "类型"，在 "修饰（Text-decroation）" 选项区选择 "无(none)"，设置字体 "颜色(Color)" 为黑色 "#000"，最后单击 "确定" 按钮，如图 4-82 所示。

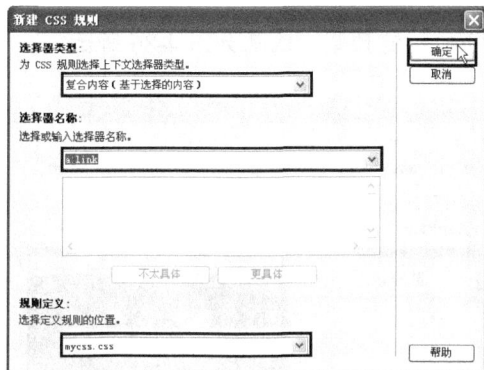

图 4-81　新建 CSS 规则　　　　　　　图 4-82　设置类型属性

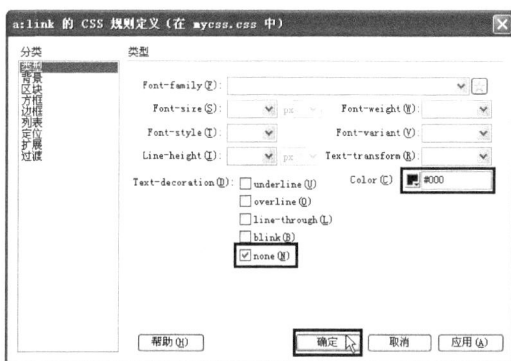

步骤3▶ 再次单击 "CSS 样式" 面板下方的 "新建 CSS 规则" 按钮，打开 "新建 CSS 规则" 对话框，在 "选择器类型" 下拉列表中选择 "复合内容"，在 "选择器名称" 下拉列表中选择 "a:visited"，在 "规则定义" 下拉列表中选择前面创建的样式文件 "mycss"，然后单击 "确定" 按钮，如图 4-83 所示。

步骤4▶ 打开 "a:visited 的 CSS 规则定义（在 mycss.css 中）" 对话框，在左侧的 "分类" 列表区选择 "类型"，在 "修饰（Text-decroation）" 选项区选择 "有下划线（underline）"，设置字体 "颜色(Color)" 为红色 "#F00"，最后单击 "确定" 按钮，如图 4-84 所示。

步骤5▶ 参照上面的方法，打开 "a:hover 的 CSS 规则定义（在 mycss.css 中）" 对话框，在左侧的 "分类" 列表区选择 "类型"，在 "修饰（Text-decroation）" 选项区选择 "无（none）"，设置字体 "颜色(Color)" 为蓝色 "#00F"，最后单击 "确定" 按钮，如图 4-85 所示。

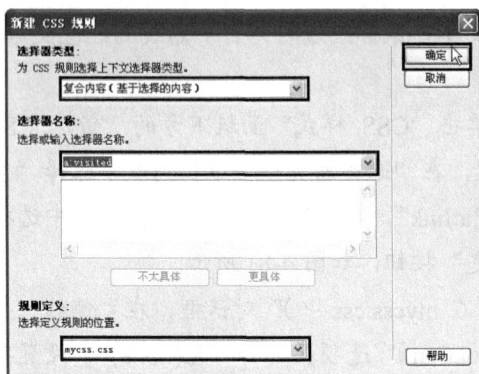

图 4-83　新建 CSS 规则

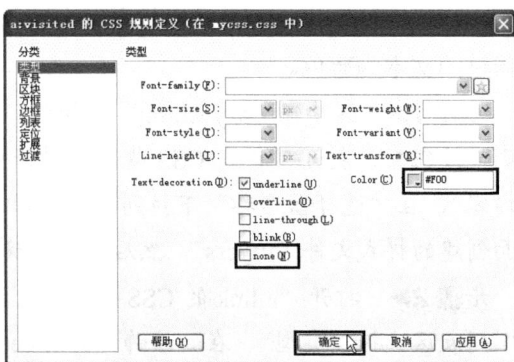

图 4-84　设置类型属性

步骤 6▶ 保存网页文档和样式文件，按"F12"键预览，效果如图 4-86 所示。

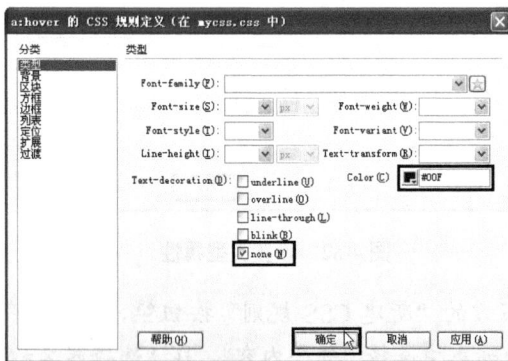

图 4-85　"a:hover 的 CSS 规则定义"对话框

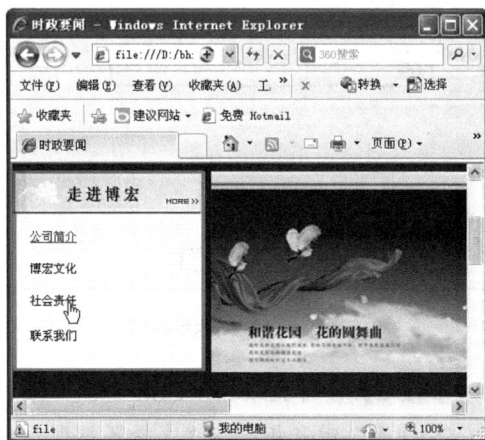

图 4-86　预览网页

五、为"时政要闻"页面设置图像样式

应用 CSS 滤镜可为图像设置渐变、透明、阴影等效果。这里使用"Alpha 滤镜"为"时政要闻"页面中的图片设置半透明效果。

步骤 1▶ 继续在"szyw.html"文档中操作，单击"CSS 样式"面板下方的"新建 CSS 规则"按钮，打开"新建 CSS 规则"对话框，在"选择器类型"下拉列表中选择"类"，在"选择器名称"编辑框输入中"tu"，在"规则定义"下拉列表中选择前面创建的样式文件"mycss"，然后单击"确定"按钮。

步骤 2▶ 打开".tu 的 CSS 规则定义（在 mycss.css 中）"对话框，在左侧的"分类"列表区选择"扩展"，在视觉效果下方的"过滤器（Filter）"下拉列表中选择"Alpha()"，设置"Opacity=50"，然后单击"确定"按钮，如图 4-87 所示。

步骤3▶ 在网页文档中，选择"员工专区"下方的图片，在"属性"面板上"类"下拉列表中选择刚创建的类样式"tu"，对所选内容应用类样式。

步骤4▶ 保存网页文档和样式文件，按"F12"键预览网页，效果如图 4-88 所示。

图 4-87 设置 CSS 滤镜参数

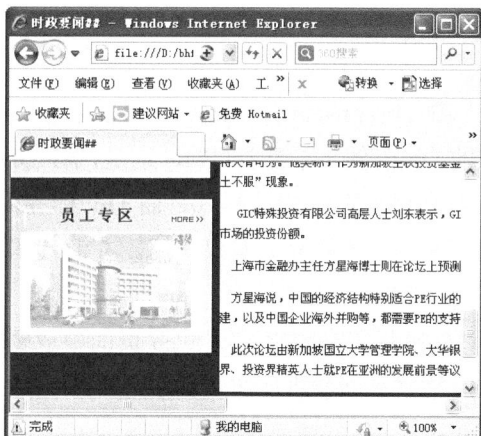

图 4-88 预览网页

实战演练

使用 CSS 样式美化博宏房地产网站的"index-2.html"页面，最终效果见本书附赠素材"素材与实例/项目四/素材"目录下的"index.html"文件（网页效果参见图 4-2）。

首先附加外部样式表"mycss.css"，然后选中网页右上方的文本，对其应用"white"类样式，接着分别选中"时政要闻""工程简报"和"财税专区"的文本，对其应用"hang"类样式。

> **小技巧** 在实际的网页制作中，应用 CSS 样式时，应尽量将常用样式保存在外部样式表中，最好不要使用内嵌样式，因为这样可以非常方便地将外部样式表链接到各个网页中，大大方便日常的更新和维护。

任务三 使用 Div+CSS 布局"物业服务"网页

任务描述

本任务是使用"Div+CSS"来对网页进行布局，同时完成页面制作。通过对"物业服务"网页的设计进行分析，首先使用 Div 块完成网页结构布局，并将各对应页面元素放入 <div></div> 标签中；再使用 CSS 设置来实现网页的表现，控制页面元素的属性和风格，最终效果见本书附赠素材"素材与实例/项目四/素材"目录下的"wyfw.html"文件。

知识讲解

一、Div 概述

在 Dreamweaver CS6 中，可以创建具有绝对定位的 AP Div，也可以插入具有相对定位的 Div 标签。二者之间的区别是，AP Div 是绝对定位，而 Div 标签是相对定位；AP Div 在创建时就具有 CSS 样式，而 Div 标签需要添加 CSS 样式。Div 标签必须与 CSS 样式相互配合，才能充分发挥作用。在源代码中，AP Div 和 Div 标签使用同一个 HTML 标签——<div>。

Div 标签是用来定义 Web 页面中逻辑区域的标签。可以插入 Div 标签并对它们应用 CSS 样式来创建页面布局。使用 Div 标签可以居中内容块、创建列效果和不同的颜色区域等。

1. 插入 Div 标签

可以针对 Div 标签创建 CSS 布局块来将其定位，也可以将包含定位样式的现有 CSS 样式表附加到文档中。

在网页中插入 Div 标签的方法如下。

步骤 1▶ 在文档窗口中，将光标定位在要插入 Div 标签的位置。

步骤 2▶ 单击"插入"面板"常用"类别中的"插入 Div 标签"按钮▦，或者在菜单栏中选择"插入/布局对象/Div 标签"菜单命令，弹出"插入 Div 标签"对话框，如图 4-89 所示。

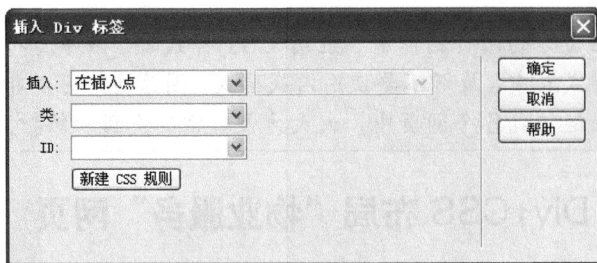

图 4-89　"插入 Div 标签"对话框

"插入 Div 标签"对话框中各设置项的意义如下。

➢ **插入**：选择要插入 Div 标签的位置。

> ➢ **类**：选择要应用于当前标签的类样式。如果附加了样式表，则该样式表中定义的类将出现在列表中。

> ➢ **ID**：指定用于标识 Div 标签的名称。如果附加了样式表，则该样式表中定义的 ID 将出现在列表中，此处不会列出文件中已存在的块的 ID。

> ➢ **"新建 CSS 规则"按钮**：单击可打开"新建 CSS 样式"对话框，创建新的 CSS 样式。

步骤 3▶ 设置对话框中各选项后，单击"确定"按钮，Div 标签将以一个虚线框的形式出现在文档中，并带有占位符文本，如图 4-90 所示。当将光标移到 Div 的边缘上时，此虚线框将高亮显示。如果 Div 标签已绝对定位，则它将变成 AP 元素。

图 4-90　插入的 Div 标签

2. 编辑 Div 标签

插入 Div 标签之后，可以为它添加内容或进行其他操作。为 Div 标签添加内容的方法很简单，只要将光标定位在 Div 标签中，然后就像直接在页面中添加内容那样直接添加即可。

此外，还可以查看和编辑应用于 Div 标签的 CSS 样式，其方法如下。

步骤 1▶ 单击 Div 标签的边框，或单击文档窗口底部"标签选择器"中的<div>标签来选择 Div。

步骤 2▶ 展开"CSS 样式"面板，应用于 Div 标签的样式将显示在面板中。根据需要进行编辑，在应用新的 CSS 样式之前先保存相关的 CSS 样式文件。

二、Div+CSS 布局

1. Div+CSS 的定义

Div+CSS 是网站 Web 2.0 标准中常用的术语之一，通常是为了说明与表格（Table）定位方式的区别。

在 Web 2.0 标准中，不再使用表格定位技术，而是采用 Div+CSS 方式实现各种定位。具体方法为使用 Div 盒模型结构给各部分内容划分不同的区块，然后用 CSS 定义盒模型的位置、大小、边框、内外边距、排列方式等。

2. 传统 Table 网站和 Div+CSS 网站的区别

前面看过新浪、搜狐和网易，这些网站看起来与传统 Table 布局网站并没有区别，如何才能知道一个网站是以 Div+CSS 构建的呢？

最简单的方法就是查看网页源代码，下面我们打开一个大些的 Div+CSS 网站来看一下情况。

步骤 1▶ 启动 IE 浏览器，在地址栏中输入豆瓣网网址 http://www.douban.com/。

步骤 2▶ 在 IE 浏览器中选择菜单栏中的"查看/源文件"菜单，如图 4-91 所示，可以看到类似图 4-92 所示的网站源代码。

图 4-91　查看源文件　　　　　　　　　图 4-92　网站源代码

步骤 3▶ 选择"编辑/查找"菜单，在该网站首页的源代码中搜索 table 或者 `<table></table>` 是搜不到的，因为该网站是符合 Web2.0 标准的纯 Div+CSS 构建的网站。

3. 盒子模型

盒子模型是 CSS 布局中非常重要的概念，掌握盒子模型后，才能很好地掌握如何布局网页中各个元素的位置。网页中的所有元素都可以被看作一个盒子，它在页面中的位置可以看作盒子所占据的位置。这个盒子由 4 部分组成：最外面是边界(margin)；第二部分是边框（border）；第三部分是填充（padding），也就是内容区域与边框之间的空白；第四部分就是存放东西的内容区域，如图 4-93 所示。

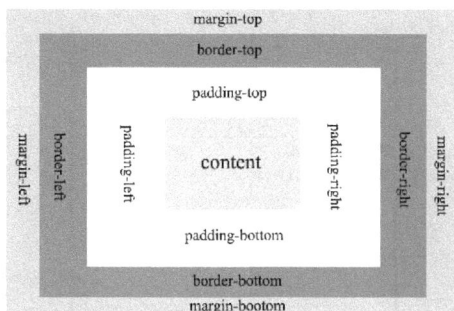

图 4-93　盒子模型

4．Div +CSS 布局的优势

相对传统的表格布局来说，Div+CSS 布局有其独有的优势。

➢ 表现和内容相分离。将设计部分剥离出来放在一个独立的样式表文件（CSS）中，HTML 文档中只存放文本信息。

➢ 提高搜索引擎对网页的索引效率。用只包含结构化内容的 HTML 代替嵌套的标签，搜索引擎将更有效地搜索到网页内容，并可能给出一个较高的评价。

➢ 提高页面浏览速度。对于同一个页面视觉效果，采用 Div+CSS 布局的页面文件容量要比表格布局的页面文件容量小的多，前者一般只有后者的 1/2 大小。浏览器不用去编译大量冗长的代码，大大提高了页面加载速度。

➢ 易于维护和改版。只要简单地修改几个 CSS 样式文件就可以重新设计整个网站的页面。

➢ 代码简洁。使用 Div+CSS 布局，页面代码简洁，提高了搜索引擎对网页索引的质量和数量。

➢ 良好的浏览器兼容性。CSS 代码有很好的兼容性，在用户丢失某个插件时不会发生中断，或者使用老版本的浏览器时代码不会出现杂乱无章的情况。只要是可以识别 CSS 的浏览器就可以应用它。

三、AP Div

AP Div 在 Dreamweaver 8.0 及以前的版本中被称为"层"，在 Dreamweaver CS6 中被称为"AP 元素"或"AP 层"。AP Div 可以对文字和图像准确定位，使页面保持一定的版式。

1．"AP 元素"面板

通过"AP 元素"面板可以管理文档中所有具有绝对定位的 AP 元素。在文档窗口菜单栏中选择"窗口/AP 元素"菜单命令，可以打开"AP 元素"面板，如图 4-94 所示。

图 4-94 "AP 元素"面板

其中各项参数的含义如下。

> **防止重叠**：勾选该复选框，表示创建的各个 AP Div 不能重叠。当创建嵌套 AP Div 时，就不能选中该复选框。

> ☻ ：可循环改变 AP Div 的可见性。AP Div 显示时显示睁眼标志，隐藏时显示闭眼标志。

> ID：显示 AP Div 的名称，双击可重命名 AP Div。

> Z：在该列中可以更改 AP Div 的堆叠顺序，AP Div 在"Z"列中的编号高，就排在上层；反之，排在下层。

2．创建 AP Div

在 Dreamweaver CS6 中，可以使用下列方法创建 AP Div。

> 将光标置于文档中要插入 AP Div 的位置，在菜单栏中选择"插入/布局对象/AP Div"菜单命令，在页面中插入一个默认的 AP Div，如图 4-95 所示。

> 将"插入"面板"布局"类别中的"绘制 AP Div"按钮 拖动到文档窗口中，插入一个默认的 AP Div。

> 单击"插入"面板"布局"类别中的"绘制 AP Div"按钮 ，将光标移至文档窗口中，当光标变成"＋"字形状时拖曳光标，绘制一个自定义大小的 AP Div，如图 4-96 所示。如果想一次绘制多个 AP Div，在单击"绘制 AP Div"按钮 后，按住"Ctrl"键不放，连续绘制即可。

3．设置 AP Div 属性

单击 AP Div 左上角的 AP Div 标志 □ 或 AP Div 边框线，或者在"AP 元素"面板上单击要选中的 AP Div 名称，都可以选中 AP Div，选中的 AP Div 显示为蓝色加粗的状态，如图 4-97 所示。

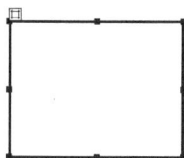

图 4-95　在文档中插入 AP Div　　图 4-96　绘制自定义大小的 AP Div　　图 4-97　选中的 AP Div

选中 AP Div 后，在"属性"面板中可以查看其属性，如图 4-98 所示。

图 4-98　AP Div 的"属性"面板

AP Div"属性"面板中各项参数的含义如下。

➤ **CSS-P 元素**：设置 AP Div 的 ID，为 AP Div 创建高级 CSS 样式或者使用行为控制 AP Div 时会用到该项。

➤ **左、上**：设置 AP Div 的左边框、上边框与文档左边界、上边界之间的距离。

➤ **宽、高**：设置 AP Div 的宽度和高度。

➤ **Z 轴**：设置 AP Div 在垂直方向上的顺序号，编号数字越大越靠近上层。

➤ **可见性**：设置 AP Div 的内容在网页调入时是否显示。可见性有 4 个选项，分别是"default"（表示默认）、"inherit"（表示使用父 AP Div 的可见性属性）、"visible"（表示可见）和"hidden"（表示隐藏）。

➤ **背景图像**：设置 AP Div 的背景图像。

➤ **背景颜色**：设置 AP Div 的背景颜色。

➤ **类**：添加对所选 CSS 样式的引用。

➤ **溢出**：设置当 AP Div 中的内容超出 AP Div 大小时（如插入一个大图像、输入一大段文字）的显示方式，有 4 种选择，分别是 visible，表示自动扩大 AP Div 的尺寸以容纳并显示 AP Div 中的所有内容，AP Div 会向下及向右扩大；hidden，表示保持 AP Div 的尺寸而将超出 AP Div 的内容剪切掉，并且不提供滚动条；scroll，表示在 AP Div 中加入滚动条，不论 AP Div 的内容是否超出 AP Div 的范围（此选项只在支持滚动条的浏览器中有效）；auto，表示当 AP Div 的内容超出 AP Div 的范围时，自动添加滚动条。

➤ **剪辑**：设置 AP Div 的可见部分，其中"左""右"数值是距离 AP Div 左上角的距离，"上""下"数值是距离 AP Div 上边距的距离。

4．AP Div 的默认设置

创建 AP Div 时，其属性是默认的。AP Div 的默认设置是由"首选参数"对话框设置的。执行"编辑/首选参数"菜单命令，可打开"首选参数"对话框，在左侧的"分类"列表中选择"AP 元素"分类，右侧可显示默认"AP 元素"的属性，如图 4-99 所示。

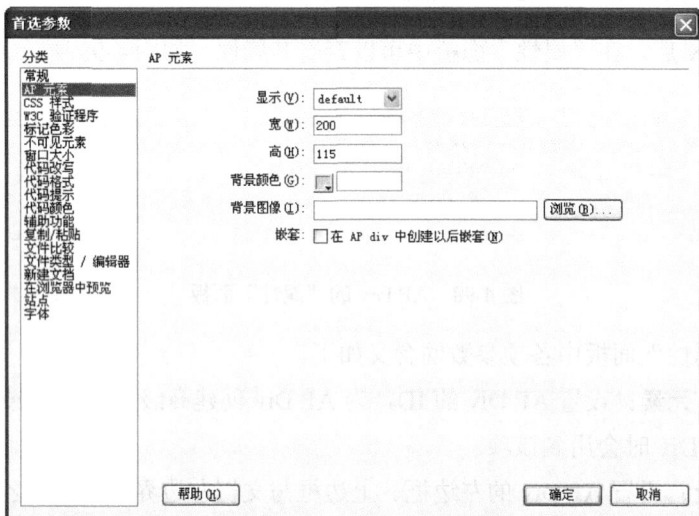

图 4-99　"首选参数"对话框

> **提示**　　按住"Shift"键，可以选择多个 AP Div。

5．AP Div 的编辑

（1）调整 AP Div 元素的大小

选中要调整的 AP Div 元素，可用以下几种方法来改变其大小。

➢ 拖动 AP Div 元素边框的手柄（矩形控制点）来调整大小。

➢ 在"属性"面板上的"宽"和"高"文本框中直接输入数值。

➢ 选中 AP Div 元素后，按住"Ctrl"键，再按方向键，每按一次，改变一个像素大小。

（2）移动 AP Div 元素

可以按照在最基本的图形应用程序中移动对象的方法在"设计"视图中移动 AP Div 元素。如果已启用"防止重叠"选项，那么在移动 AP Div 元素时将无法使该 AP Div 元素与另一个 AP Div 元素重叠。

移动 AP Div 元素的方法有以下两种。

➢ 选中 AP Div 元素后，将鼠标光标放在 AP Div 元素的边框或句柄上，当光标变成 ✛ 形状时，按下鼠标左键将 AP Div 元素拖动到新的位置。

➢ 选中 AP Div 元素后，按下键盘上的方向箭也可以移动 AP Div，每次移动 1 像素距离；按住"Shift"键，每次移动 10 像素距离。

（3）对齐 AP Div 元素

使用 AP Div 元素的对齐命令可以对齐多个 AP Div 元素，操作步骤如下。

步骤 1▶ 选中需要对齐的多个 AP Div 中的一个 AP Div 元素。

步骤 2▶ 按住"Shift"键，再单击其他需要对齐的 AP Div 元素，可同时选中多个 AP Div 元素。先选中 AP Div 元素的控制点显示为空心，最后选中的 AP Div 元素的控制点为实心，如图 4-100 所示。

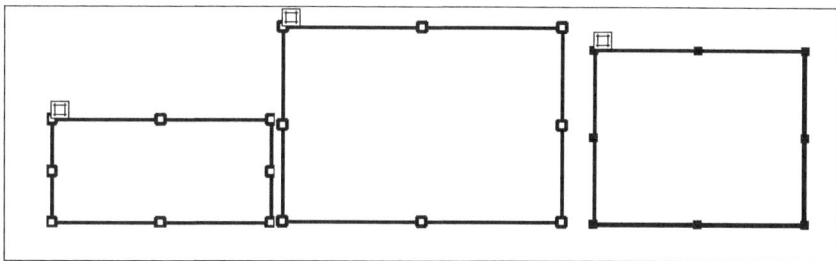

图 4-100 同时选中多个要对齐的 AP Div

步骤 3▶ 使用"修改/排列顺序"菜单命令可以对齐所选中的 AP Div 元素。对齐方式有左对齐、右对齐、上对齐、对齐下缘几种，如图 4-101 所示。选中"设成宽度相同"可将同时选中的多个 AP Div 元素的宽度设为相同数值；选中"设成高度相同"可将同时选中的多个 AP Div 元素的高度设为相同数值。

（4）AP Div 的嵌套

嵌套通常用于多个 AP Div 组织在一起，就是在 AP Div 里面再新建一个 AP Div。和表格的嵌套不同，子 AP Div 可以超过父 AP Div，甚至子 AP Div 可以完全在父 AP Div 之外。嵌套 AP Div 的属性可以继承。

在一个已有的 AP Div 中绘制新的 AP Div 时，按住"Alt"键可绘制现有 AP Div 的嵌套 AP Div，如果不按住"Alt"键绘制的是多个重叠的 AP Div。

在"AP 元素"面板中可以清晰地显示 AP Div 的嵌套关系，如图 4-102 所示。其中 apDiv4 和 apDiv3 是 apDiv1 的子 AP Div；apDiv9 是 apDiv4 的子 AP Div，是 apDiv1 的二级子 AP Div。

图 4-101　对齐 AP Div

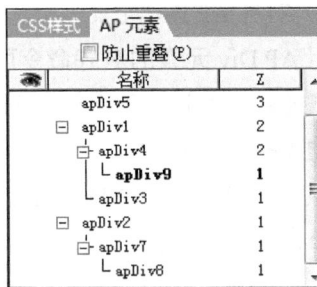

图 4-102　"AP 元素"面板

按住"Ctrl"键，在"AP 元素"面板中将一个 AP Div 拖到 AP Div 列表的另一个 AP Div 上，可将其变为后者的子 AP Div。

课堂小制作

一、制作要求

河北博宏房地产有限公司要求为其网页制作一个 banner 广告条。

二、制作分析

网页 banner 条是指在网页中内嵌的 banner，这类 banner 一般随网站页面的打开而出现，banner 的面积一般较小，不占用过多的页面空间，不影响页面的浏览，并且带有动听的音乐。

三、制作流程

本制作使用表格布局，在表格中插入图像，然后插入 AP 元素；接着在 AP 元素中插入 Flash 动画，并设置 Flash 动画参数；最后为网页添加背景音乐，最终效果见本书附赠素材"/素材与实例/项目四/素材"目录下的"banner.html"文档。

四、制作步骤

步骤 1▶　新建网页文档。在站点"bhfdc"中新建网页文档,并命名为"banner.html",在文档编辑窗口中打开该文档。

步骤 2▶　插入表格。将光标置于文档编辑窗口中,选择"插入/表格"菜单命令,插入一个 1 行 1 列,宽为"778"像素,其他各项均为"0"的表格,并在"属性"面板上设置表格"居中对齐"。

步骤 3▶　插入图像。将光标置于表格中,选择"插入/图像"菜单命令,插入图像"banner1.jpg",如图 4-103 所示。

图 4-103　插入图像

步骤 4▶　插入 AP 元素。选择"插入/布局对象/AP Div"菜单命令,在网页文档中插入一个 AP 元素,并将其移动到图像上,如图 4-104 所示。

图 4-104　插入 AP 元素

步骤 5▶　插入 Flash 动画。将光标置于 AP 元素中,然后选择"插入/媒体/SWF"菜单命令,插入"images"文件夹下的 Flash 动画"water.swf"。单击"属性"面板上的 ▶ 播放按钮，可以看到 Flash 动画的背景并不透明，与整个页面毫不搭配。

步骤 6▶ 设置 Flash 动画属性。在"属性"面板上"wmode"下拉列表中选择"透明"，如图 4-105 所示。

图 4-105 设置 Flash 动画属性

步骤 7▶ 添加声音。切换到"代码"视图，在"<head>"标签右侧按回车键，输入"<bgsound"，在"<bgsound"右侧按空格键，在弹出的列表中双击"src"，如图 4-106 所示。

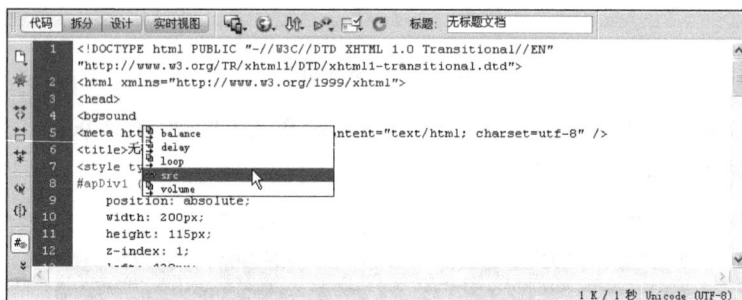

图 4-106 切换代码页面

步骤 8▶ 选择音乐文件。出现"浏览"按钮后，单击"浏览"按钮，如图 4-107 所示。在打开的"选择文件"对话框中选择一个音乐文件，如图 4-108 所示。

步骤 9▶ 添加 loop。完成后单击"确定"按钮添加声音，出现音乐名称，在音乐文件名称后再按空格键，在弹出的列表中选择"loop"添加到"代码"视图中，并设置其值为"-1"，以使音乐循环播放，最后输入"<bgsound"的结束标记"/>"。

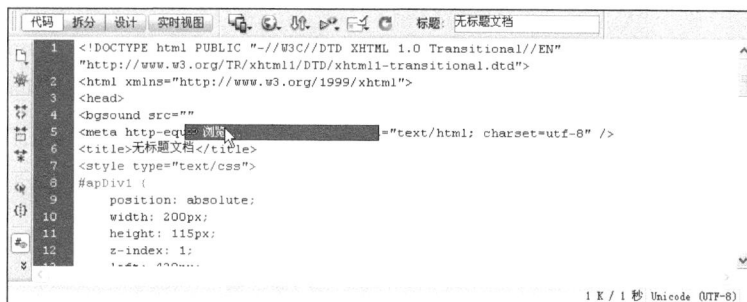

图 4-107　出现"浏览"按钮

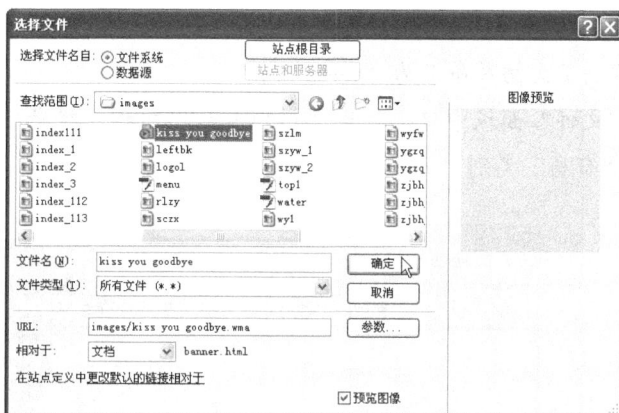

图 4-108　选择音乐文件

步骤 10▶　浏览网页。保存网页后按"F12"键预览，Flash 显示出透明的效果，并伴随着悦耳的音乐，效果如图 4-109 所示。

图 4-109　预览网页

任务实施

本任务使用 Div+CSS 布局方式布局"物业服务"页面，该目标页面预览效果参见图 4-5。首先创建"物业服务"页面的主体结构，然后为其添加 CSS 样式，最终效果参见本书附赠素材"/素材与实例/项目四/素材"目录下的"wyfw.html"文档。

一、使用 Div 标签构建"物业服务"页面的主体结构

步骤 1▶ 通过对目标页面的分析，可将页面最外层分成 3 块，分别为"banner""main"和"bottom"，如图 4-110 所示。

步骤 2▶ 启动 Dreamweaver CS6，打开"文件"面板，在"站点名称"下拉列表中选择"bhfdc"，新建网页文档并命名为"wyfw.html"。

步骤 3▶ 在"文件"面板中双击打开"wyfw.html"文档，将光标置于文档窗口中，单击"插入"面板"布局"类别中的"插入 Div 标签"按钮 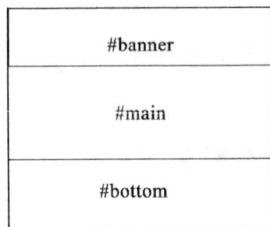，如图 4-111 所示。

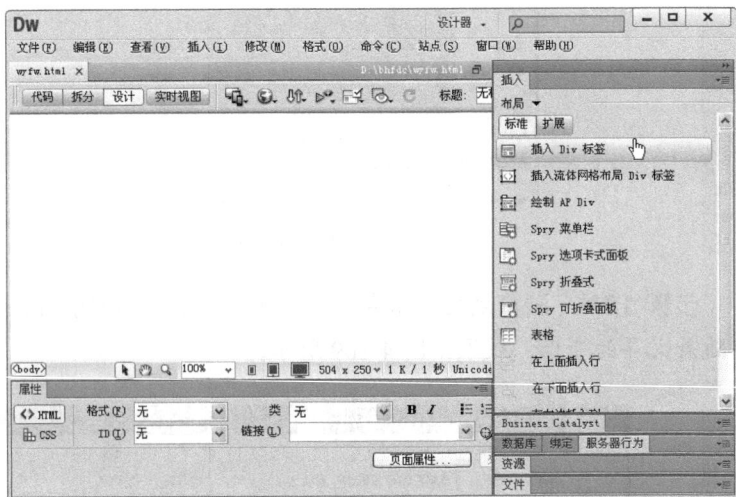

图 4-110　页面最外层构架图　　　图 4-111　单击"插入 Div 标签"按钮

步骤 4▶ 在弹出的"插入 Div 标签"对话框中设置 Div 的 ID，单击"确定"按钮，完成"#container"块的插入，如图 4-112 所示。

图 4-112　插入的 Div 标签

步骤 5▶ 用同样的方法，在刚插入的 Div 中依次插入 Div 标签"#banner""#main"和"#bottom"，效果如图 4-113 所示。

步骤 6▶ 将各个模块按从上到下、从左到右的顺序，依次细分。"#banner"区块作为网页的顶部，主要存放 Logo、导航栏和 Banner 图像等。可依次再划分 2 个 Div 块"#logonav"和"#tu"作为"#banner"的子 Div 块，在"#logonav"子区块内再设置一个嵌套的子区块"nav"，再在子区块"nav"嵌套两个子区块".top"、"nav2"，如图 4-114 所示。

图 4-113　插入最外层的 Div 标签

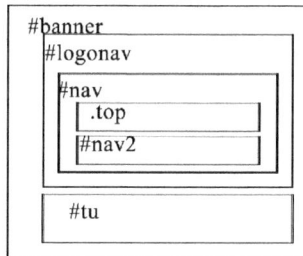

图 4-114　"#banner"布局

步骤 7▶ 将光标置于"#banner"Div 中，单击"插入"面板"布局"类别中的"插入 Div 标签"按钮 ，弹出"插入 Div 标签"对话框，在"ID"编辑框中输入"logonav"，单击"确定"按钮，完成"#logonav"块的插入；在"#logonav"块中插入图像"logo1.jpg"，并删除其中的文本。

步骤 8▶ 按照同样的方法，在 "#logonav" 块中图像右侧插入 ID 为 "nav" 的 Div；在 "#nav" 块中插入类为 "top" 的 Div 标签，然后在 ".top" 块内输入文字 "设为首页 加入收藏"；在 "#nav" 块内文字所在 Div 右侧插入 ID 为 "nav2" 的 Div 标签，然后在 "#nav2" 块内插入 Flash 文件 "menu.swf"，效果如图 4-115 所示。

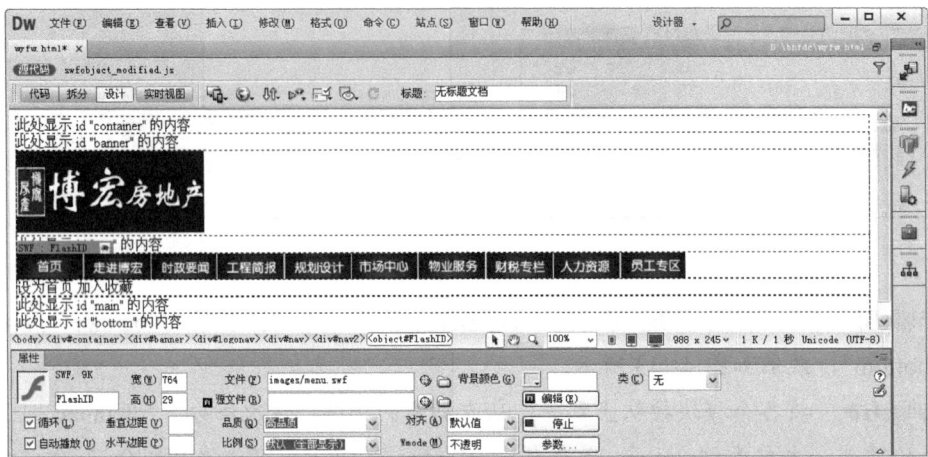

图 4-115 "#logonav" 布局

步骤 9▶ 将光标置于 "#banner" Div 中结束标签</div>左侧，单击 "插入" 面板 "布局" 类别中的 "插入 Div 标签" 按钮 ，如图 4-116 所示。

图 4-116 在 "#banner" 中插入嵌套的 Div

步骤 10▶ 在弹出的 "插入 Div 标签" 对话框 "ID" 编辑框中输入 "tu"，单击 "确定" 按钮，完成 "#tu" 块的插入；然后在 "#tu" 块内插入图片 "banner.png"，效果如图 4-117 所示。

图 4-117　"#banner"布局效果

步骤 11▶ 将光标置于"#main"Div 中，单击"插入"面板"布局"类别中的"插入 Div 标签"按钮 ▦，在弹出的"插入 Div 标签"对话框"ID"编辑框中输入"left"，单击"确定"按钮，完成"#left"块的插入。用同样的方法在"#main"中"#left"块下方插入 ID 为"content"的 Div。

步骤 12▶ 将光标置于"#left"块中，输入文本"物业服务"，在"属性"面板"格式"下拉列表中选择"标题 3"；然后单击"插入"面板"常用"类别中的 ▦ 水平线 按钮，在文本下方插入水平线；先按向右方向键"→"取消选择水平线，然后按"Enter"键换行，接着在水平线下方输入项目列表文本，如图 4-118 所示。

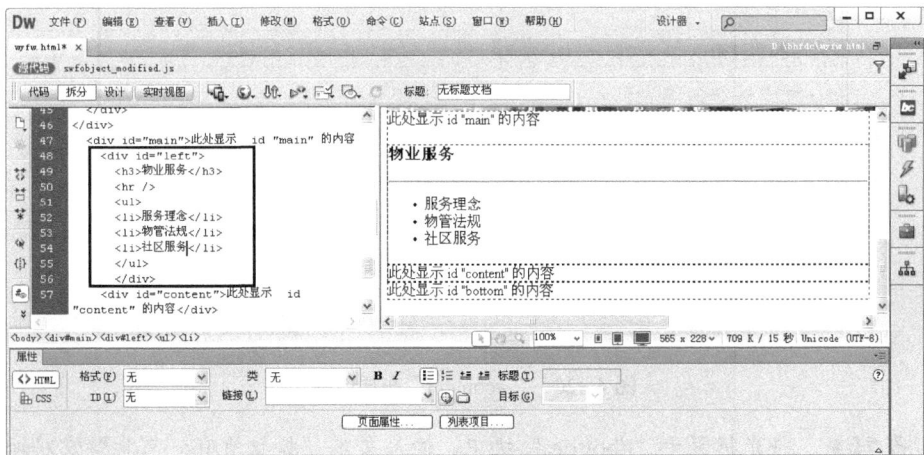

图 4-118　"#left"布局效果

步骤 13▶ 将光标置于"#content"块中，输入文本">> 首页 > 物业管理 > 服务理念"；按"Enter"键，单击"插入"面板"布局"类别中的"插入 Div 标签"按钮 ▦，在弹出的"插入 Div 标签"对话框"ID"编辑框中输入"tu1"，单击"确定"按钮，完成

"#tu1"块的插入；然后在"#tu1"块内插入图片"wyfw.jpg"，并删除其上方的文本，效果如图 4-119 所示。

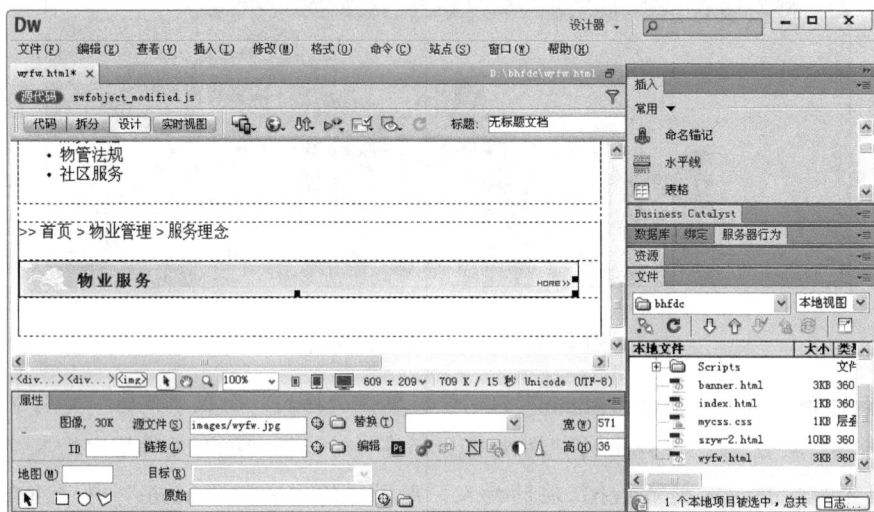

图 4-119　在"#tu1"块中插入图片

步骤 14▶　将站点根目录下的文本文档"text2.txt"中的内容拷贝到"content"Div 标签中"物业服务"图像下方，然后将文本设为项目列表，如图 4-120 所示。

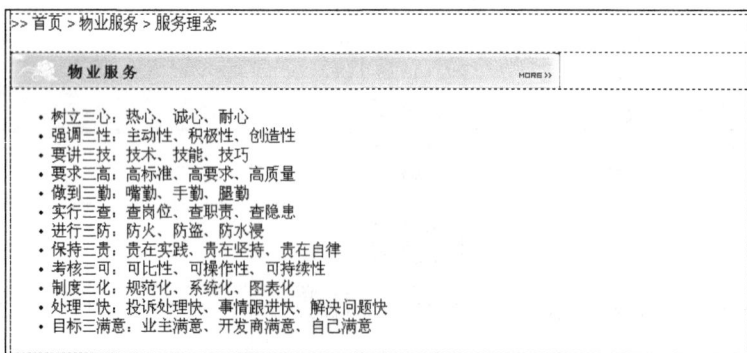

图 4-120　"#content"布局效果

步骤 15▶　将光标置于"#bottom"块中，输入文本"版权所有：河北博宏房地产开发有限公司　联系电话：0311－12345678 技术支持：石家庄易龙信息传媒有限公司 CopyRight©2010-2011 All Rights Reservered　冀 ICP 备 0920474 号"。

步骤 16▶　保存网页后按"F12"键预览，效果如图 4-121 所示。

图 4-121　预览网页

二、为"物业服务"页面添加 CSS 样式

步骤 1▶ 继续在"wyfw.html"文档中操作，在菜单栏中选择"窗口/CSS 样式"菜单命令，打开"CSS 样式"面板，单击面板下方"新建 CSS 规则"按钮，打开"新建 CSS 规则"对话框，设置如图 4-122 所示。

步骤 2▶ 单击"确定"按钮，弹出"将样式表文件另存为"对话框，在对话框"文件名"编辑框中输入"css1"，如图 4-123 所示。

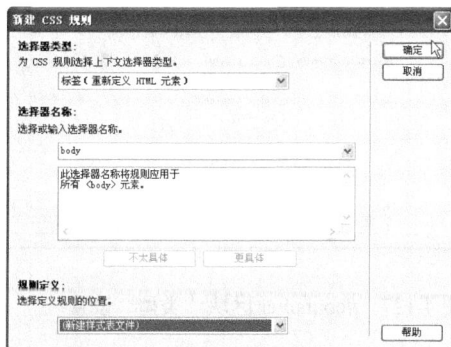

图 4-122　"新建 CSS 规则"对话框

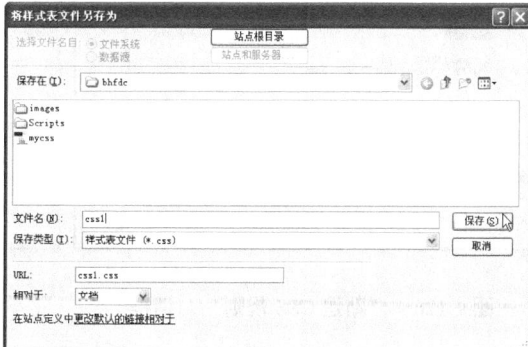

图 4-123　"将样式表文件另存为"对话框

步骤 3▶ 单击"保存"按钮，在弹出的"body 的 CSS 规则定义（在 css1.css）"对话框中左侧的"分类"列表中选择"背景"，在右侧"背景"栏设置"背景颜色（background-color）"为"#990000"，如图 4-124 所示。

步骤 4▶ 选择"方框"选项，设置"边界（Margin）"值为"0"，单击"确定"按钮，完成"body"标签样式的设置，如图 4-125 所示。

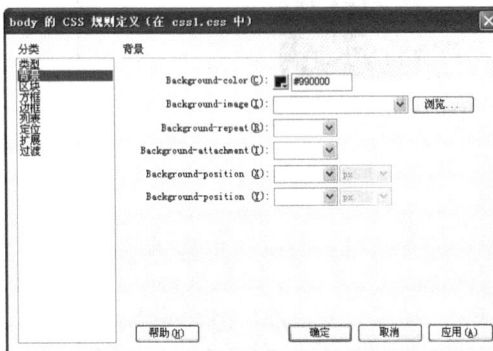

图 4-124　设置"#body"背景属性　　　　图 4-125　设置"#body"方框属性

步骤 5▶ 单击"CSS 样式"面板下方的"新建 CSS 规则"按钮 ，打开"新建 CSS 规则"对话框，设置如图 4-126 所示。

步骤 6▶ 单击"确定"按钮，在弹出的"#container 的 CSS 规则定义（在 css1.css）"对话框中左侧的"分类"列表中选择"类型"，在右侧"类型"栏设置"字体（Font-family）"为"宋体"、"字体大小（Font-size）"为"12"，"行高（line-height）"为"20"，"颜色（color）"为"黑色（#000）"，如图 4-127 所示。

图 4-126　"新建 CSS 规则"对话框　　　　图 4-127　#container 区块"类型"设置

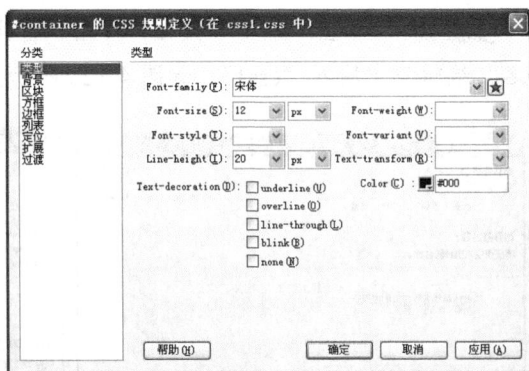

步骤 7▶　在左侧"类型"列表中选择"背景",在右侧"背景"栏设置"背景颜色 (background-color)"为"#660000",如图 4-128 所示。

步骤 8▶　选择"方框"选项,设置"边界(Margin)"值"上(Top)"和"下(Bottom)"为"0","左(left)"和"右(right)"为"auto",如图 4-129 所示。

图 4-128　#container 区块"背景"设置

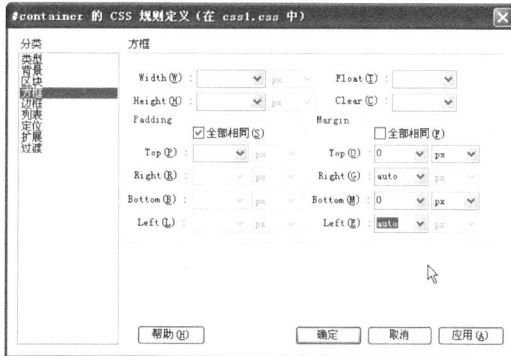

图 4-129　#container 区块"方框"设置

步骤 9▶　选择"定位"选项,在右侧"定位"栏设置"位置(Position)"为"relative","宽度(Width)"为"1 000",单击"确定"按钮,完成"#container"ID 样式的设置,如图 4-130 所示。

步骤 10▶　参照步骤 5~步骤 9,设置#banner 区块及其内部各子 Div 的 CSS 样式。分别参照图 4-131～4-141 所示。

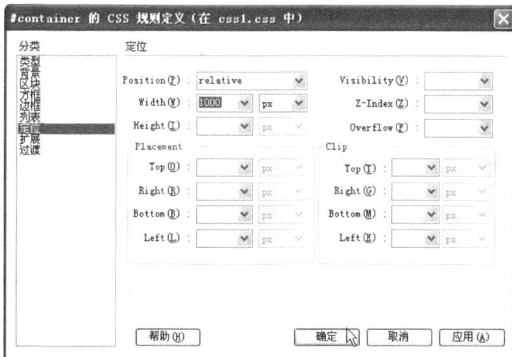

图 4-130　#container 区块"定位"设置

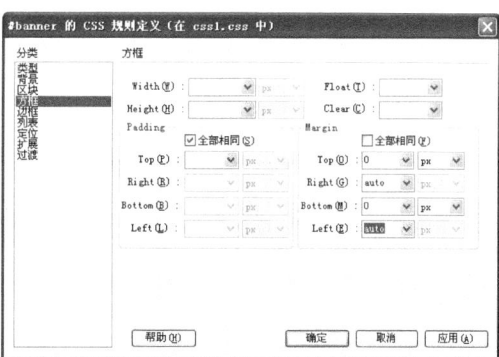

图 4-131　#banner 区块"方框"属性设置

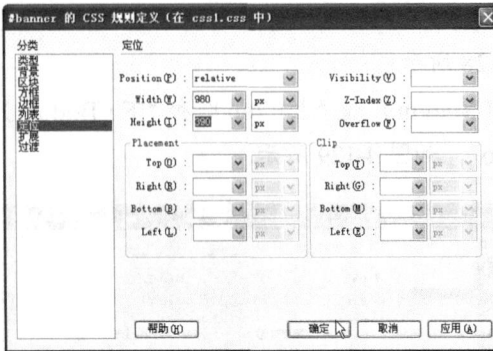

图 4-132 #banner 区块"定位"属性设置

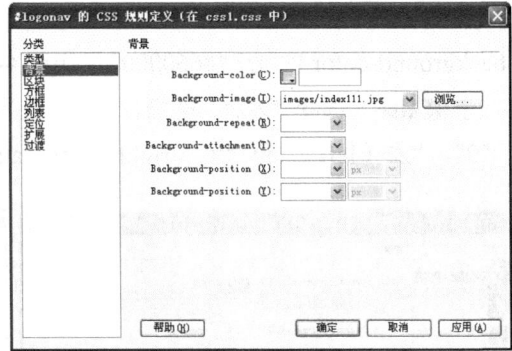

图 4-133 #logonav 区块"背景"属性设置

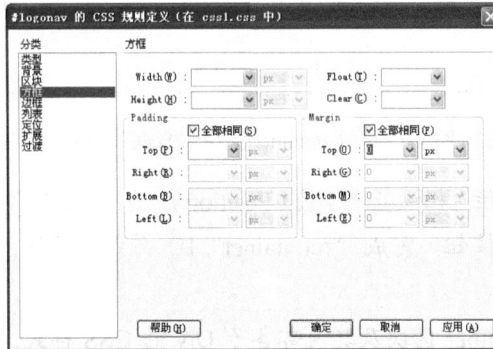

图 4-134 #logonav 区块"方框"属性设置

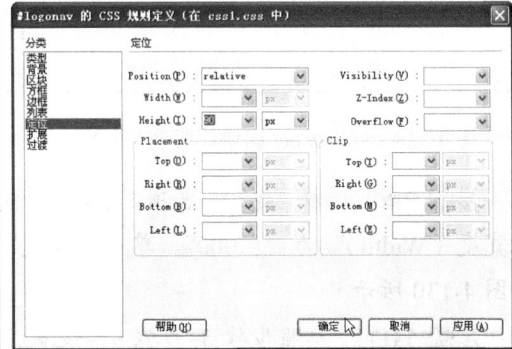

图 4-135 #logonav 区块"定位"属性设置

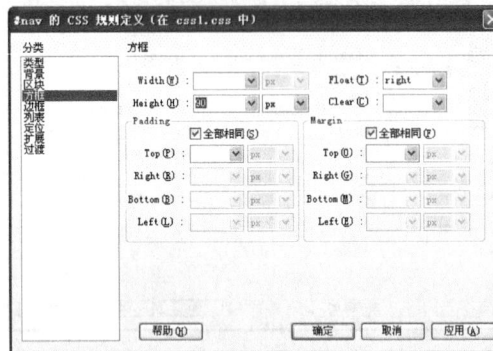

图 4-136 #nav 区块"方框"属性设置

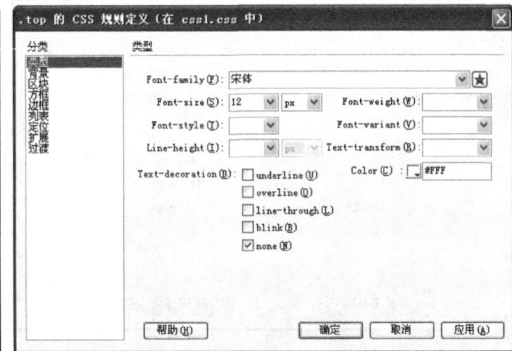

图 4-137 .top"类型"属性设置

图 4-138　.top"区块"属性设置

图 4-139　.top"方框"属性设置

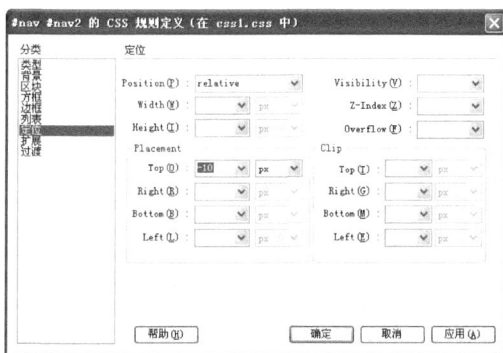

图 4-140　#nav #nav2"定位"属性设置

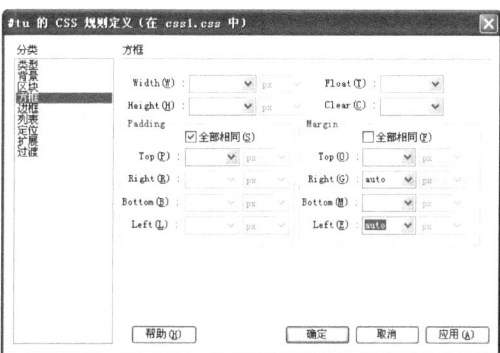

图 4-141　#tu"方框"属性设置

步骤 11▶ 参照步骤 10 设置#main 区块的 CSS 样式，设置如图 4-142～4-145 所示，完成设置后保存文档。

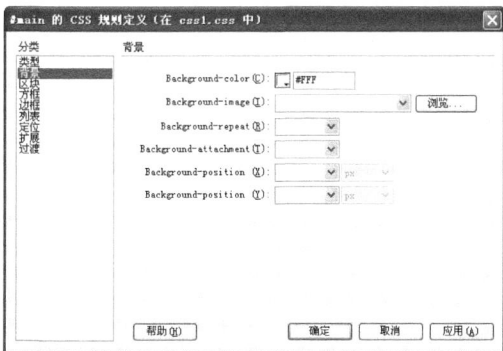

图 4-142　#main"背景"属性设置

图 4-143　#main"方框"属性设置

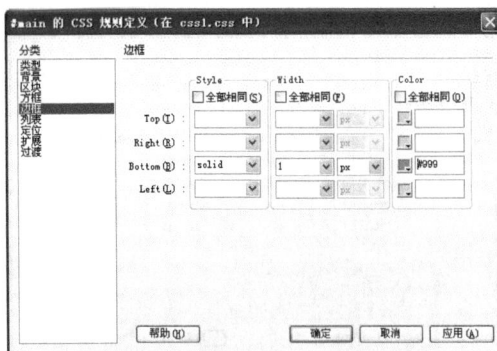

图 4-144 #main "边框" 属性设置 　　　　图 4-145 #main "定位" 属性设置

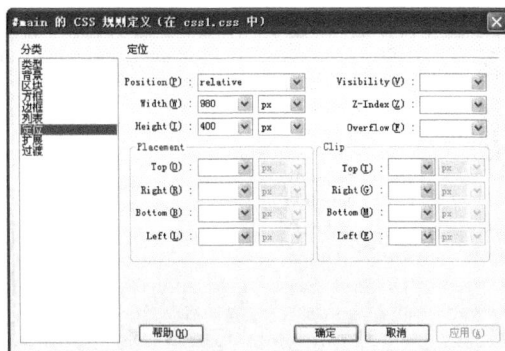

步骤 12▶ 　参照步骤 11 设置#left 区块的 CSS 样式，设置如图 4-146～4-151 所示，完成设置后保存。

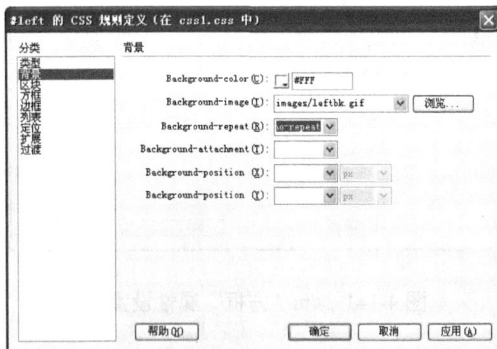

图 4-146 #left "背景" 属性设置 　　　　图 4-147 #left "方框" 属性设置

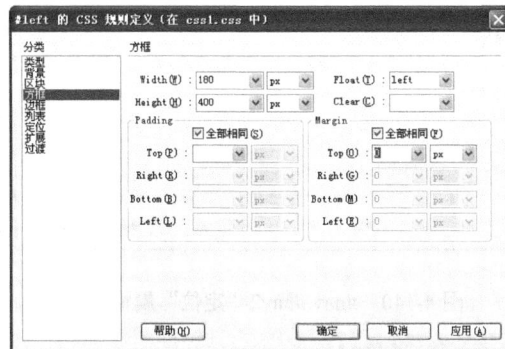

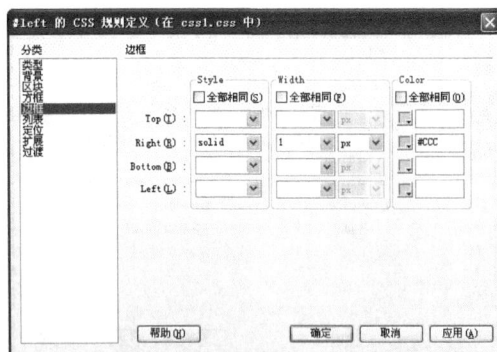

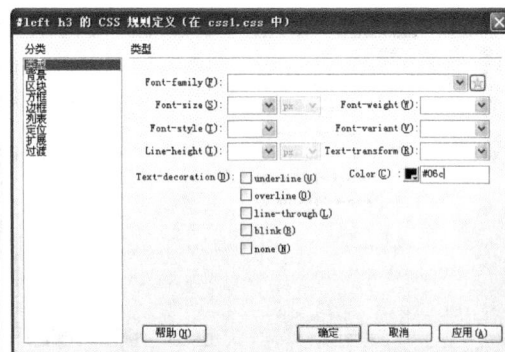

图 4-148 #left "边框" 属性设置 　　　　图 4-149 #left h3 "类型" 属性设置

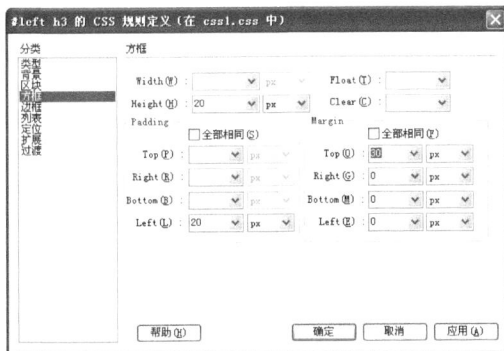

图 4-150　#left h3 "方框" 属性设置　　　图 4-151　#left ul li "类型" 属性设置

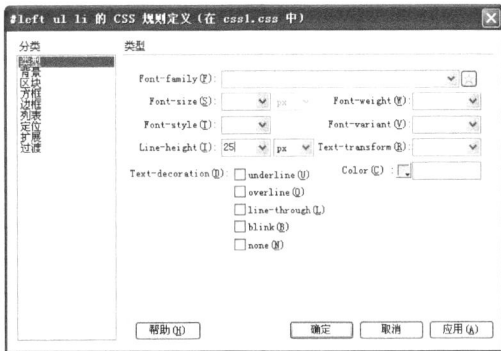

步骤 13▶　参照步骤 12 设置#content 区块的 CSS 样式，设置如图 4-152 所示，完成设置后保存。

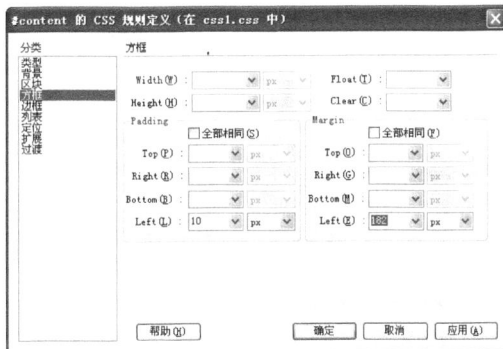

图 4-152　#content "方框" 属性设置

步骤 14▶　参照步骤 13 设置#bottom 区块的 CSS 样式，设置如图 4-153～4-156 所示，完成设置后保存。

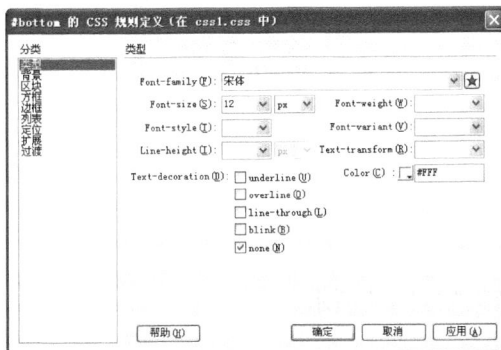

图 4-153　#bottom "类型" 属性设置　　　图 4-154　#bottom "区块" 属性设置

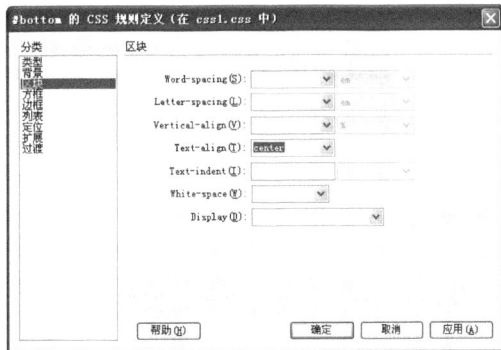

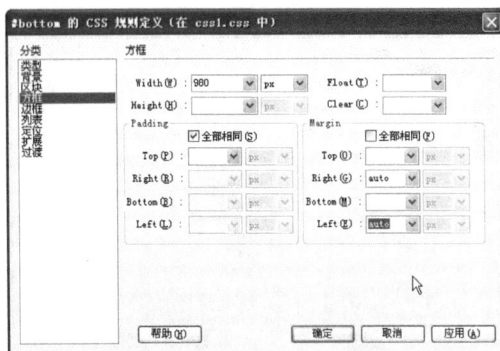

图 4-155 #bottom "方框" 属性设置   图 4-156 #bottom "定位" 属性设置

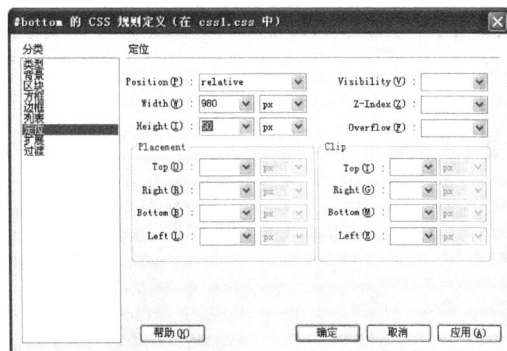

步骤 15▶ 保存全部后，完成该页面的制作，效果如图 4-157 所示。

图 4-157 页面最终效果

实战演练

使用 Div+CSS 布局 "时政要闻" 页面，效果如图 4-4 所示。

经验技巧

CSS 提供了 4 个伪类，用于对链接进行样式控制，每个伪类用于控制一种超链接状态。

> **a:link**：未访问过的超链接，用于设置 a 对象未被访问时的样式。在运用中，有时会直接使用 a {} 这样的样式书写，即使没有实际链接路径的对象也会起作用。

> **a:visited**：已被访问过的超链接，用于 a 对象的链接地址已被访问过时的样式。定义网页过期时间或用户清空历史记录将影响该伪类的作用。

> **a:hover**：鼠标正移动到超链接上，用于设置鼠标移动到超链接上时的样式。该伪类是非常实用的状态之一。

> 提示　　在 CSS 定义中，a:hover 只有被置于 a:link 和 a:visited 之后，才是有效的。

> **a:active**：选定的超链接，用于设置超链接被用户单击（在鼠标单击后未被释放）时的样式。

> 提示　　在 CSS 定义中，a:active 只有被置于 a:hover 之后，才是有效的。

项目总结

　　本项目引入河北博宏房地产网站的真实案例，介绍了使用 Dreamweaver 软件进行网页布局的操作方法，主要有表格布局和 Div+CSS 布局，这也是本项目中需要重点掌握的操作技能。

项目考核

一、填空题

　　1. 在表格中横向为_____，纵向为_____，其交叉部分是_____。

　　2. 表格的宽度有两个单位选项，分别是_____和_____。

　　3. CSS 样式表又称为_____，英文全称是_____。

　　4. 在 Dreamweaver 中，CSS 面板有_____和_____两种模式。

二、选择题

　　1. 下面（　　）为单元格的标签。

　　　　A．<table>　　　　B．<td>　　　　C．<div>　　　　D．<body>

2. 表格属性中，设置（　　）表示单元格内容与单元格边框之间的距离。

   A. 间距　　　　　　B. 边距　　　　　　C. 填充　　　　　　D. 距离

3. 在 Dreamweaver 的"修改"菜单中，"表格"→"桥分单元格"表示（　　）。

   A. 将单元格分离为行或列　　　　　　B. 在当前行上添加新行

   C. 在当前列上添加新列　　　　　　D. 打开插入行/列对话框，设置行/列数

4. 在 Dreamweaver 中，（　　）导入其他类型文档中的数据。

   A. 可以　　　　　　　　　　B. 不可以

   C. 有时候可以，有时候不可以　　　　D. 有一部分可以

5. 在 Dreamweaver 中，如果要导入表格数据，必须首先将数据源存储为（　　）。

   A. 表格格式　　　B. JPEG 格式　　　C. DOC 格式　　　D. 纯文本格式

6. 在 Dreamweaver 中，表格标记的基本结构是（　　）。

   A. <tr></tr>　　　B.
</br>　　　C. <table></table>　　D.

7. （　　）菜单可以允许用户根据模板进行表格的分类和排序。

   A. 格式化层　　　B. 格式化表格　　　C. 格式化文本　　　D. 格式化单元格

8. Dreamweaver 的"插入"菜单中，表格表示（　　）。

   A. 打开"插入图像"对话框　　　　B. 打开"创建表格"对话框

   C. 插入与当前表格等宽的水平线　　D. 插入一个有预设尺寸的层

9. 关于层和表格的关系，以下说法正确的是（　　）。

   A. 表格和层可以相互转换

   B. 表格可以转换为层

   C. 只有不与其他层交叠的层才可以转换成表格

   D. 表格和层不能相互转换

10. 在 Dreamweaver 中，能产生动画效果的元素是（　　）。

   A. AP 层　　　　B. 表格　　　　C. 单元格　　　　D. 框架

11. 在 Dreamweaver 中，设置 AP 层为可见性的选项是（　　）。

   A. inherit　　　B. visible　　　C. hidden　　　D. default

12. 在 Dreamweaver 中，设置层可见性为隐藏的选项是（　　）。

   A. inherit　　　B. visible　　　C. hidden　　　D. default

13. 下列（　　）为样式表的扩展名。

   A. .css　　　　B. .jsp　　　　C. .asp　　　　D. .htm

14. 选择菜单栏（　　）菜单中的"CSS 样式"可以打开"CSS 样式"面板。

   A. 查看　　　　B. 窗口　　　　C. 视图　　　　D. 命令

三、简答题

1. 以图的形式说明什么是表格、单元格、单元格内部边距、单元格边距、表格边框。

2. 表格的编辑包括哪些内容？

3. 什么是 CSS？它有什么作用？

4. 简述 Div+CSS 布局的优势。

拓展训练

采用表格或 Div+CSS 布局技术制作展华贸易公司网站，效果如图 4-158～4-164 所示。

图 4-158　首页效果图

图 4-159　公司简介

图 4-160　产品中心

图 4-161　服务项目

图 4-162　招商加盟

图 4-163　人才招聘

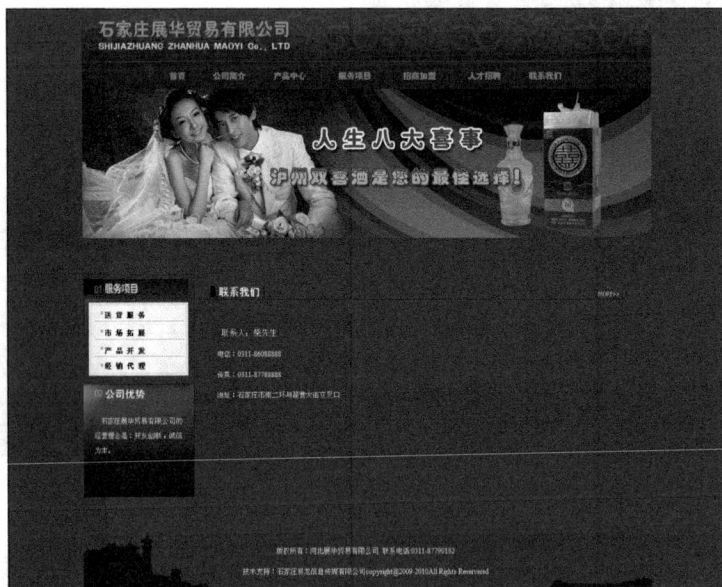

图 4-164　联系我们

项目五 模板和库的应用
——制作教育网站

项目描述

在前面的项目中，我们学习了如何创建网站，对网站中涉及的规划、布局和内容的添加有了明确的概念并了解了一般操作方法。一般对站点的制作周期，客户都会有特定的要求，正常情况下，开发周期在 15 个工作日左右。如何在短时间内完成客户的要求，设计并实现客户的需求，是需要重点考虑的问题，在这个过程中，还应使站点形成统一的风格，让网站的专业性更强。

本项目以博尔乐早教网站为例，学习用 Dreamweaver 快捷制作网站并充实网站功能。博尔乐早教中心是一家致力于推动摇篮的成长，在国内首创 3 个月分龄的婴幼儿进阶式早期教育课程模式，使之更加符合婴幼儿成长的发育规律的培训机构。企业要求开发周期为一周内，面向的客户群体为 0～5 岁幼儿的父母，建立站点的目的为扩大宣传面，推广公司业务，传递早教理念。

本项目主要介绍如何利用模板和库元素快速简单地建立网站站点，根据客户群体的不同，建立靓丽的网站特效，提高用户的注意度，并设计一个简易的留言页面，通过用户的反馈逐步完善站点；最后将整个站点上传至网络。

学习目标

- 会使用模板和库元素快速建站
- 学会网站页面特效的制作
- 掌握网站中表单元素的使用
- 掌握上传网站的方法

项目分析

通过与客户沟通，了解其详细的网站制作要求，针对公司的产品和相关资料做好网站策划方案，对网站的风格、栏目、功能模块进行设计。

> ➤ **网站风格：**色调统一、协调，以嫩绿色调体现公司发展儿童早期教育的理念。
> ➤ **栏目设计：**要求有"首页""关于我们""早教课程""育儿资讯""最新动态""访客留言"和"联系我们"等几个栏目。
> ➤ **功能设计：**在客户要求下尽快完成项目；利用网页的页面特效尽可能地吸引用户注意力；创建"访客留言"表单页面，加强与用户的沟通；上传网站主网络。

详细项目工单如表 5-1 所示。

表 5-1　项目制作工单

	项目开发工单				
客服部	工单号：　2011028		填写人员：　赵轶		日期：20110524
	合同编号		签订时间		签单部门
	公司名称	博尔乐早教中心		负责人	
	座　　机		手　　机		电子邮箱
	地　　址				
	项目类别	■网站建设　□OA 办公系统　□局域网组建　□其他_____			
	项目性质	●新客户项目首次开发　○老客户系统升级/改版　○新客户旧系统升级/改版　○公司项目开发　○其他_____			
	项目名称	企业形象网站制作		预订完工时间	
	功能描述与要求	1. 网站风格：色调统一、协调，以嫩绿色调体现公司发展儿童早期教育的理念。 2. 栏目设计：要求有"首页""关于我们""早教课程""育儿资讯""最新动态""访客留言""联系我们"等几个栏目。 3. 功能设计：在客户的要求下尽快完成项目；利用网页的页面特效尽可能的吸引用户注意力；创建"访客留言"表单页面，加强与用户沟通；上传网站至网络。			

续表 5-1

技术部	接单日期	20110524		接收人签字	郝帅	
	前台美工	接单时间	预期时间	确定时间	技术人员签字	
		李建伟	7 天			
	后台程序	接单时间	预期时间	确定时间	技术人员签字	
	项目完成日期：　　　　　负责人签字：					
验收	工单签收日期：　　上线日期：　　负责人签字：　　客服部经理签字：					
备注						

工单填写说明：

1．本工单用于网站建设、OA 办公系统、局域网组建等技术开发类产品；

2．"预订完工时间"为合同所签订的完工时间；

3．"功能描述与要求"详细描述该项目开发的功能实现与特殊要求，如功能实现比较特殊或复杂，可附带商务部与客户谈定的设计方案，若没有，需要商务人员提供；

4．"确定时间"为技术人员所负责项目按照客户要求功能调试完毕，且无误时间；

5．项目完成时间与上线日期原则上应该一致，若有出入则应在"备注"内说明原因；

6．如有附加条件或附加文件，请在"备注"内说明附加条件的内容及附加文件的数量，附加文件必须和工单一并保存，若无附加条件或附加文件，请在"备注"内填写"无附加条件"，不可不填；

7．要求信息填写准确无误，本工单一式三份，技术部、客服部与行政部各执一份，务必妥善保存。

根据网站项目制作工单，生成组织结构图，如图 5-1 所示。

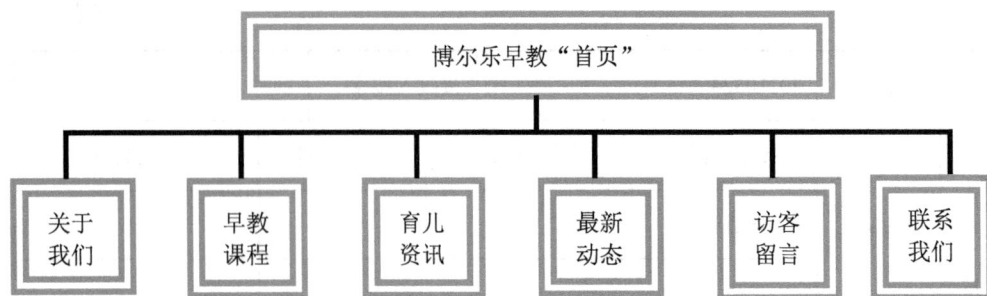

图 5-1　网站组织结构图

通过前期对网页栏目和功能的设计，该网站主要由 7 个网页组成。在公司提供的文本和图像资料的基础上，给每个网页分别添加相应的文本、图像、动态媒体元素以及创建超链接。根据项目制作要求对任务进行划分，主要分为 4 个任务。

任务一：设计页面模板，制作"博尔乐早教"网站"关于我们"页面。

体会一页多用的方法，并通过页面模板，制作出"关于我们""早教课程""育儿资讯""最新动态""联系我们"等页面，网站首页效果如图 5-2 所示。

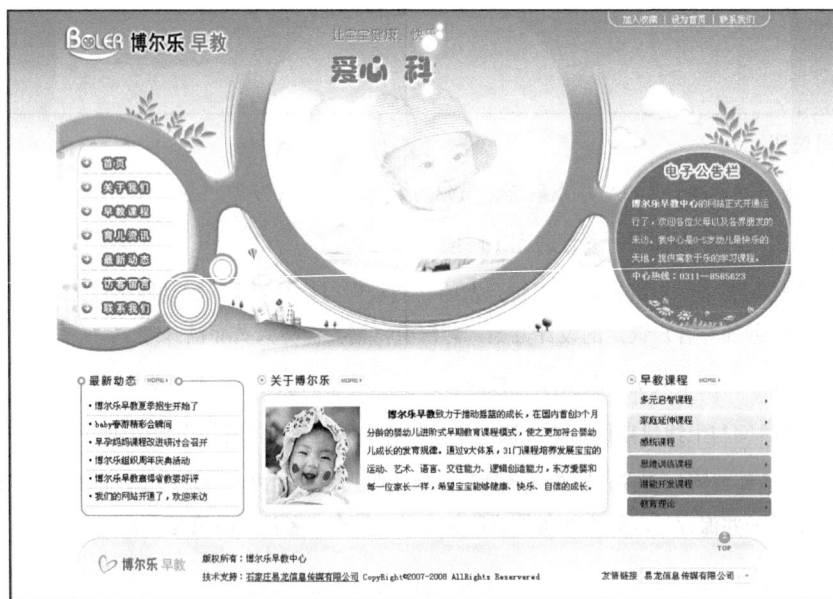

图 5-2　"博尔乐"网站首页效果

任务二：制作"博尔乐早教"网站"访客留言"页面，学习网站表单元素的添加，效果如图 5-3 所示。

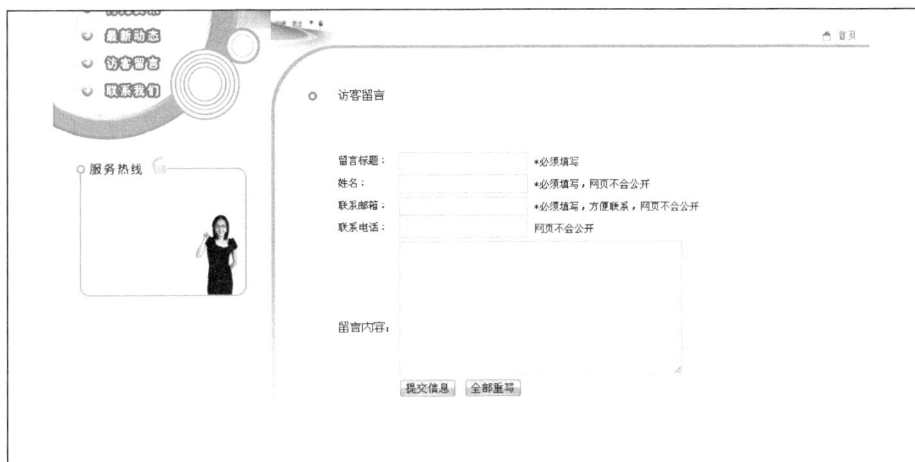

图 5-3 任务二网页制作效果

任务三：丰富首页页面，利用"行为"为页面添姿加彩，效果如图 5-4 所示。

图 5-4 任务三网页制作效果

任务四：完善整体站点，并将站点上传至网络中，如图 5-5 所示。

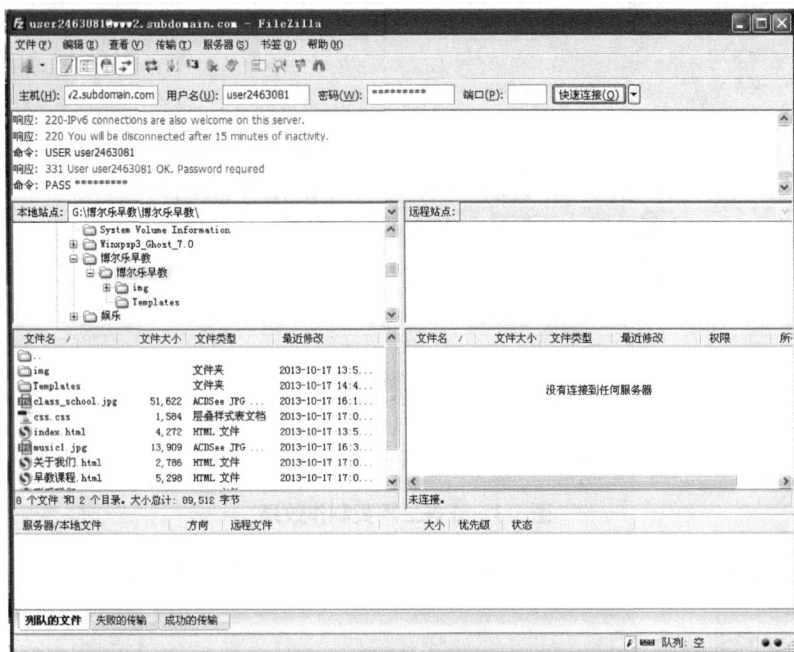

图 5-5　任务四网站上传

任务一　设计页面模板

制作"博尔乐早教"网站"关于我们"页面，体会一页多用的方法，并通过页面模板，制作出"关于我们""早教课程""育儿资讯""最新动态"和"联系我们"等页面。

任务描述

本任务根据公司提供的素材信息，设计站点的整体风格。为适应客户要求的开发周期，设计建设"关于我们"页面，并将该页面保存为模板；然后在模板的基础上，只对部分元素做适当修改，即可制作出"早教课程""育儿资讯""最新动态"和"联系我们"等页面。

知识讲解

一、模板

在实际的建站过程中，会发现大量工作都是类似的，也就是说我们要做不少重复性工作。另外，为体现网站的专业性，使站点中的各个页面具有相似风格是非常重要的，所以一般的站点中，Logo、banner 及版权信息等元素在每个页面中都存在，以加深浏览者印象，并突出站点主题。与此相关的问题是,我们经常需要把多个风格相同的网页做同样的修改,即修改后仍然需要保持页面风格的一致。如果用常规的网页编辑方法,就要在多个页面中制作相同的内容,或者进行相同的修改,这样就不得不在每个文档中进行大量乏味的重复操作;为此,Dreamweaver 推出了模板技术,它能轻松解决这一问题。

1. 认识模板

模板(Template)是一种特殊类型的文档,扩展名为"dwt",其作用是帮助设计者批量生成具有固定格式的页面,提高工作效率。使用模板,模板创作者可以在文档中创建多种类型的模板区域,控制哪些页面元素可以由模板用户(如作家、图形艺术家或其他 Web 开发人员)编辑。使用模板可以一次更新多个页面,从模板创建的文档与该模板保持链接关系(除非以后分离该文档),可以修改模板并立即更新基于该模板创建的所有文档。

（1）模板的区域

在模板中有两种区域,一种是锁定区域,另一种是可编辑区域。在编辑模板时,设计者可以修改模板的任何可编辑区域和锁定区域;而当基于模板创建网页时,只能修改那些标记为可编辑的区域,此时网页中被锁定的区域是不可改变的。

（2）模板的作用范围

从模板创建的文档与该模板保持链接关系,当模板被用户修改时,所有基于该模板创建的网页都将随之改变,除非这个网页与模板分离。

2. 创建模板的途径

（1）从空白文档中创建模板

使用 Dreamweaver 的"新建"功能可以直接创建模板,在菜单栏中选择"文件/新建"菜单命令,将打开"新建文档"对话框。在该对话框左侧,选择"空文档"选项卡,并在"模板类型"列表中选择需要的模板即可。

（2）从现有文档中创建模板

从现有文档中创建模板是实际工作中经常使用的方法。

二、使用模板创建网页

下面以实例形式讲解从创建模板到应用模板的一系列工作,请注意学习创建模板可编辑区域的方法,以及基于该模板创建另一个页面的操作。

使用模板创建网页的过程大致可分为 4 个阶段,即"前期准备阶段→基于现有文档创建模板阶段→创建可编辑区域阶段→基于模板创建新页面阶段"。

1. 前期准备

步骤 1▶　在本地磁盘新建文件夹"baby",将本书附赠素材"\素材与实例\素材\项目五\baby" 目录下的 "images" 文件夹、"s1.css" 文件和 "sub1.html" 文件拷贝至本地磁盘的 "baby" 文件夹中。

步骤 2▶ 启动 Dreamweaver CS6，创建新站点 "baby_diary"，将 "baby" 文件夹设置为站点根文件夹。

步骤 3▶ 打开站点中已制作好的 HTML 文档 "sub1.html"，下面将使用它创建模板，如图 5-6 所示。

图 5-6　作为模板的页面

2. 基于现有文档创建模板

步骤 1▶ 打开 "sub1.html" 文档，在菜单栏中选择 "文件/另存为模板" 菜单命令，打开 "另存模板" 对话框。

步骤 2▶ 在对话框的 "站点" 下拉列表中选择站点 "baby_diary"，在 "另存为" 文本框中输入模板名称 "t1"，如图 5-7 所示。单击 "保存" 按钮，即可将当前页面保存为用于创建其他页面的模板。

> 此时系统自动在站点根文件夹下创建一个名为"Templates"的文件夹，并将创建的模板文件（扩展名为".dwt"）"t1.dwt"保存在该文件夹下，如图 5-8 所示。

图 5-7　"另存模板"对话框　　　　　　　　图 5-8　模板存放的位置

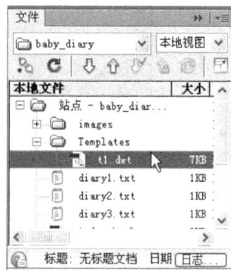

3．创建可编辑区域

步骤 1▶　模板创建成功后，即进入模板编辑状态，在该文档中，选择广告条下方右侧的文本区域所在单元格，如图 5-9 所示。

步骤 2▶　在菜单栏中选择"插入/模板对象/可编辑区域"菜单命令，打开"新建可编辑区域"对话框，如图 5-10 所示。

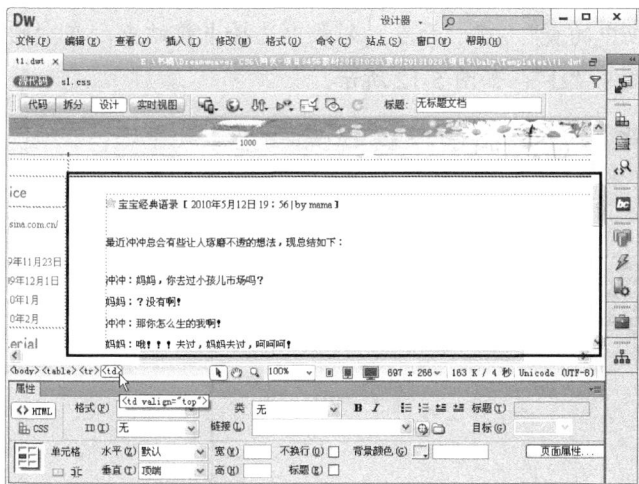

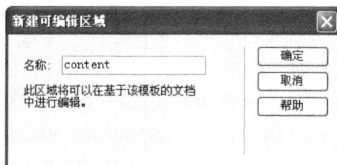

图 5-9　选择单元格　　　　　　　　　　　图 5-10　"新建可编辑区域"对话框

步骤 3▶　在对话框的"名称"编辑框中输入可编辑区域名称"content"，单击"确定"按钮，就在模板中新创建一个可编辑区域，如图 5-11 所示。

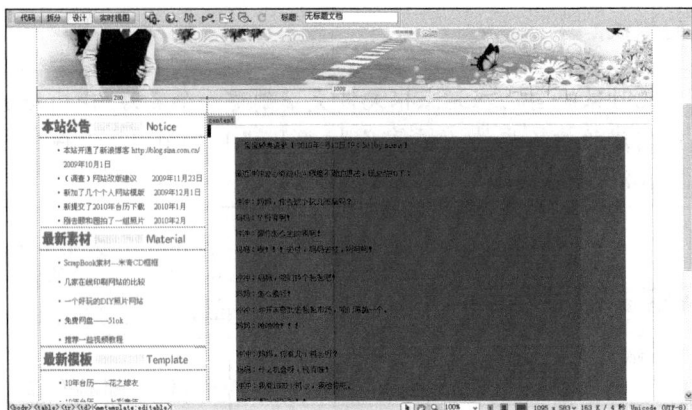

图 5-11 创建模板的可编辑区域

> 可编辑区域左上角均有青色的标签显示。如果想要删除可编辑区域，只需在选中该区域后，选择"模板/删除模板标记"菜单命令即可。

步骤 4▶ 按 "Ctrl+S" 组合键保存文档，之后关闭文档。

4．基于模板创建新页面

通过前面的操作，已经创建了一个完整的页面模板，接下来学习如何使用该模板快速创建其他页面。

步骤 1▶ 在 Dreamweaver 菜单栏中选择"文件/新建"菜单命令，打开"新建文档"对话框，在左侧列表中选择"模板中的页"，在"站点"列表中选择当前站点，在"站点'＊＊'的模板"列表中选择模板文件"t1"，如图 5-12 所示。

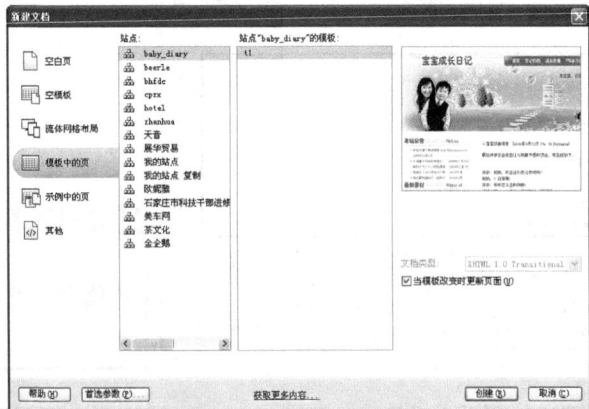

图 5-12 基于模板新建网页

步骤 2▶ 单击"创建"按钮，即可基于模板创建一个新页面。仔细观察，可以发现在新建的页面右上角显示"模板：t1"文字标签，这表示当前文档是基于模板"t1.dwt"

而创建的。

步骤 3▶ 将光标移至页面其他区域，光标将变成禁止符号，表示该区域不可编辑，将光标移至之前定义的可编辑区域，则可以修改其中的内容。

步骤 4▶ 保存文档后，在标有"content"名称的区域内快速修改内容，即可完成另一个页面的制作，如图 5-13 所示。

图 5-13　基于模板创建的文档页面

> 　　不要将模板文件移到 Templates 文件夹之外或者将任何非模板文件放在 Templates 文件夹中。

三、修改模板与更新页面

模板创建完成后，可以根据具体情况随时修改模板的样式和内容。当修改模板并保存后，Dreamweaver CS6 会对应用模板的所有网页进行更新。

1. 更新基于模板的文档

修改模板后，Dreamweaver 会提示更新基于该模板的文档，可以执行以下操作之一来更新站点。

➤ 在文档编辑窗口中，选择"修改/模板/更新页面"菜单命令，打开"更新页面"对话框，如图 5-14 所示。根据需要选择是更新站点的所有页面，还是只更新特定模板的页面。

➤ 在"资源"面板中，单击左侧列表中的"模板"按钮，右侧将显示站点中的"模板"列表；在模板上右击鼠标，在弹出的快捷菜单中选择"更新站点"，如图 5-15 所示。在打开的"更新页面"对话框中，根据需要进行设置即可。

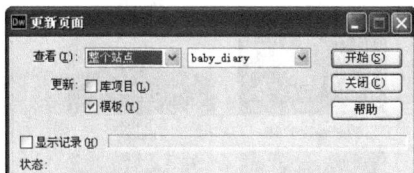

图 5-14　"更新页面"对话框　　　　图 5-15　利用"资源"面板更新站点

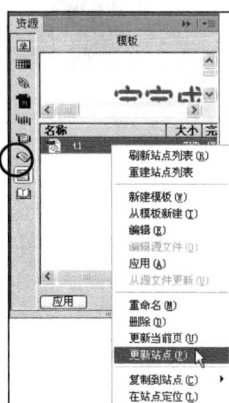

2. 从模板中分离页面

"从模板中分离页面"是指将当前文档从模板中分离，也就是切断与模板的链接关系，分离后文档依然存在，只是原来不可编辑的区域变得可以编辑，这给修改网页带来很大方便。打开一个基于模板创建的文档，选择"修改/模板/从模板中分离"菜单，即可将当前文档从模板中分离。分离后的模板不会随模板更新而更新。

任务实施

一、创建"关于我们"页面并生成模板页

模板页效果如图 5-16 所示。

图 5-16 "关于我们"模板页

步骤 1▶ 在本地磁盘新建文件夹"bel",将本书附赠素材"\素材与实例\项目五\博尔乐\bel"目录下的"img"文件夹拷贝至新文件夹中,以准备好"关于我们"页面中的素材。

步骤 2▶ 在 Dreamweaver 中新建站点"beerle",将新建的"bel"文件夹设置为站点根文件夹,然后按照前面所学知识,制作"关于我们"页面。

步骤 3▶ 制作完毕后,按"Ctrl+S"组合键保存页面。

步骤 4▶ 选择菜单栏中的"文件/另存为模板"菜单命令,打开"另存模板"对话框,如图 5-17 所示。

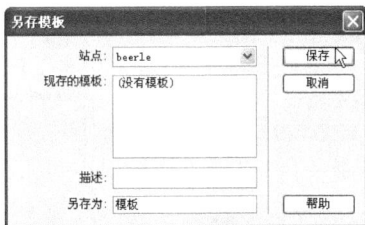

图 5-17 "另存模板"对话框

步骤 5▶ 在"站点"下拉列表中选择当前站点"beerle",在"另存为"编辑框中输入模板名"模板"。

步骤 6▶ 单击"保存"按钮,就将当前页保存为模板。系统将自动在站点根目录下创建"Templates"文件夹,并将创建的模板文件"模板.dwt"(扩展名为.dwt)保存在该文件夹中。

步骤 7▶ 选择"class"值为"top_right3_n"的div,在菜单栏中选择"插入/模板对象/可编辑区域"菜单命令，打开"新建可编辑区域"对话框，在"名称"编辑框中输入可编辑区域名，单击"确定"按钮创建可编辑区域，如图 5-18 所示。

图 5-18　创建可编辑区域

二、基于模板创建"联系我们"等页面

定义好模板的可编辑区域后，就可以基于模板创建其他页面了，下面以"联系我们"为例创建基于模板的页面。

步骤 1▶　在文档窗口中，选择菜单栏中的"文件/新建"菜单命令，打开"新建文档"对话框，如图 5-19 所示。

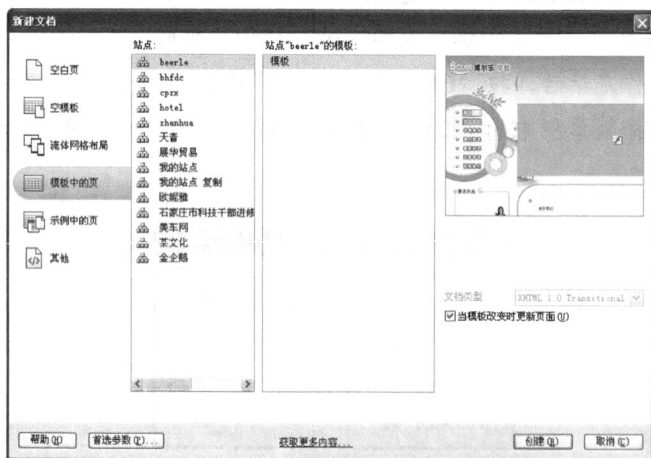

图 5-19　"新建文档"对话框

步骤 2▶　在对话框左侧列表中选择"模板中的页"，在"站点"列表中选择"beerle"，在右侧的模板列表中选择当前要使用的模板，这里选择前面创建的"模板"。

步骤 3▶　单击"创建"按钮，打开基于模板的新页面。文档中凡是属于锁定区域的地方，光标移上去时将变成⊘形状，表示不可编辑。

步骤 4▶　将文档中可编辑区域"关于我们"的文本内容，替换为"联系我们"的文

本内容，编辑完毕后，页面效果如图 5-20 所示。

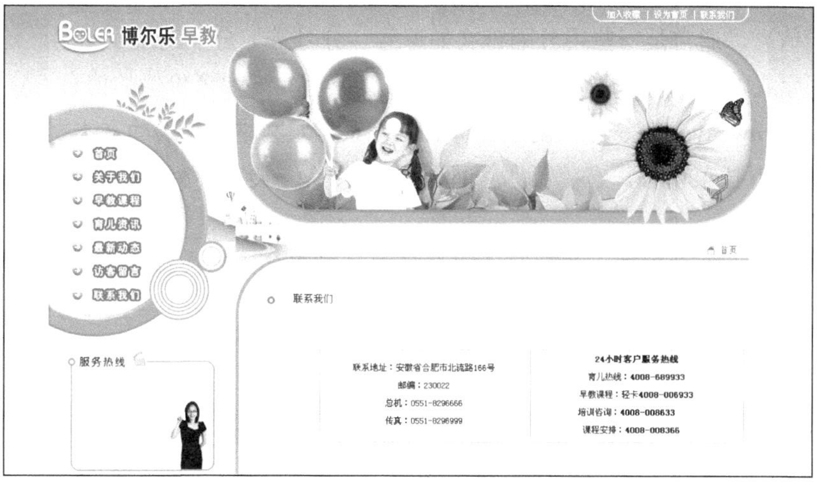

图 5-20 "联系我们"页面

步骤 5▶ 页面编辑完毕后，以 "lxwm.html" 为文档名，保存在站点根文件夹中。接着按照以上步骤，制作"育儿资讯""最新动态""早教课程"等页面，分别以 "yezx.html""zxdt.html""zjkc.html" 为名保存在站点根文件夹中，这样便完成了博尔乐早教网二级页面的制作。

任务二 制作"博尔乐早教"网的"访客留言"页面

任务描述

表单在网上随处可见，常用于在登录页面中输入用户名和密码，对博客进行评论，在社交网站填写个人信息，或在购物网站指定记账信息等。

本任务首先介绍表单的基本概念和各种表单的制作方法，然后在前面模板的基础上利用表单制作"博尔乐早教"网的"访客留言"页面。

知识讲解

一、表单基础知识

表单用于收集用户信息，是网站管理者与浏览者之间沟通的桥梁。使用表单收集用户反馈意见，并据此做出科学、合理的决策，是一个网站成功的重要因素。

表单有两个重要的组成部分：一是描述表单的 HTML 源代码；二是用于处理用户在表单域中输入的信息的服务器端应用程序或客户端脚本，如 CGI，ASP 等。通过表单收集到的用户反馈信息，通常是一些用分隔符（如逗号、分号等）分隔的文字资料。这些资料可以导入数据库或电子表格中进行统计、分析，成为具有重要参考价值的信息。

使用 Dreamweaver CS6 可以创建各种表单元素，如文本框、滚动文本框、单选框、复选框、按钮、下拉菜单等。在"插入"面板的"表单"类别中列出了所有表单元素，如图 5-21 所示。

下面将逐一介绍在网页中添加与编辑各种表单元素的方法。

二、插入表单

1．插入表单

步骤 1▶ 将光标置于文档编辑区要插入表单的位置，单击"插入"面板"表单"类别中的"表单"按钮，此时将在页面中出现一个红色的虚线框，表示一个空表单，如图 5-22 所示。

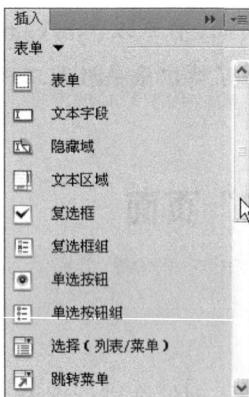

图 5-21　"表单"类别　　　　　图 5-22　插入表单

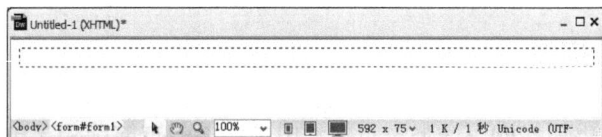

> 在菜单栏中选择"插入/表单/表单"菜单命令，也可以插入表单。表单可以看成是表单元素的容器，其他表单元素通常都放在表单之中。在实际浏览网页时，表单本身并不可见。
>
> 如果没有看到所创建的表单边框，选择菜单栏中的"查看/可视化助理/不可见元素"菜单命令，可将边框线显示出来。

步骤 2▶ 单击红色虚线框，选中"表单"，在"属性"面板中设置表单属性，如图 5-23 所示。

图 5-23　设置表单属性

下面简单介绍一下表单"属性"面板中各设置项的意义。

➢ **表单名称**：设置表单名称，可用于处理程序的调用。

➢ **动作**：指定处理表单的程序。

➢ **目标**：与超链接的目标一样。

➢ **方法**：表单的发送方式有 POST 和 GET 两种，POST 用于发送长字符的表单内容，因此在发送时比 GET 安全，但是用 POST 方法发送的信息是未经加密的；GET 用于发送较短字符的表单内容，若发送的数据量太大，数据将被截断，从而导致意外的或失败的处理结果。

➢ **编码类型**：是指定对提交给服务器进行处理的数据使用的编码类型，有" application/x-www-form-urlencoded "和" multipart/form-data "两种，默认 application/x-www-form-urlencoded 与 POST 方法一起使用。

2．插入文本字段

文本字段是表单中常用的元素之一，常见的文本字段在文档中显示如图 5-24 所示。

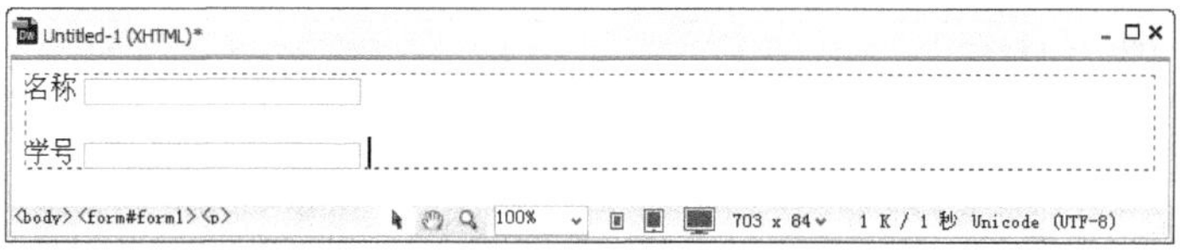

图 5-24　文本字段

> 在大多数浏览器中，文本字段用于输入文本，缺省宽度是 20 个字符。

在表单中插入文本字段的方法可参考以下步骤。

步骤 1▶ 在菜单栏中选择"插入/表单/文本域"菜单命令，弹出"输入标签辅助功能属性"对话框，如图 5-25 所示。

步骤 2▶ 单击"确定"按钮，在文档中插入文本字段。在文本字段中可以输入任何类型的字母或数字文本。

> 文本字段的种类有单行文本域、多行文本域和密码文本域，单行文本域的属性面板如图 5-26 所示。

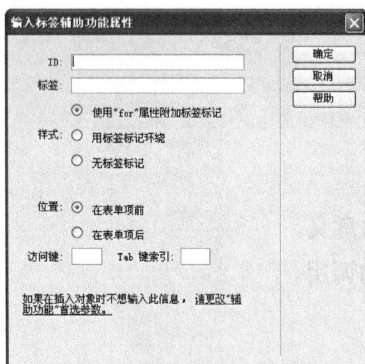

图 5-25 "输入标签辅助功能属性"对话框　　　　图 5-26 单行文本域的属性面板

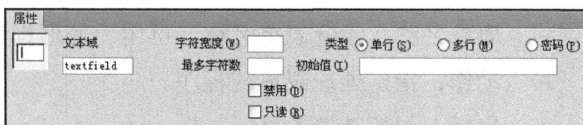

上述面板中各设置项的意义介绍如下。

➢ **文本域**：设置文本字段的名称，该名称在网页中是唯一的。

➢ **字符宽度**：设置文本字段中允许输入的字符数，同时规定了文本字段的宽度。

➢ **最多字符数**：设置单行文本字段中所能输入的最多字符数。

➢ **类型**：显示了当前文本字段的类型，也可通过单选项来转换 3 种不同的文本域。

➢ **初始值**：文本字段中默认显示的内容。

3．文本区域

文本区域常用于输入较长内容的信息，常见的文本区域如图 5-27 所示。

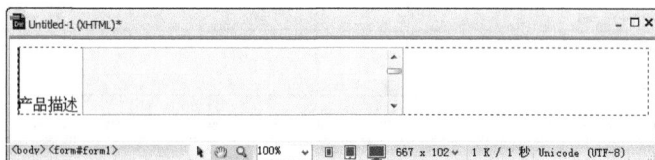

图 5-27 文本区域

在表单中插入文本区域的方法可参考以下步骤。

步骤 1▶ 在菜单栏中选择"插入/表单/文本区域"菜单命令，弹出"输入标签辅助功能属性"对话框，与插入文本字段弹出对话框相同。

步骤 2▶ 单击"确定"按钮，插入文本区域。选中插入的文本区域，其"属性"面板如图 5-28 所示。

图 5-28 文本区域"属性"面板

上述"属性"面板中各设置项的意义介绍如下。

➤ **文本域**：设置文本区域的名称，每个文本区域都必须有一个唯一的名称。

➤ **字符宽度**：设置文本区域中最多可显示的字符数。

➤ **行数**：对于文本区域，设置域的高度。

➤ **类型**：设置文本区域为单行文本域、多行文本域还是密码域。

➤ **初始值**：指定在首次载入表单时域中显示的值。

4．隐藏域

隐藏域在页面中对于用户是不可见的，在表单中插入隐藏域的目的在于收集或发送信息。浏览者单击"发送"按钮发送表单时，隐藏域的信息也被一起发送到服务器。

如果在登录表单中添加一个隐藏域，并赋予一个值，提交表单后，网页会首先查找是否有这个隐藏域字段，其值是否是设置的值，如果是则进行处理，否则自动跳转到登录页面，要求用户重新登录。

如需插入隐藏域，可以在菜单栏中选择菜单命令"插入/表单/隐藏域"，如图 5-29 所示。

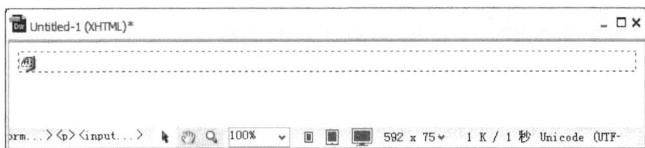

图 5-29　隐藏域

选中隐藏域后，"属性"面板中将显示其属性，如图 5-30 所示。用户可根据需要设置该隐藏域的属性。

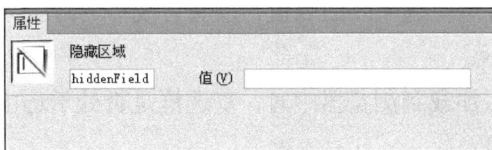

图 5-30　隐藏域的属性

隐藏域"属性"面板中各设置项的作用介绍如下。

➤ **"隐藏区域"选项**：设置变量名称，各变量名称必须是唯一的。

➤ **"值"选项**：设置变量值。

5．复选框和单选按钮

若要从一组选项中选择一个选项，设计时使用单选按钮；若要选择多个选项，设计时使用复选框。

表单按钮、复选框和单选按钮的插入方法类似，可参考以下操作步骤。

步骤 1▶ 在菜单栏中选择"插入/表单/单选按钮"或"插入/表单/复选框"菜单命令，同样弹出"输入标签辅助功能属性"对话框，单击"确定"按钮即可插入。

步骤 2▶ 选中插入的表单对象，"属性"面板中将显示其属性。

下面简单介绍一下"属性"面板中各设置项的意义。

单选按钮的属性面板，如图 5-31 所示。

图 5-31 单选按钮"属性"面板

➢ **单选按钮**：输入单选项名称，该名称在表单域中必须唯一。

➢ **选定值**：输入选中单选项时的取值，用于数据的提取。

➢ **初始状态**：设置加载到浏览器中首次载入表单时单选项的选中状态。

复选框的属性面板，如图 5-32 所示。

图 5-32 复选框"属性"面板

➢ **复选框名称**：输入复选框的名称。

➢ **选定值**：设置复选框选中时的取值，该值会被传送给服务器端应用程序，但不会在表单域中显示。

➢ **初始状态**：设置加载到浏览器中时，复选框是否处于选中状态，有"已勾选"和"未选中"两项。

6. 列表/菜单

在表单域插入"列表/菜单"的具体方法可参考以下操作步骤。

步骤 1▶ 在菜单栏中选择"插入/表单/选择（列表/菜单）"菜单命令，打开"输入标签辅助功能属性"对话框，设置"ID"和"标签"值。

步骤 2▶ 单击"确定"按钮，即可在表单中插入一个"选择（列表/菜单）"，如图 5-33 所示。

图 5-33　插入"列表/菜单"

步骤 3▶　选择刚插入的"列表/菜单",在"属性"面板上可设置其名称、类型、初始化时选定等属性,如图 5-34 所示。

图 5-34　列表/菜单"属性"面板

步骤 4▶　单击"列表值"按钮,打开"列表值"对话框,在"项目标签"列中输入要添加的菜单项,如"姓名",如图 5-35 所示。

步骤 5▶　单击 ➕ 按钮可添加菜单项,单击 ➖ 按钮可删除选中的菜单项,单击 🔺 🔻 按钮可调整菜单项排列顺序。

步骤 6▶　设置完成后单击"确定"按钮,设置项将显示在"属性"面板中的"初始化时选定"编辑框中,如图 5-36 所示。

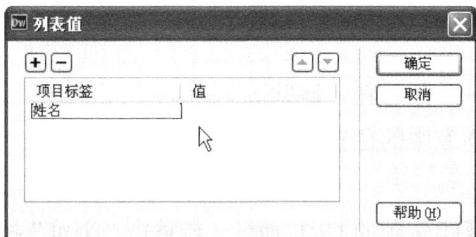

图 5-35　"列表值"对话框

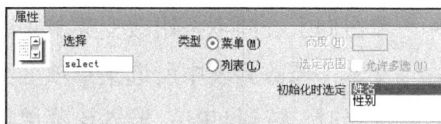

图 5-36　"列表"属性

7. 插入跳转菜单

使用跳转菜单可以创建站内链接、站外链接、电子邮件链接、图像链接,以及可在浏览器中打开的任何文件类型的链接。

跳转菜单包含 3 个基本部分。

➢　(可选)菜单选择提示,如菜单项的类别说明或一些提示信息等。

➢　(必需)所链接菜单项的列表,用户选择某个选项,则链接的文档或文件将被打开。

➢　(可选)"前往"按钮。

（1）插入跳转菜单

跳转菜单可建立 URL 与菜单列表项之间的关联，通过从列表中选择一项，可重定向（或"跳转"）到指定的 URL。

插入跳转菜单的具体方法可参考以下操作步骤。

步骤 1▶ 将光标定位在表单框线内，在菜单栏中选择"插入/表单/跳转菜单"菜单命令；或者单击"插入"面板"表单"类别中的"跳转菜单"图标，如图 5-37 所示。

步骤 2▶ 弹出"插入跳转菜单"对话框，如图 5-38 所示。

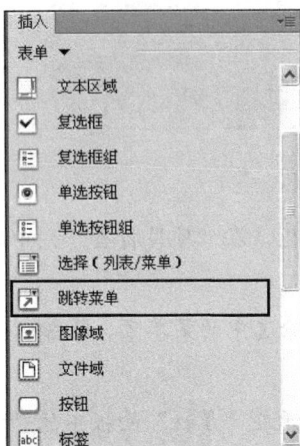

图 5-37 插入"跳转菜单"　　　图 5-38 "插入跳转菜单"对话框

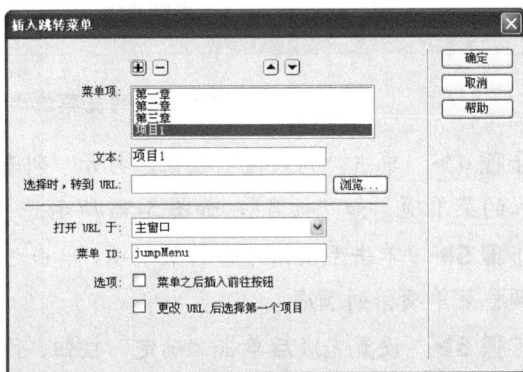

在该对话框中可进行以下操作。

➤ 单击"+"按钮，增加菜单项；单击"–"按钮，删除菜单项。

➤ 单击向上、向下按钮改变菜单项在列表中的位置。

➤ 文本：修改列表中所选菜单项名称。

➤ 选择时，转到 URL：输入该菜单项要跳转到的 URL 地址，或单击"浏览"按钮，从磁盘上选择要链接的网页或对象。

➤ 打开 URL 于：选择目标文档要打开的位置。如果是框架页面，则会出现框架窗口。

➤ 菜单 ID：输入菜单项的 ID 名称，用于程序代码中。

➤ 选项之"菜单之后插入前往按钮"：选择此项，在菜单后面插入"前往"按钮。在浏览器中单击该按钮，可以跳转到相应页面。

➤ 选项之"更改 URL 后选择第一个项目"：选择此项，当跳转到指定的 URL 后，仍然默认选择第一项。

步骤 3▶ 设置完成后，单击"确定"按钮，在表单中插入跳转菜单。

步骤 4▶ 在文档中单击选择插入的"跳转菜单"，如图 5-39 所示。

项目1 ∨ 前往

图 5-39　选择"跳转菜单"

步骤5▶ "属性"面板中将显示跳转菜单的各项属性，如图 5-40 所示。

图 5-40　跳转菜单"属性"面板

步骤6▶ 可以看出该面板与"列表/菜单"属性面板一样，采用设置"列表/菜单"属性的方法即可编辑该跳转菜单。

步骤7▶ 单击选择"前往"按钮，"属性"面板中将显示按钮属性，在该"属性"面板上可以设置按钮的各项属性，如图 5-41 所示。

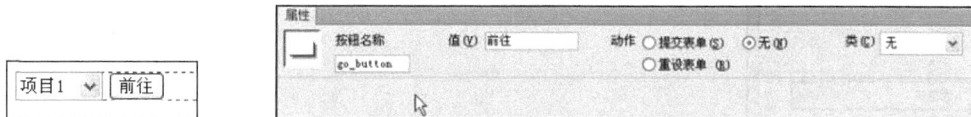

项目1 ∨ 前往

图 5-41　"前往"按钮"属性"面板

步骤8▶ 保存文档后按"F12"键预览，选择跳转菜单列表中的链接，即可打开相应的目标，如图 5-42 所示。

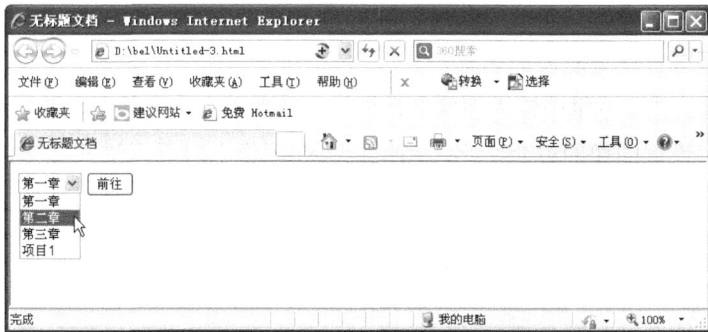

图 5-42　"跳转菜单"浏览器预览

知识库　将光标定位在表单的红色虚线框内，按回车键可添加多个跳转菜单。

8．插入图像域

图像域是将自己制作的图像作为按钮，可以将按钮制作为各种形状，体现个性化需求。如果使用图像来执行任务而不是提交数据，则需要将某种行为附加到表单对象。

插入图像域的具体方法可参考以下操作步骤。

步骤 1▶ 将光标定位在表单框线内，在菜单栏中选择"插入/表单/图像域"菜单命令，或者单击"插入"面板"表单"类别中的"图像域"按钮，如图 5-43 所示。

步骤 2▶ 打开"选择图像源文件"对话框，选择一个图像文件，然后单击"确定"按钮。

步骤 3▶ 弹出"输入标签辅助功能属性"对话框，在对话框中设置各项后，单击"确定"按钮，图像按钮出现在文档中。

步骤 4▶ 在文档中单击选择插入的图像按钮，打开图像域"属性"面板，如图 5-44 所示。

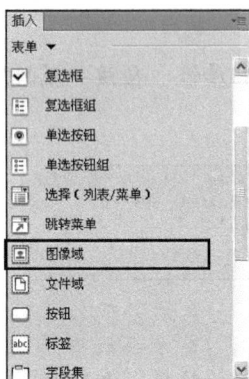

图 5-43 "图像域"菜单 图 5-44 "图像域"属性面板

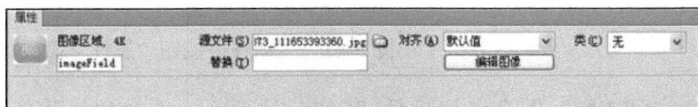

下面简单介绍"属性"面板中各设置项的意义。

➢ **图像区域**：设置图像域名称。

➢ **源文件**：在文本框中输入图像文件地址，或者单击"文件夹"图标选择图像文件。

➢ **替换**：设置图像的说明文字，当鼠标放在图像上时显示这些文字。

➢ **对齐**：选择图像在文档中的对齐方式。

➢ **编辑图像**：启动外部编辑器编辑图像。

当用户在浏览器中单击图像域时，不仅表单中的信息被发送到服务器，而且鼠标单击位置的信息也会被发送到服务器。

> 将光标定位在表单的红色虚线框内，按"Enter"键，可添加多个图像域控件。

9．插入文件域

文件域使浏览者可以选择其计算机上的文件（如字处理文档或图形文件），并将该文件上传到服务器。文件域的外观与其他文本域类似，只不过它还包含一个"浏览"按钮。

用户可以手动输入要上传的文件路径，也可以单击"浏览"按钮来选择文件。

必须要有服务器端脚本或能够处理文件提交操作的页面，才可以使用文件域。文件域要求使用 POST 方法将文件从浏览器传输到服务器，最终发送到表单的"动作"框中所指定的地址。

插入文件域的具体方法可参考以下操作步骤。

步骤 1▶ 在文档中插入表单，在表单"属性"面板中将"方法"项设置为"POST"。

步骤 2▶ 在"编码类型"下拉列表中选择"multipart/form-data"。

步骤 3▶ 将光标定位在表单框线内，在菜单栏中选择"插入/表单/文件域"菜单命令，或者单击"插入"面板"表单"类别中的"文件域"图标。

步骤 4▶ 弹出"输入标签辅助功能属性"对话框，单击"确定"按钮，插入文件域，如图 5-45 所示。

步骤 5▶ 单击选择"文件域"，打开"文件域"属性面板，如图 5-46 所示。

图 5-45 插入文件域   图 5-46 "文件域"属性面板

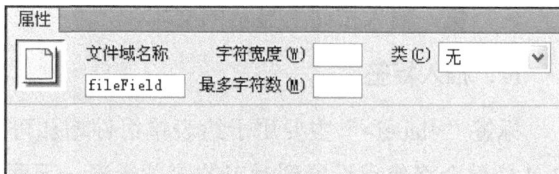

下面介绍"属性"面板中各设置项的意义。

➢ **文件域名称：** 设置文件域名称。

➢ **字符宽度：** 设置文件域中最多可显示的字符数。

➢ **最多字符数：** 设置文件域中最多可输入的字符数。

> **提示**　将光标定位在表单的红色虚线框内，按"Enter"键，可添加多个文件域。

10. 按钮

在表单中，按钮用于控制表的操作。使用按钮可以将表单数据传送到服务器，或者重新设置表单中的内容。在 Dreamweaver CS6 中，表单按钮可以分为三类：提交按钮、重置按钮和普通按钮。

➢ **提交按钮：** 是把表单中的所有内容发送到服务器端的指定应用程序。

➢ **重置按钮：** 用户在填写表单过程中，若要重新填写，单击该按钮可使全部表单元素值还原为初始值。

➢ **普通按钮：** 该按钮没有内在行为，但可以用 JavaScript 等脚本语言为其指定动作。

下面以"提交按钮"为例，介绍按钮的具体插入方法。

步骤 1▶ 在菜单栏中选择"插入/表单/按钮"菜单命令，打开"输入标签辅助功能属性"对话框，单击"确定"按钮插入按钮。

步骤 2▶ 选中插入的按钮，"属性"面板中将显示"按钮"属性，如图 5-47 所示。

图 5-47 "按钮"属性面板

下面简单介绍一下"属性"面板中各设置项的意义。

➤ **按钮名称**：设置按钮的名称。"提交"和"重置"是两个保留名称，"提交"将表单数据提交给处理应用程序或脚本；"重置"将所有表单域重置为原始值。

➤ **值**：输入按钮上显示的文本。

11．插入标签

标签"<label>"主要用于给表单组件增加可访问性设计，当用户单击 label 控件时，label 控件会将焦点设置到对应的表单元素。下面举例说明标签<label>的作用，图 5-48 中应用了标签的复选框，当用户单击文字时，就可以将复选框选中；而没有应用标签的复选框就不行，只有在复选框中单击才能选中。

插入标签的具体方法可参考以下操作步骤。

步骤 1▶ 新建一个复选框，选中复选框的文字，如图 5-49 所示。

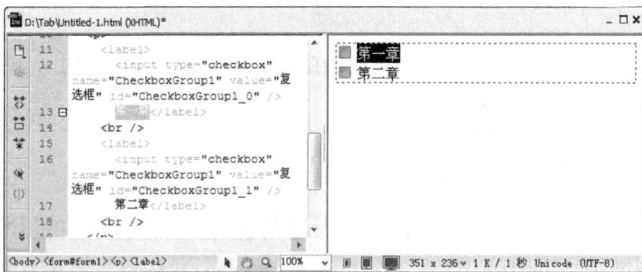

图 5-48 应用<label>标签的效果　　　　图 5-49 选中复选框的文字

步骤 2▶ 单击"插入"面板"表单"类别中的"标签"按钮，此时，在选中的文字外插入一对标签<label>，如图 5-50 所示。

图 5-50　插入标签

步骤 3▶　在菜单栏中选择"修改/编辑标签"菜单命令，打开"标签编辑器"，在"为："编辑框中输入复选框的 ID "checkbox"，单击"确定"按钮，如图 5-51 所示。

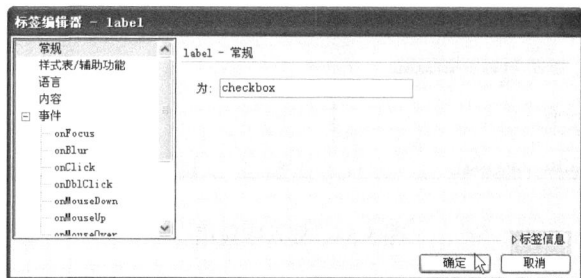

图 5-51　编辑标签

要将<label>绑定到表单元素，请将<label>元素的"for"属性设置为与该表单元素的 ID 相同，因此这里输入复选框的 ID "checkbox"。

步骤 4▶　设置完成后，在浏览器中预览，可以看到上述效果。

12．插入字段集

字段集"<fieldset>"可以将它所包围的元素用线框衬托出来，还可以实现插入式标题效果，如图 5-52 所示。

步骤 1▶　将光标置于表单中要插入字段集的位置，单击"插入"面板"表单"类别中的"字段集"按钮，打开"字段集"对话框，在"标签"文本框中输入字段集标题名称"学生信息"，然后单击"确定"按钮，如图 5-53 所示。

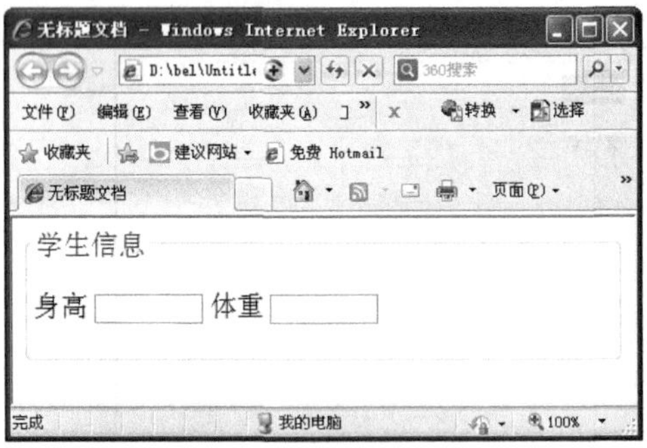

图 5-52　应用字段集

图 5-53　"字段集"对话框

步骤 2▶　在"编辑区"出现新插入的字段集，并生成相应代码，如图 5-54 所示。

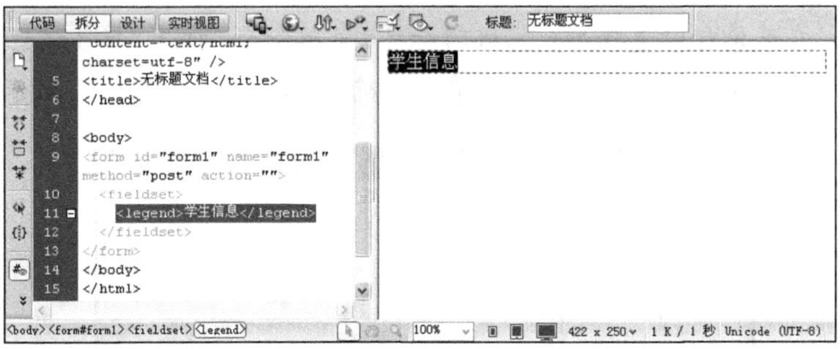

图 5-54　插入字段集

> **提示**　　字段集对应的 HTML 标签为<fieldset>，字段集标签对应的标签为<legend>。

步骤 3▶　在字段集边框里插入两个文本字段，输入相应的文字"身高"和"体重"，如图 5-55 所示。

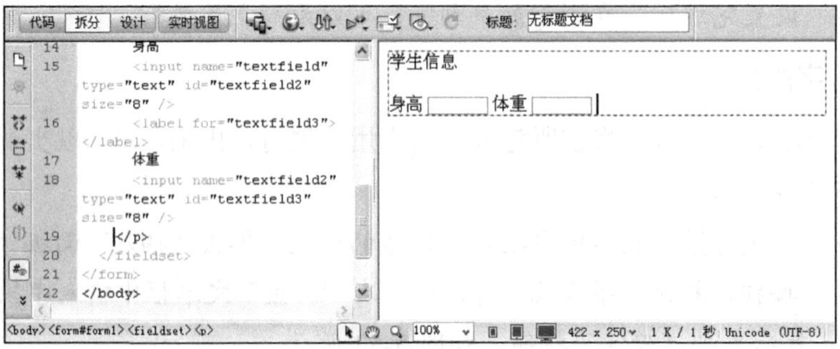

图 5-55　在字段集中插入文本框

任务实施

下面综合各种表单元素，来制作"访客留言"页面，最终效果如图 5-56 所示。

图 5-56 "访客留言"页面

步骤 1▶ 将本书附赠素材"\素材与实例\项目五\博尔乐\bel"目录下的"fkly_1.html"文档拷贝至本地站点"beerle"中，然后在 Dreamweaver 中打开。

步骤 2▶ 将光标置于文档中要插入表单的位置，单击"插入"面板"表单"类别中的"表单"按钮，在网页文档中插入表单，表单的轮廓显示为红色虚线框，如图 5-57 所示。

步骤 3▶ 将光标置于表单中，单击"插入"面板"常用"类别中的"表格"按钮，打开"表格"对话框，插入一个 6 行 2 列，宽为 650 像素的表格，如图 5-58 所示。

图 5-57 插入表单   图 5-58 插入表格

步骤 4▶ 设置表格第 1 列宽度为 70 像素，在表格第 1 行第 1 列单元格中输入文本

"留言标题:",在第1行第2列单元格中插入一个文本字段;在"属性"面板中设置文本字段名称为"title",类型为"单行",如图5-59所示。

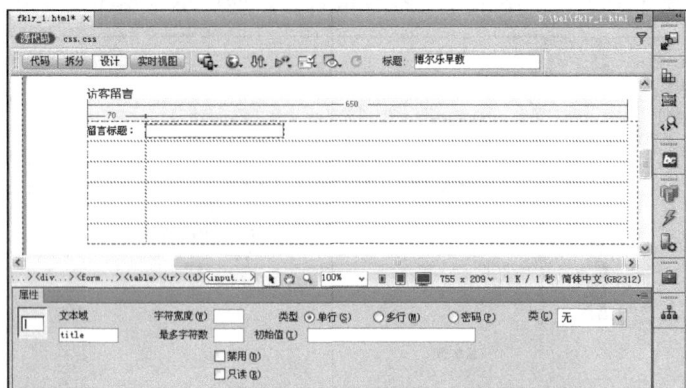

图 5-59　插入文本字段

步骤5▶　在表格第1列的第2至4行中分别输入文本"姓名""联系信箱""联系电话",然后参照步骤3的操作分别插入3个文本字段,如图5-60所示。

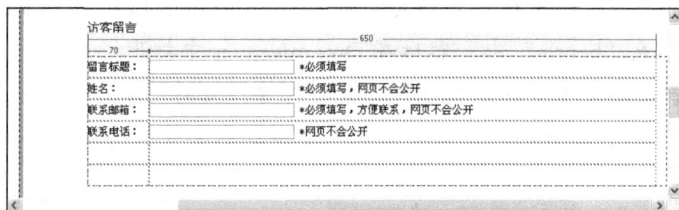

图 5-60　插入多个文本字段

步骤6▶　在表格第1列第5行输入文本"留言内容:",并在同行第2列中插入文本区域,然后在"属性"面板中设置"字符宽度"为"45","类型"为"多行","行数"为"10","换行"为"默认",如图5-61所示。

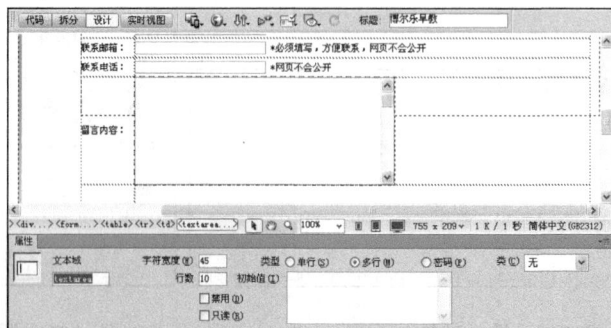

图 5-61　插入文本区域

步骤 7▶ 在表格最后一行第 2 列中插入按钮，选中刚插入的按钮，在"属性"面板上设置其属性，在"动作"选项区选中"提交表单"，在"值"文本框中输入"提交信息"。

步骤 8▶ 参照步骤 7 的方法，在"提交"按钮右侧插入另一个按钮，在"属性"面板上"值"文本框中输入"全部重写"，在"动作"选择区选中"重设表单"，如图 5-62 所示。

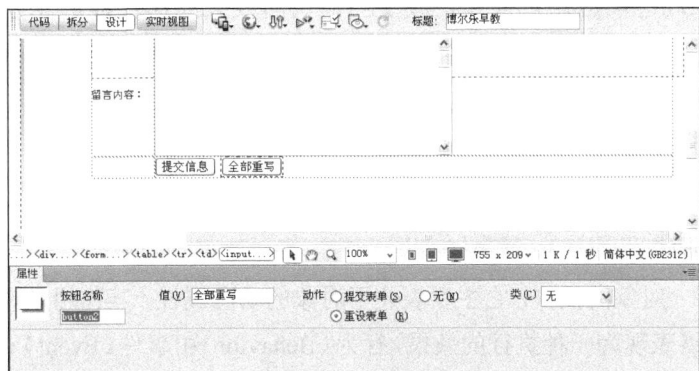

图 5-62 插入按钮

任务三 "行为"添彩"早教课程"页面

任务描述

在 Dreamweaver 中合理运用"行为"，可以方便地为网页对象添加一些动态效果和简单的交互功能。

本任务首先介绍"行为"的基本概念和"行为"面板的基本操作，然后使用"行为"制作"早教课程"页面的动态交互效果。

知识讲解

一、行为的概念

"行为"（Behaviors）是 Dreamweaver 中一个很重要的概念，它集成在 Dreamweaver 中，可自动实现网页的动态效果和交互 JavaScript 脚本程序。"行为"是 Dreamweaver 独特的概念，它使得我们不必去学习复杂的 JavaScript 程序也能方便迅速地实现一些特殊效果。

行为在技术上和时间轴动画一样，是一种动态 HTML（DHTML）技术，在特定的时间或者由某个特定的事件而引发动作。可以说行为由事件和动作构成。例如，当用户把鼠标移动至对象上（事件），该对象会发生预定义的变化（动作）。事件是为大多数浏览器理解的通用代码，浏览器通过释译来执行动作。一个事件也可以触发许多动作，可以定义它们执行的顺序。事件可以是鼠标单击、鼠标移动、网页下载完毕等，动作可以是打开新窗口、弹出菜单、变换图像等。

行为是用来动态响应用户操作，改变当前页面效果或执行特定任务的一种方法。Dreamweaver CS6 中，行为实际上是插入到网页中的一段 JavaScript 代码，无需书写代码，就可以实现丰富的动态页面效果，达到用户与页面交互的目的。

二、对象、事件、动作和行为的区别

1. 行为和事件

行为是对某一对象的操作，它主要表述了对象的动态属性，其作用是设置或改变对象的状态。行为最终表现为一种执行的效果，行为（Behavior）由事件（Event）和动作（Action）组成。事件是访问者对网页所做的事情，比如把鼠标移动到一个链接上，这就生成一个鼠标经过的事件；这个事件触发浏览器去执行一段 JavaScript 代码，这就是动作，然后产生了 JavaScript 设计的效果，可能是打开窗口，也可能是播放音乐等，这就是行为。与行为相关的概念有对象（Object）、事件（Event）和动作（Action）。

（1）对象（Object）

对象是产生行为的主体，很多网页元素都可以成为对象，如图片、文字、多媒体文件，甚至整个页面。

（2）事件（Event）

事件是触发动态效果的原因，它可以被附加到各种页面元素上，也可以被附加到 HTML 标记中。事件总是针对页面元素或标记而言的，例如，将鼠标移到图片上、把鼠标放在图片之外、单击鼠标，是与鼠标相关的 3 个最常见的事件（onMouseOver，onMouseOut，onClick）。不同浏览器支持的事件种类是不一样的，通常高版本的浏览器支持更多的事件。

（3）动作（Action）

行为通过动作来完成动态效果，如图片翻转、打开浏览器、播放声音等都是动作。动作通常是一段 JavaScript 代码，在 Dreamweaver 中可以使用内置的行为往页面中添加 JaveScript 代码。

（4）事件与动作

将事件和动作组合起来就构成了行为，例如，将 onClick 行为事件与一段 JavaScript 代码相关联，单击鼠标时就可以执行相应的 JaveScript 代码（动作）。一个事件可以同多个动作相关联，即发生事件时可以执行多个动作。

Dreamweaver 内置了许多行为动作，好像一个现成的 JavaScript 库。除此之外，第三方厂商提供了更多的行为库，下载并在 Dreamweaver 中安装行为库中的文件，可以获得更多的可操作行为。如果您很熟悉 JavaScript 语言，也可以自行设计新动作，添加到 Dreamweaver 中。

2．"行为"面板

使用"Shift+F4"组合键，或者在菜单栏中选择"窗口/行为"菜单，均可打开"行为"面板，如图 5-63 所示。

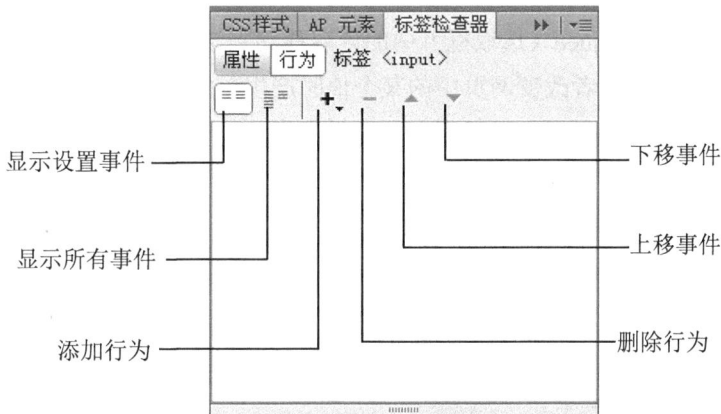

图 5-63　"行为"面板

3．行为

单击"行为"面板上的"添加行为"按钮，将打开行为列表，其中列出了所有行为，但对于不同的元素，可以选择的行为也有所不同。下面简单介绍一下常用的行为。

➢ **播放声音**：可以为网页加入声音。
➢ **打开浏览器窗口**：可以打开一个小窗口（和网上的弹出窗口一样）。
➢ **弹出信息**：可以弹出一条警告信息。
➢ **调用 JavaScript**：调用网页中包含的 Javascript 程序。
➢ **检测浏览器**：检测访问者使用的是什么类型的浏览器。
➢ **转到 URL**：跳转到其他页面。
➢ **设定图像导航条**：和交换图像差不多。
➢ **设置文字**：在特定的地方显示文字。
➢ **显示或隐藏层**：设置图层的显示或隐藏。
➢ **跳转菜单**：插入跳转导航菜单。
➢ **跳转菜单开始**：控制导航菜单跳到哪个页面。

4. 事件

在 Dreamweaver CS6 中，可以将事件分为不同的种类，有的与鼠标有关，有的与键盘有关，如鼠标单击，按下键盘某个键；有的还和网页相关，如网页下载完毕，网页切换等。下面简单介绍一下常用的事件。

- ➢ **onAbort**：当访问者中断浏览器正在载入图像的操作时产生。
- ➢ **onAfterUpdate**：当网页中 bound（边界）数据元素已经完成源数据的更新时产生。
- ➢ **onBeforeUpdate**：当网页中 bound（边界）数据元素已经改变并且就要和访问者失去交互时产生。
- ➢ **onBlur**：当指定元素不再被访问者交互时产生。
- ➢ **onBounce**：当 marquee（选取框）中的内容移动到该选取框边界时产生。
- ➢ **onChange**：当访问者改变网页中的某个值时产生。
- ➢ **onClick**：当访问者在指定的元素上单击时产生。
- ➢ **onDblClick**：当访问者在指定的元素上双击时产生。
- ➢ **onError**：当浏览器在网页或图像载入产生错位时产生。
- ➢ **onFinish**：当 marquee（选取框）中的内容完成一次循环时产生。
- ➢ **onFocus**：当指定元素被访问者交互时产生。
- ➢ **onHelp**：当访问者单击浏览器的 Help（帮助）按钮或选择浏览器菜单中的 Help（帮助）菜单项时产生。
- ➢ **onKeyDown**：当按下任意键时产生。
- ➢ **onKeyPress**：当按下和松开任意键时产生。此事件相当于把 onKeyDown 和 onKeyUp 两个事件合在一起。
- ➢ **onKeyUp**：当按下的键松开时产生。
- ➢ **onLoad**：当一图像或网页载入完成时产生。
- ➢ **onMouseDown**：当访问者按下鼠标时产生。
- ➢ **onMouseMove**：当访问者将鼠标在指定元素上移动时产生。
- ➢ **onMouseOut**：当鼠标从指定元素上移开时产生。
- ➢ **onMouseOver**：当鼠标第一次移动到指定元素时产生。
- ➢ **onMouseUp**：当鼠标弹起时产生。
- ➢ **onMove**：当窗体或框架移动时产生。
- ➢ **onReadyStateChange**：当指定元素的状态改变时产生。
- ➢ **onReset**：当表单内容被重新设置为缺省值时产生。
- ➢ **onResize**：当访问者调整浏览器或框架大小时产生。
- ➢ **onRowEnter**：当 bound（边界）数据源的当前记录指针已经改变时产生。

> ➤ **onRowExit**：当 bound（边界）数据源的当前记录指针将要改变时产生。
> ➤ **onScroll**：当访问者使用滚动条向上或向下滚动时产生。
> ➤ **onSelect**：当访问者选择文本框中的文本时产生。
> ➤ **onStart**：当 Marquee（选取框）元素中的内容开始循环时产生。
> ➤ **onSubmit**：当访问者提交表格时产生。
> ➤ **onUnload**：当访问者离开网页时产生。

三、常见行为的应用

1．交换图像

使用"交换图像"行为，可以在页面中添加交替显示的图像，当鼠标移至设置了该行为的图像上时，显示另一幅图像，鼠标移开时则恢复最初的图像。

步骤 1▶　选中要附加行为的对象（这里一般为图像或不选择任何对象），打开"行为"面板，单击面板上方的"添加行为"按钮，打开"行为"列表，如图 5-64 左图所示。

步骤 2▶　选择"交换图像"，弹出"交换图像"对话框，如图 5-64 右图所示。

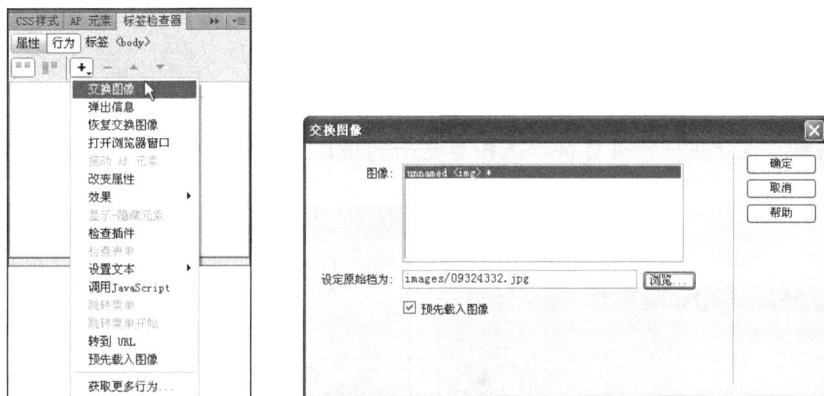

图 5-64　添加"交换图像"行为

下面简单介绍一下"交换图像"对话框中各设置项的意义。

> ➤ **图像**：列出当前网页中的全部图片对象，处于选中状态的是被交换的图像，一般不设置。
> ➤ **设定原始档为**：设定交换时用来显示的新图像。
> ➤ **预先载入图像**：设置打开浏览器时是否载入原图。
> ➤ **鼠标滑开时恢复**：设置鼠标离开时是否恢复原图。

2. 弹出信息

使用"弹出信息"行为，在事件发生时弹出一个事先指定好的信息提示框，可以为浏览者提供信息，该提示框只有一个"确定"按钮。

步骤1▶ 选中要附加行为的对象，打开"行为"面板，单击面板上方的"添加行为"按钮，弹出行为列表。

步骤2▶ 选择"弹出信息"，打开"弹出信息"对话框，如图 5-65 所示。

步骤3▶ 在"信息"编辑框中输入要显示的信息，单击"确定"按钮即设置完毕。

3. 打开浏览器窗口

使用"打开浏览器窗口"行为，可以在事件发生时打开一个新浏览器窗口，用户可以设置新窗口的各种属性，如窗口名称、大小等。常见应用为浏览者打开网站首页时，同时弹出广告窗口"ad.html"。

步骤1▶ 选中要附加行为的对象，打开"行为"面板，单击面板上方的"添加行为"按钮，打开行为列表。

步骤2▶ 选择"打开浏览器窗口"，弹出"打开浏览器窗口"对话框，如图 5-66 所示。

步骤3▶ 在"要显示的 URL"处，单击"浏览"按钮，选择要显示的网页，或直接输入要显示的网页 URL。

步骤4▶ 分别在"窗口宽度"和"窗口高度"文本框中输入数值。

步骤5▶ 在"属性"设置区，选择要显示的项目，在"窗口名称"处输入窗口名称。

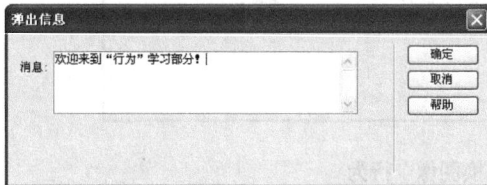

图 5-65　"弹出信息"行为对话框　　　图 5-66　"打开浏览器窗口"对话框

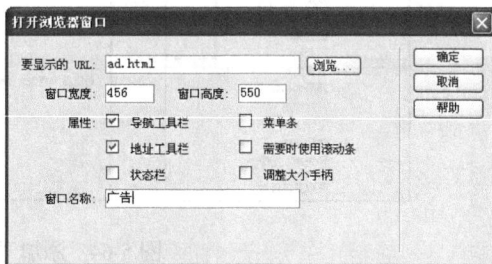

下面简单介绍一下"打开浏览器窗口"对话框中各设置项意义。

➢ **要显示的 URL**：可以是网页或图像。

➢ **窗口宽度、高度**：设定打开浏览器窗口的尺寸。

➢ **属性**：打开窗口是否附加导航工具栏、地址栏等属性。

➢ **窗口名称**：为打开窗口命名。

任务实施

准备好"早教课程"页面中的素材，插入 5 个 Div，分别在各个 Div 中插入素材图片，设置好 CSS 样式，然后按前面项目中所学知识，添加"弹出窗口"行为和"交换图像"行为，制作"早教课程"页面，如图 5-67 所示。

图 5-67 "早教课程"页面效果

一、添加弹出信息

步骤 1▶ 将本书附赠素材"\素材与实例\项目五\博尔乐\bel"目录下的"zjkc_1.html"文件拷贝至本地站点"beerle"中，并在 Dreamweaver 中打开。

步骤 2▶ 选择整个<body>标签，单击"行为"面板上的"添加行为"按钮，在弹出的下拉列表中选择"弹出信息"，打开"弹出信息"对话框。

> **提示** 若要给某个对象添加"弹出信息"行为，则应先选择这个对象；若要给整个网页添加，则应选择整个页面。

步骤 3▶ 在对话框的"消息"编辑框中输入弹出信息的文本内容，如图 5-68 所示。单击"确定"按钮，可以看到在"行为"面板中自动添加了一个"onload"事件。

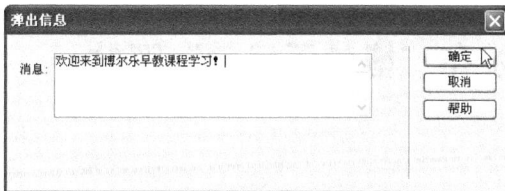

图 5-68 "弹出信息"对话框

二、添加"交换图像"行为

步骤 1▶ 选中名为"box_1"的 Div 中的图像，单击"行为"面板中的"添加行为"按钮，在其下拉菜单中选择"交换图像"，打开"交换图像"对话框。

步骤 2▶ 在"图像"列表框中选择"图像 Image1"，在"设定原始档为："编辑框中设置新图像的路径和文件名，选中"预先载入图像"选项和"鼠标划开时恢复图像"复选框，最后单击"确定"按钮，如图 5-69 所示。

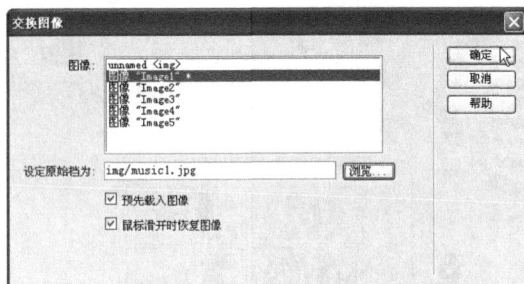

图 5-69 "交换图像"对话框

步骤 3▶ 参照上述步骤设置其他几个图像的"交换图像"行为。

步骤 4▶ 保存文件，在浏览器中预览，当鼠标放在图像上时，原图变成"music1"；鼠标移开后，图像又恢复为原图，效果如图 5-70 所示。

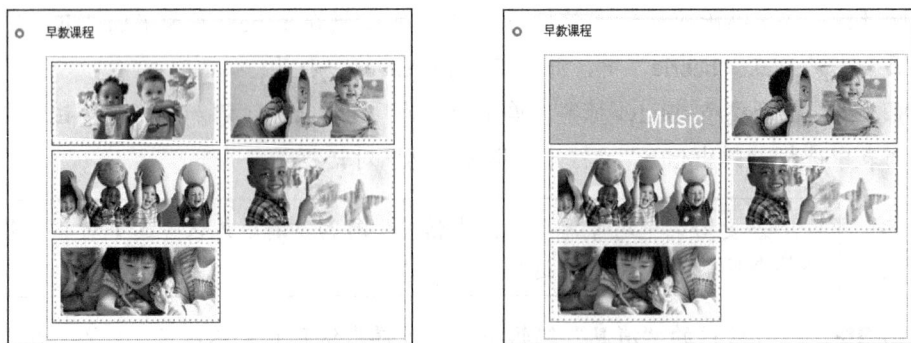

图 5-70 "交换图像"效果

任务四　上传并发布"博尔乐早教"网站

任务描述

在 Dreamweaver 中完成页面制作之后，就可以对网站进行测试和发布了。

知识讲解

本任务首先介绍一些测试浏览器兼容性，清理 HTML 标签，以及将本地文件上传至服务器的方法，然后将"博尔乐早教"网站上传并发布。

一、网站的测试

网站制作完成后，需要经过反复的测试、审核、修改，直到确认无误后才可以正式发布。实际上，在网站建设过程中就应该经常对站点进行测试，并及时解决发现的问题，以便尽早发现问题，避免重复出错。在测试站点时，应注意以下几点。

> ➢ 在不同的浏览器、不同的分辨率、不同的操作系统中预览站点页面，查看布局、颜色、字体大小有无混乱的现象。
> ➢ 检查站点是否有断开的链接，各个栏目内容与图片是否对应。
> ➢ 监测页面的文件大小以及下载这些页面所占用的时间。
> ➢ 验证代码，以定位标签或语法错误。
> ➢ 测试是否按照客户要求进行功能实现，数据库是否链接正常，各个动态生成链接是否正确，传递参数、内容是否正确。
> ➢ 测试人员不应仅限于网站开发人员，应适度扩大测试范围，以得到客观、全面的评价。
> ➢ 网站发布到服务器之后还需进行测试，主要防止因环境不同导致的错误。

1. 检查浏览器兼容性

随着时间的推移，IE、Firefox 和 Opera 等浏览器对 CSS 的支持性越来越高，但它们仍在符合标准的基础上存在差异。在这种情况下，网页设计制作人员只有不断地测试，不断地了解各个浏览器才能让页面正确地显示在其中。

Dreamweaver CS6 提供的"浏览器兼容性检查"功能可以帮助设计者在浏览器中查找有问题的 HTML 和 CSS 部分，并提示设计者哪些标签属性在浏览器中可能出现问题，以便对文档进行修改。

默认情况下，"浏览器兼容性检查"功能可以对 Firefox 1.5、Internet Explorer 6.0 和 7.0、Netscape Navigator 8.0、Opera 8.0 和 9.0 以及 Safari 2.0 浏览器进行兼容性检查，具体方法可参考以下操作步骤。

步骤 1▶　在 Dreamweaver CS6 中打开待检查的网页文档，然后在菜单栏中选择"窗口/结果/浏览器兼容性"菜单命令，打开"结果"面板。

步骤 2▶　在"结果"面板中选择"浏览器兼容性"选项卡，然后单击面板左上角的绿色箭头，在弹出的二级菜单中选择"设置"选项，弹出"目标浏览器"对话框，如

图 5-71 所示。

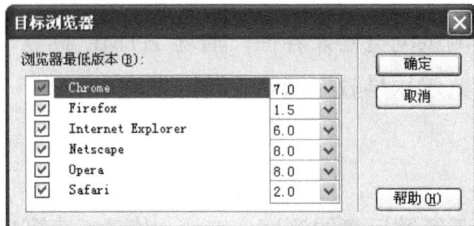

图 5-71 "目标浏览器"对话框

步骤 3▶ 根据实际情况，勾选目标浏览器对应的复选框，对每个选定的浏览器，从相应下拉菜单中选择要检查的最低版本，最后单击"确定"按钮；经过一段时间的检查，软件将检查出来的潜在问题罗列在左侧的"问题"窗格中，如图 5-72 所示。

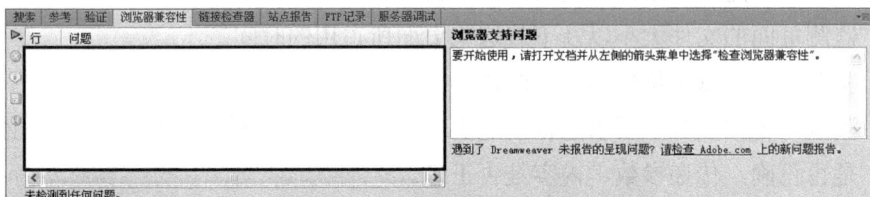

图 5-72 浏览器兼容性检查

步骤 4▶ 一般在每个问题的左侧都有一个填充圆，表示当前错误发生的可能性，四分之一填充的圆表示可能发生，完全填充表示非常有可能发生。双击检查出来的潜在问题，系统将自动快速定位到该问题所在位置，方便修改。

2. 链接的测试

在浏览网页时，通常会遇到"无法找到网页"的提示，出现此现象的原因一般是由于链接文件位置发生变化，文件被误删除或文件名拼写错误。为避免出现无效链接的尴尬，树立良好的网站形象，无论是发布前的本地测试，还是发布后的远程测试，都应该认真检查是否存在失效链接，以便及时修改。

（1）检查链接

Dreamweaver CS6 提供的"检查链接"功能可以检查当前打开的文件，本地站点的某部分或者整个本地站点中断开的链接和孤立文件，具体方法可参考以下操作步骤。

步骤 1▶ 启动 Dreamweaver CS6，在"文件"面板"站点"列表中选择需要检查链接的站点，如图 5-73 所示。

步骤 2▶ 在菜单栏中选择"窗口/结果/链接检查器"菜单命令，可进入"结果"面板的"链接检查器"选项卡，单击面板左上角的绿色箭头，根据需要在弹出的二级菜单中选择对应的选项，这里选择"检查整个当前本地站点的链接"选项。稍等片刻后，即可在面板中看到检查结果，如图 5-74 所示。

图 5-73 选择需要检查链接的站点　　　　图 5-74 检查结果

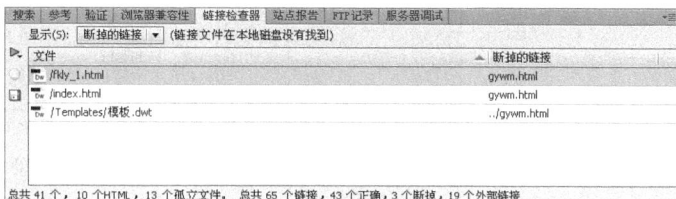

在图 5-74 所示面板的"显示"下拉列表中可以选择要检查链接的类型。

➢ **断掉的链接**：检查文档中是否存在断掉的链接，这是默认选项。

➢ **外部链接**：检查站点中的外部链接是否有效。

➢ **孤立文件**：检查站点中是否存在孤立文件，此选项只有在检查整个站点时才被激活。

（2）修复链接

在对站点进行链接检查后，可以直接在"链接检查器"面板中修复链接，也可以在"属性"面板中修复链接。这里以修复"断掉的链接"为例进行详解。

① 在"链接检查器"面板中修复链接

在"链接检查器"面板"断掉的链接"列中，单击某个断开的链接，可以在"断掉的链接"列中直接输入正确的链接地址，或者单击链接地址旁边的文件夹图标，在弹出的对话框中选择正确的链接地址，如图 5-75 所示。

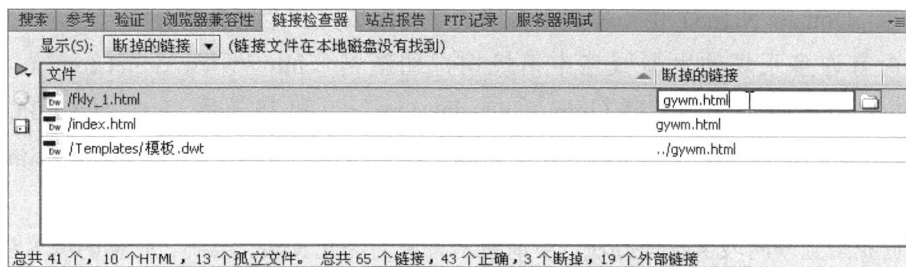

图 5-75 在"链接检查器"面板中修复链接

② 在"属性"面板中修复链接

在"链接检查器"面板中双击"文件"列中需要修复链接的文件名称。此时系统自动打开待修复链接所在的文档，并在"属性"面板中高亮显示路径和文件名，如图 5-76 所示。在"链接"编辑框中直接输入正确的链接地址，或者单击该文本框右侧的文件夹图标，在弹出的对话框中选择正确的链接地址即可。

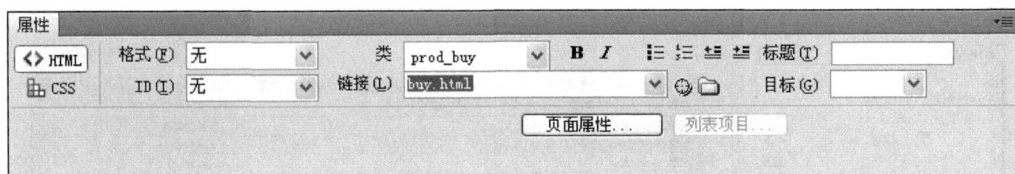

图 5-76　在"属性"面板中修复链接

二、站点的上传

网站制作完成后，需要上传至远端服务器，才能让用户浏览。另外在站点上传之前，需要在网上注册域名，并申请虚拟空间，最后再借助软件将网站上传。

域名是 Internet 上的一个服务器或者网络系统的名字，它具有唯一性，即在全世界不会出现重复的域名。就如同商标一样，域名是用户在因特网上的标志之一。从技术上来讲，域名只是 Internet 中用于解决地址对应问题的一种方法。它可以分为顶层、第二层、子域等。

网站要存在于 Internet 上，不仅需要一个用于访问网站的域名，还须有一个存储网站内容的空间。对于空间，现在免费的越来越少，大部分是收费的，并且价格差别也比较大，用户可以根据自己的需要选择合适的服务器和运营商。空间根据不同的要求，分为静态网页空间和动态网页空间，前者可以存储普通的 HTML 页面，后者可以存储 ASP、JSP 等采用服务器技术的网页。

1．注册域名

域名（Domain Name）由一串用点分隔的字符组成，在全世界具有唯一性。

国内有许多正规的大型域名申请机构，如新网（http://www.xinnet.com/）、万网（http://www.net.cn/）、新网互联（http://www.dns.com.cn/）和 35 互联（http://www.35.com/）等。同样，国外也有非常著名的域名申请机构，如 godaddy（http://www.godaddy.com/）和 enom（http://www.enom.com/）等。

根据我国互联网域名管理办法，申请域名者应当提交真实、准确、完整的域名注册信息，对于未实名验证审核的国内域名，域名提供机构将暂停域名的解析功能。国内中英文域名注册的一般流程，如图 5-77 所示。

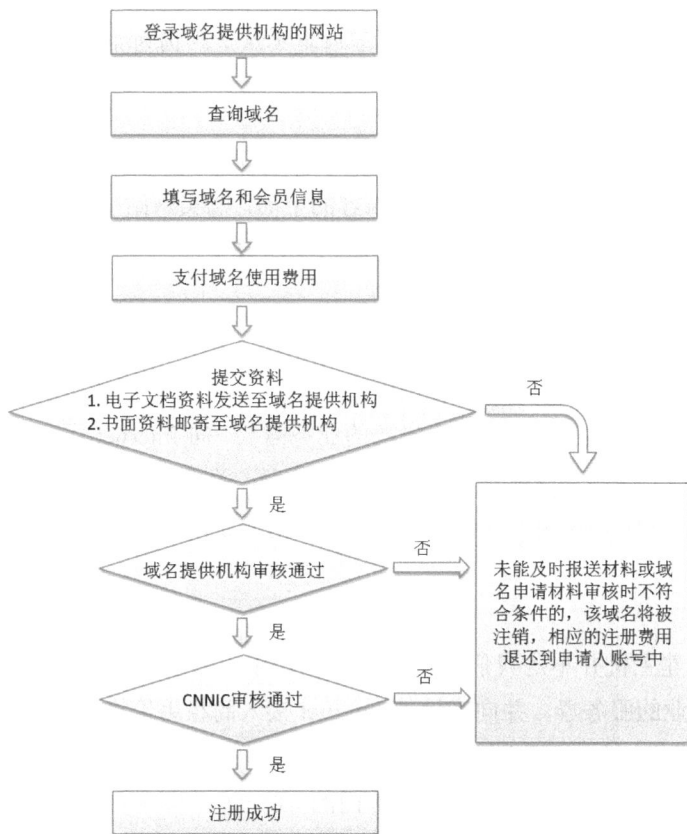

图 5-77　域名注册的一般流程

下面以在新网注册域名为例，演示域名注册的具体过程。图 5-78 为新网域名注册的一般流程。

步骤 1▶ 登陆新网主页，单击页面导航栏中的"域名注册"文字连接，进入域名注册页面。

步骤 2▶ 在此页面中首先要选择注册域名的类别，这里选择英文国内域名中的".com.cn"类别，该类别的价格为 100 元/年，单击"购买"按钮后，进入英文域名注册页面。

步骤 3▶ 在此页面上，需要先查询拟注册的域名是否已经被注册，如果已被注册，就不能再注册了，要换一个。

步骤 4▶ 在域名检查结果中，勾选要注册的域名，并单击右侧的"注册"文字链接，进入选择价格并填写信息环节。

步骤 5▶ 在填写完各种资料后，单击页面下方的"注册"按钮即可完成形式上的注册。此时注册的域名并没有生效，申请人还需要将有关资料原件和复印件邮寄至域名注册服务提供商，待审核通过后域名才真正注册成功。

> **提示** 需要特别提醒的是，目前国内英文域名和国内中文域名仅限企业用户注册，个人用户不能注册。

2．申请网站空间

网站空间就是互联网上用于存放网站内容的空间。购买网站空间后，一般注册商会给空间分配一个 IP 地址，这个 IP 就是域名要解析到的 IP。

（1）网站空间常见形式

目前常见的网站空间有以下几种形式。

① 服务器租用

用户无须自己购置主机，可以按照自己的业务需要，向 Internet 服务商提出服务器软、硬件配置要求，然后由服务商配备符合需求的服务器，并提供相关的管理和维护服务。相对其他两种方式，服务器租用方式的费用较低，特别适合中小企业和经济基础比较好的个人使用。

② 自建主机

这里说的自建主机并不是我们平常提到的利用个人主机和动态 IP 来架设网站的方式，而是购置专业的服务器，并向当地的 Internet 接入商租用价格不菲的专线来建立独立的主机服务器，不仅如此，而且还要给服务器配备专门的管理和维护人员。因为费用昂贵，这种方式适合一些有实力的大中型企业和专门的 ISP。

③ 服务器托管

与自建主机方式不同的是，自己购置服务器之后，将它托付给专门的 Internet 服务商，由他们负责进行 Internet 接入、服务器硬件管理和维护，只需要按年支付给接入商一定的服务器托管费用就可以了。这种方式费用较贵，适合一些中小型企业和 ISP 使用。

④ 免费空间

这是网站建设初学者最钟情的一种空间方式，不过因为是免费的，在使用过程中会受到很多限制。

⑤ 虚拟主机

这是目前最常见的网站空间方式，它采用特殊的硬件技术，把一台 Internet 上的服务器主机分成多个"虚拟"的主机，供多个用户共同使用。每一台虚拟主机都具有独立的域名和 IP 地址。

（2）购买虚拟主机的一般流程

虚拟主机的购买一般包括注册和开通两个阶段。首先，按照网站空间服务商的要求填写相关信息；然后根据实际需要选择服务提供商所提供的不同类型的产品，待确定好所需要的产品类型并缴纳所需费用后即可开通网站空间，流程如图 5-79 所示。

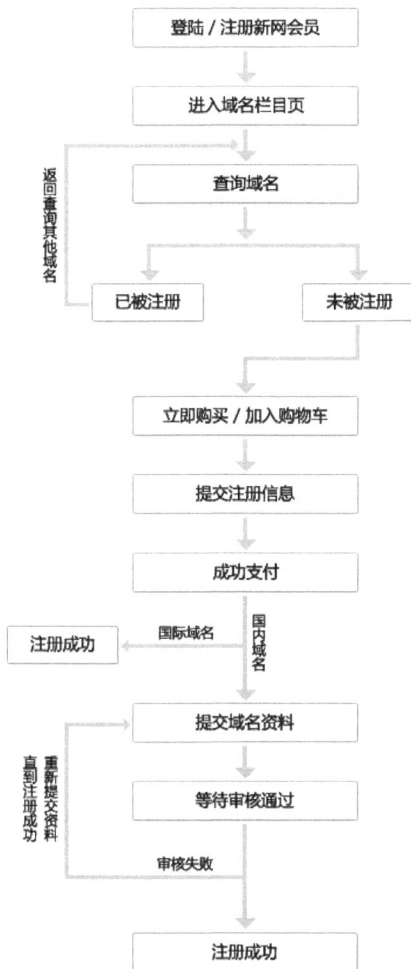

图 5-78　新网域名注册的一般流程　　　图 5-79　购买虚拟主机的流程

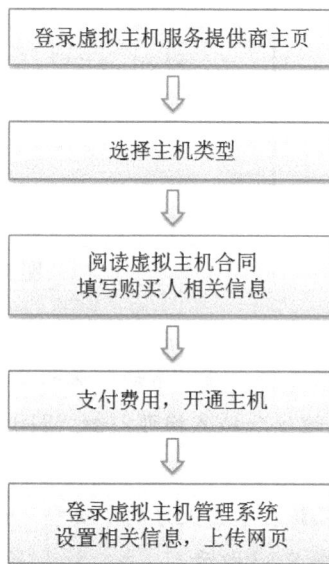

开通虚拟主机之后，还需要登录服务商提供的虚拟主机管理系统，将之前申请的域名与主机绑定，这样任何人都可以通过域名访问网站了。

3．站点上传

站点上传就是将通过测试后的网页复制到远程 Web 服务器，这样访问者才能通过浏览器浏览存储于服务器上的网页。上传站点时，一般是使用 FTP 软件连接到 Internet 服务器，然后进行上传；当然也可以通过 Dreamweaver 的站点管理器进行上传。

常用上传网页的 FTP 软件有 CuteFTP、LeapFTP、FlashFXP 等。另外，Dreamweaver 和 FrontPage 也有发布网页的功能。

CuteFTP 是一款非常受欢迎的 FTP 工具，具有界面简洁，支持上传、下载断点续传，操作简单方便等特征。这使其在众多的 FTP 软件中脱颖而出，无论是下载软件还是更新主页，CuteFTP 都是一款不可多得的好工具。

下面以 CuteFTP 软件为例，介绍站点上传的操作步骤。

步骤 1▶ 启动 CuteFTP 软件，如图 5-80 所示。

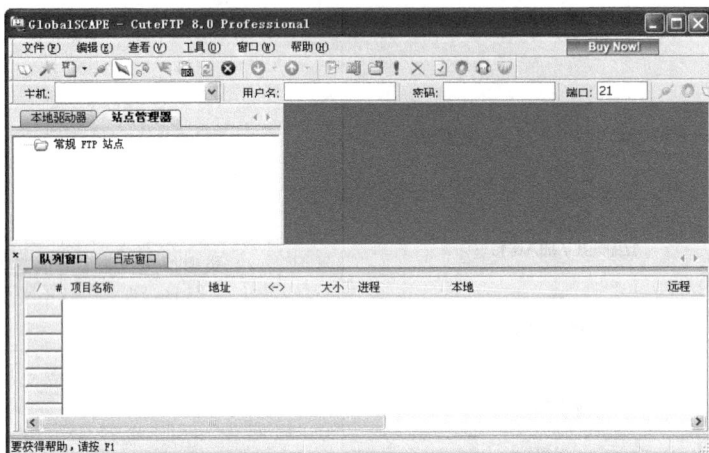

图 5-80　CuteFtp 主界面

步骤 2▶ 在菜单栏中选择"文件/新建/ftp 站点"菜单命令，打开"站点属性：未标题（1）"对话框，在"常规"选项卡中设置站点标签（最好与站点内容相关）、主机地址（填入 IP 地址或域名均可，如：210.192.102.112）、用户名（填写用户名）和密码（填写密码），如图 5-81 所示。

步骤 3▶ 单击上方的"类型"选项卡，设置端口，一般为默认的"21"，其他保持默认，如图 5-82 所示。

图 5-81　设置连接属性

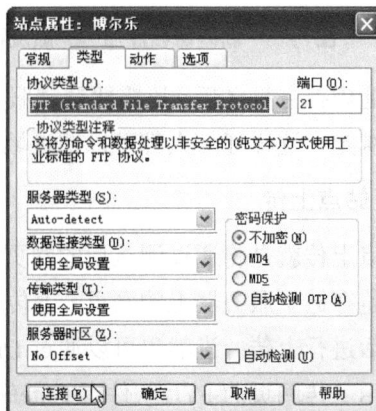

图 5-82　设置端口

步骤 4▶　单击"连接"按钮，即可连接至远程主机，如图 5-83 所示。

图 5-83　连接至远程主机

由图 5-83 可以看出，"连接"对话框可以分为三部分。

➢ **上部**：命令区域（工具栏和菜单）。

➢ **中间**：分为左右两部分，左边显示本地区域，即本地硬盘，上面的编辑框可以设置驱动器和路径；右边显示远程区域，即远端服务器，双击目录图标可进入相关目录。

➢ **下部**：记录区域，在此区域可以看出上传进程，也就是程序已进行到哪一步。

步骤 5▶　在左侧的"本地驱动器"选项卡中选择要上传的网页或文件，双击或用鼠标拖动至右侧的远程区域，即可开始上传工作，如图 5-84 所示。

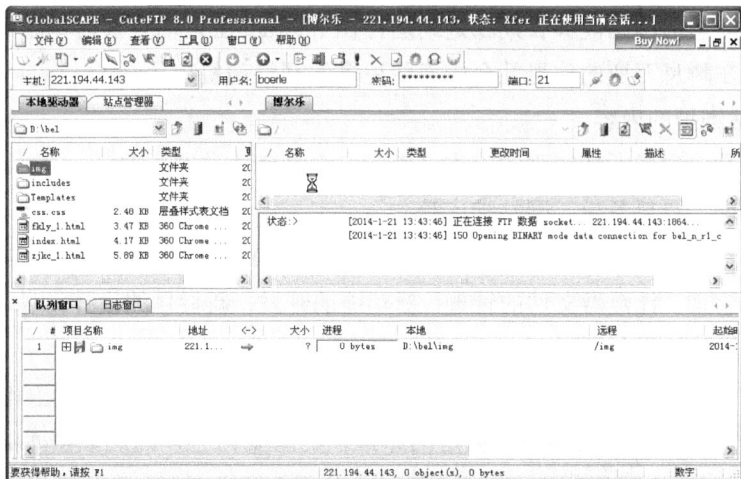

图 5-84　上传文件

步骤 6▶ 连接至远程服务器后，可利用鼠标右键中的常用选项对远端文件和目录进行操作，如删除、重命名、移动、修改属性、建立目录等，如图 5-85 所示。

图 5-85　相关编辑操作

三、维护与推广

随着网络应用的深入和网络营销的普及，网站建设不再是一次性投资建立一个网站那么简单，更重要的工作在于网站建成后的长期维护、更新和推广。

1. 站点维护

网站维护是指网络营销体系中一切与网站后期运作有关的维护工作。与其他媒体一样，网站也是一个媒体，需要经常性地更新和维护，才能起到既定的商业效果。网站运营维护的好坏在很大程度上直接影响到顾客是否会对企业产生良好的印象，从而成为企业客户之一。为了让您的网站能够长期稳定地运行在 Internet 上，需要及时调整和更新网站内容，这样才能在瞬息万变的信息社会中抓住更多的网络商机。

（1）网站维护的内容

网站维护是一项专业性较强的工作，其维护的内容种类也非常多，如页面修改、功能改进、安全管理、资料备份、网站推广等。

网站维护不仅仅是网页内容的更新，还包括通过 FTP 软件进行网页内容的上传；asp、cgi-bin 目录的管理；计数器文件的管理；新功能的开发；新栏目的设计；网站的定期推广服务等。网站维护一般包括以下主要内容：

➢ 服务器及相关软硬件的维护，对可能出现的问题进行评估，制定响应时间；

➢ 数据库维护，有效利用数据是网站维护的重要内容，因此数据库的维护要受到重视；

> 网站内容的更新、调整等。建站容易维护难，只有不断地更新内容，才能保证网站的生命力，否则网站不仅不能起到应有的作用，反而会对企业自身形象造成不良影响；

> 制定相关网站维护的规定，将网站维护制度化、规范化；

> 做好网站安全管理，防范黑客入侵；检查网站各个功能是否出错。

（2）网站安全维护

随着黑客人数的日益增长和一些入侵软件的昌盛，网站安全日益遭到挑战，像 SQL 注入、跨站脚本、文本上传漏洞等，时刻威胁着网站，这使得网站安全维护日益受到重视。网站安全的隐患主要是源于网站漏洞，而世界上不存在没有漏洞的网站，所以网站安全维护的关键在于早发现漏洞和及时修补漏洞。网上有专门的网站漏洞扫描工具，如亿思网站安全检测平台；另外发现漏洞要及时修补，特别是采用一些开放源码的网站。

① 对留言板进行维护

制作好留言板或论坛后，要经常维护，总结意见。因为一般访问者对站点有什么意见，通常都会在第一时间看看站点哪里有留言板或者论坛，然后就在那里记录，期望网站管理者能提供他想要的东西或相关的服务。我们必须对别人提出的问题进行分析总结，一方面要以尽可能快的速度进行答复；另一方面，也要记录下来进行切实的改进。

② 对客户电子邮件进行维护

所有的企业网站都有自己的联系页面，通常是管理者的电子邮件地址，经常会有一些信息发到邮箱中，对访问者的邮件要及时答复。最好是在邮件服务器上设置一个自动回复的功能，这样能够使访问者对站点的服务有一种安全感和责任感，然后再对用户的问题进行细致的解答。

③ 维护投票调查程序

有些企业站点上会有一些投票调查程序，用于了解访问者的喜好或意见。我们一方面要对已调查的数据进行分析；另一方面，也可以经常变换调查内容。对于调查内容的设置要有针对性，不要搞一些空泛的问题，也可以针对某个热点进行投票，吸引浏览者查看结果。

④ 对 BBS 进行维护

BBS 是一个自由的天地，作为企业网站，可以自由地讨论技术问题，而对于 BBS 的实时监控尤为重要。比如一些色情、反动的言论要马上删除，否则会影响企业形象。

从另一个角度来说，企业 BBS 中也可能会出现一些乱七八糟的广告，管理者要进行删除，否则影响了 BBS 的性质，不会再吸引浏览者；有时甚至会出现一些竞争对手的广告或抵毁企业形象的言论，更要及时删除。同时，要收集一些相关资料，在 BBS 中发表，以保证 BBS 的学术性。

⑤ 对顾客意见的处理

网站的交互性栏目可能会收集到很多顾客意见，要及时处理，这样才能保证企业的良好形象。

⑥ 电子邮件列表

电子邮件列表是很多企业网站上都有的，对电子邮件进行维护也很重要，一方面要保证发送频率；另一方面，要保证邮件的内容，要有新意，而且最好与收集的意见相结合。

（4）网站维护专业要求

熟悉网站前台相关技术，熟悉 web2.0 相关技术；精通 TCP/IP 协议、OSI 参考模型；熟悉 HTML，DHTML，CSS，Javascript，ASP，JSP 等 web 页面开发语，以及 Photoshop，Flash，Dreamweaver，Fireworks 等网站相关软件和数据库技术；具备较强的学习能力。另外，还要懂得 FTP 上传下载、服务器维护、MSSQL/MYSQL 数据库应用。

网站维护需要网站程序员、编辑人员、图片处理人员、网页设计师和服务器维护专员等。

2．站点推广

站点推广就是通过对企业网络营销站点的宣传，吸引用户访问，同时树立企业网上品牌形象，为实现企业的营销目标打下坚实的基础。站点推广是一个系统性的工作，它与企业营销目标是一致的。网络营销站点作为企业在网上市场进行营销活动的阵地，能否吸引大量流量是企业开展网络营销成败的关键，也是网络营销的基础。

与传统的产品推广一样，网站推广需要进行系统地安排和计划，在推广过程中要注意以下几个问题。

➢ 注意效益/成本原则，即增加一千个访问者带来的效益与成本费用比较，当然效益包括短期利益和长期利益，需要综合考虑。

➢ 稳妥慎重原则，宁慢勿快，在网站还没有建好且不够稳定时，千万不要急于推广网站，第一印象是非常重要的，网民给你的机会只有一次，因为网上资源太丰富了，这就是通常所说的网上特有的"注意力经济"。

➢ 综合安排实施原则，因为网上推广手段很多，不同方式可以吸引不同的网民，因此必须综合采用多种渠道以吸引更多网民。

（1）站点推广方法

① 搜索引擎注册

调查显示，网民主要是通过搜索引擎来查找新网站的，因此在著名的搜索引擎进行注册是非常必要的，并且在搜索引擎注册一般都是免费的。

② 建立链接

与不同站点建立链接，可以缩短网页间距离，提高站点的被访问概率。建立链接的方式一般有下面几种。

➢ 在行业站点上申请链接。如果站点属于某些不同的商务组织，而这些组织建有会员站点，应及时向这些会员站点申请链接。

> 申请交互链接。寻找具有互补性的站点，并向它们提出进行交互链接的要求（尤其是要链接上到站点的免费服务，当然前提是网站提供这种服务）。为通向其他站点的链接设立一个单独的页面，这样就不会使刚刚从前门请进来的顾客，转眼间就从后门溜到别人的站点上去了。

> 在商务链接站点申请链接。特别是当站点提供免费服务的时候，可以向网络上的许多小型商务链接站点申请链接。只要站点能提供免费的东西，就可以吸引许多站点为你建立链接。寻找链接伙伴时，通过搜索引擎寻找可能为站点提供链接的站点，然后向该站点的所有者或主管发送电子邮件，告诉他们可以链接的站点名称、URL 以及 200 字的简短描述。

③ 发送电子邮件

电子邮件的发送费用非常低，许多网站都利用电子邮件来宣传站点。利用电子邮件宣传站点时，首要任务是收集电子邮件地址。为防止发送的电子邮件令人反感，收集电子邮件地址时要非常注意。一般可以利用站点的反馈功能记录愿意接收电子邮件的用户电子邮件地址；另外，可以租用一些愿意接收电子邮件信息的通信列表，这些通信列表一般是由一些提供免费服务的公司收集的。

④ 发布新闻

及时掌握具有新闻价值的事件（例如新业务的开通），并定期把这些新闻发布到行业站点和印刷品媒介上。另外，可以将站点在公告栏和新闻组上加以推广。互联网使得具有相同专业兴趣的人们组成成千上万个具备很强针对性的公告栏和新闻组。比较好的做法是加入这些讨论，让邮件末尾的"签名档"发挥推广作用。

⑤ 提供免费服务

提供免费服务，在时间和精力上的代价是昂贵的，但是在增加站点流量上的功效也是不可估量的。应当注意，所提供的免费服务应是与所销售的产品密切相关的，这样所吸引来的访问者就可以成为良好的业务对象；也可以在网上开展有奖竞赛或抽奖，因为人们总是喜欢免费的东西。

⑥ 发布网络广告

利用网络广告推销站点是一种比较有效的方式，而加入广告交换组织是这种方式中比较经济的做法。广告交换组织通过不同站点的加盟，在不同站点交换显示广告，起到相互促进的作用。另外一种方式是在适当的站点上购买广告栏发布网络广告。

⑦ 使用传统的促销媒介

使用传统的促销媒介来吸引访问者也是一种常用的方法，比如一些著名的网络公司纷纷在传统媒介发布广告。这些媒介包括直接信函、分类展示广告等。对小型工业企业来说，这种方法更为有效。另外应当确保各种卡片、文化用品、小册子和文艺作品上包含有公司的 URL。

（2）提高站点访问率方法

① 搜索引擎的作用

搜索引擎是搜索引擎（Search Engine）和搜索目录（Search Directory）的统称，是通过互联网进行网络营销的重要途径。目前，全世界的网站总数已经超过 3 000 万个，并且还在不断增加，因此搜索引擎对于那些在互联网上游弋、寻找信息的人们来说非常重要。

② 搜索引擎索引网站的方法

与搜索引擎的类型相对应，其索引网站的方式也基本可以分为两种。

➢ 使用 Spider 对网站进行索引。当要推广的站点向搜索引擎提交网站后，Spider 就会对整个网站进行索引。

➢ 目录索引。依靠用户提交注册信息并依赖搜索引擎的管理人员来增加索引的数目，也称作分类数据库（Category Database）。大部分目录索引在把您的站点增加到索引中时，只是连接您的主页而不是把网站的全部网页进行索引。例如 Yahoo!，Sohu 等。

③ 搜索引擎排名优先级标准

搜索引擎排名优先级标准有时也可能被称作"相关分数"（Probable Relenance Scoring）。搜索引擎主要是通过"Spider"程序或用户提交的申请来增加自己的数据库（即索引）的。当用户访问 Lycos，Yahoo，AltaVista 或其他的搜索引擎时，只要输入搜索的关键字，就可以简单地进行数据库查询。为了确定是哪一个文档或网站返回了这个特定关键字搜索，每一个搜索引擎必须有他自己规定的文档优先级的标准。

④ 增加搜索引擎注册广告效果

增加搜索引擎注册的广告效果，主要是访问者在使用搜索引擎时能在显著位置找到你的站点。搜索引擎使用方式有两种，一种是分类目录式查找，另一种是按关键字检索查找。对于第一种情况，就是在网站注册时就要将网站排名在最前面，如通常说的 Top 10 和 Top 20，一般说来在页首的网站访问率比后面要高，这就要求在搜索引擎注册时要了解搜索引擎是如何排名的，如搜狐网站的排名是按照网站名称的字典序来进行排列的，即根据网站名称在计算机内编码大小排序。对于第二种情况，一般说来就是提供足够多的关键字，以便访问者在访问时能检索到网站，同时还要了解网站的检索排序算法，尽量采用按搜索引擎的算法来排列关键字，不过许多搜索引擎的排序算法是不公开的，所以需要不断尝试。

⑤ 搜索引擎注册

根据国外研究，搜索引擎能够检索的网站还不到所有网站的30%，因此企业为推广网站一般要在多个搜索引擎进行注册。

在多个引擎进行注册时，首先要确定选择哪些引擎进行注册，一般说来能同时在 8 个最重要的搜索引擎进行注册就足够了，注册过多引擎一方面时间代价比较大，另一方面大多数引擎使用者少，主要集中在少数上面。在多个引擎注册时，有两种方式，一种是利用专业软件代理注册，另一种是利用专业服务公司代理注册。

任务实施

准备好"博尔乐早教"站点，完成网站的测试与上传，如图 5-86 所示。

步骤 1▶ 启动 Dreamweaver CS6，在"文件"面板中选择需要检查链接的站点"博尔乐早教"。

步骤 2▶ 在菜单栏中选择"窗口/结果/链接检查器"菜单命令，进入"结果"面板的"链接检查器"选项卡内，单击面板左上角的绿色箭头▶，根据需要在弹出的二级菜单中选择对应选项，这里选择"检查整个当前本地站点的链接"，稍等片刻后，即在面板中看到检查结果，如图 5-87 所示。

步骤 3▶ 上传站点。这里我们使用 filezilla 软件上传网站。要使用 FTP 工具"上传/下载"文件，首先必须设定好 FTP 服务器网址（IP 地址）、授权访问的用户名和密码，设置方式与 CuteFTP 相同。

步骤 4▶ 完成上面的设置，就可以连接服务器上传文件了。选择"文件/站点管理器"菜单命令，或按"Ctrl+S4"组合键进入站点管理器，选择要连接的 FTP 服务器，单击"连接"按钮即可，如图 5-86 所示。

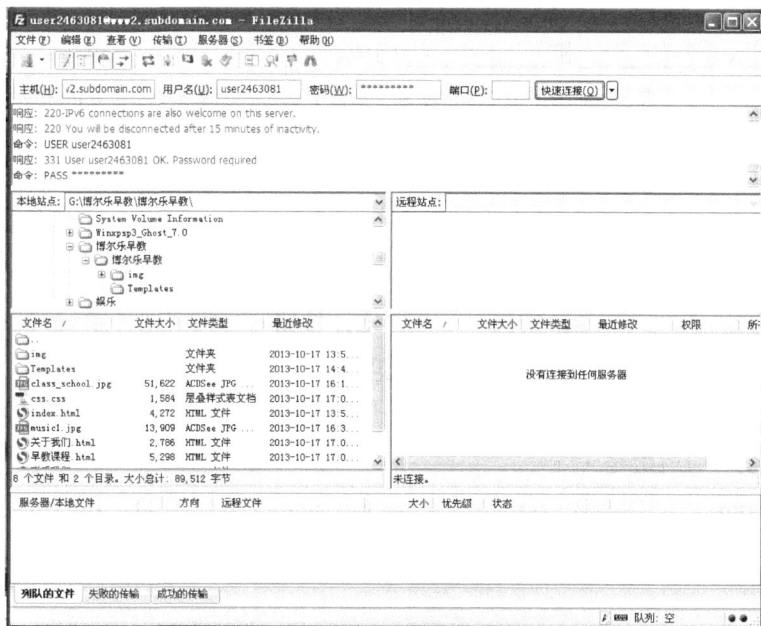

图 5-86　上传站点

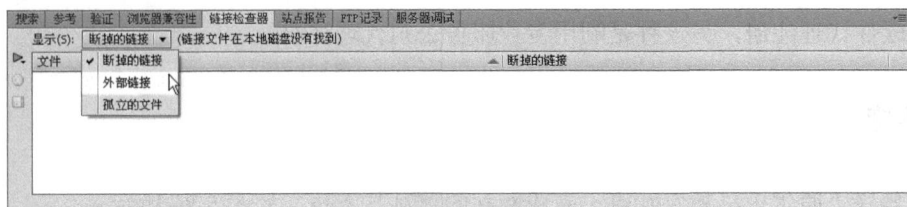

图 5-87　检查结果

项目总结

　　本项目主要介绍了模板、库、表单、行为和网站上传的相关知识。希望通过本项目的学习，学生能够掌握模板和库的应用，以及各个表单元素和常见行为的应用，并能够上传和发布创建好的网站。

项目考核

一、填空题

　　1．每个表单是由_____、_____和_____构成。

　　2．行为是用来影响用户操作、改变当前页面效果和执行特定任务的一种方法，由_____、_____和_____构成。

　　3．_____是一种特殊类型的文档，用于设计"固定的"页面布局；用户可以基于模板创建文档，创建的文档会继承模板的页面布局。

二、选择题

　　1．下列表单元素中，（　　）不属于文本域。

　　　　A．多行　　　　　　B．密码　　　　　　C．按钮　　　　　　D．单行

　　2．设计表单时，当需要一次选取多个选项时，应插入的表单元素为（　　）。

　　　　A．复选框　　　　　B．文本域　　　　　C．文件域　　　　　D．列表/菜单

　　3．国际域名的后缀是（　　）。

　　　　A．.com　　　　　　B．.cn　　　　　　C．.net　　　　　　D．.org

三、简答题

　　1．表单有哪些作用？

　　2．什么是模板？

项目六 综合实训
——学院精品课网站设计与制作

项目描述

    Internet 的发展使越来越多的企业意识到网站在公司发展中的重要性，很多学校也建立了自己的网站，这样不仅可以为学校宣传起到一定的作用，同时也是对教学资源的一个整合。

    本项目以一个学校的"平面设计精品课"网站为例，从网站的策划、制作、测试到发布，详细介绍了网站建设的基本思路和流程。通过本项目的学习，可以使我们从理论上升到实践，同时提高网页制作水平的综合能力。

学习目标

    ❖ 熟练掌握 Dreamweaver CS6 软件的相关操作

    ❖ 能够独立完成简单网站的策划和设计

    ❖ 能使用相关网页制作软件完成网站的制作和测试

    ❖ 能够完成域名和空间的申请，并将网站发布

项目分析

    精品课网站的设计没有固定模式。制作精品课网站首先要了解需求，确定创建网站的目的及意义，满足其实用性和易用性的要求；确立网站的结构和导航，网站的主色调和配色。通过与客户沟通，了解其详细的网站制作要求，针对精品课网站的要求做好网站策划方案，对网站的风格、栏目、功能模块等进行设计。

    ▷ **网站风格**：色调统一、协调，彰显课程特色——设计的艺术。

    ▷ **栏目设计**：符合精品课建设的要求。

    ▷ **功能设计**：要求页面布局清晰、图文并茂，首页体现课程特色及主要亮点，便于浏览者访问。

    根据网站制作要求，按照以下任务逐步完成网站建设。

任务一：网站策划，制定详细的网站策划书。

任务二：使用绘图软件制作首页及二级页面效果图。

任务三：网站制作，使用 Dreamweaver 制作网站页面。

任务四：网站测试，测试网站的浏览器兼容性和链接。

任务五：网站发布。

任务一　网站策划

任务描述

本任务主要是根据高职教育的发展需要，进行精品课网站策划，主要工作包括对网站进行分析，和相关技术人员讨论，确定网站的目的和功能，然后据此对网站建设中的技术、内容、测试、维护、人员等做出规划。此阶段对网站建设的整个过程有着不可忽视的作用，网站建设成功与否和网站策划有着密切的关系，只有前期的策划合理、详细、具体，才能在后期的网站建设中做到有章可循。

任务实施

一、了解需求

刚从客户手里接单时，很少有客户可以准确地告诉设计者，需要怎样的网站，因为客户一般都只有一个大致的方向，而具体的内容需要设计者和客户方进行沟通了解。接单设计者通过和精品课负责人进行沟通交流，获得了下面的需求信息。

1．建设网站的目的

（1）促进课程建设与改革

随着计算机技术、网络技术和远程教育事业的高速发展，在现代教学过程中，知识的传授方式也随之变革。学院教师在教学过程中积累了丰富的教学资源，为了更好的实现课程资源的共享，提高教师的教学效率和学生的自主学习能力，特进行"精品课程"网站的开发和建设。

（2）进行专家评选

进行精品课网站建设，专家可以不受时间和地点的限制，随时随地进行精品课的评选，体现了现代教育手段的优越性。

2. 网站的用户群

网站用户群是以教师、学生、评审专家为主的，从事教育工作的相关人员。

3. 网站需要哪些栏目

网站栏目可按照国家级精品课的评审要求设置。

4. 用什么技术来实现

申报网站只需要静态的页面；课程网站需要动态程序。

5. 网站设计上的要求

颜色方面，要体现艺术气息，不要太花哨，还要体现教育特色，要时尚、大气。

6. 后期的维护和更新要求

需要设计公司维护。

二、学习相关资料

在接到网站任务后要从客户方获取相关资料，对资料进行分析研究，学习网站建设文件，这样设计才有依据，作品才能符合用户要求，也才能通过网站准确地传播信息。

除此之外，还可以访问同类高职院校精品课网站，了解行业知识，取其精华，弃其糟粕，从实际形式到内容都可以借鉴，从而进一步明确网站的主题。

三、写出网站策划书

"Photoshop 平面设计精品课"网站策划书包括下面几部分。

1. 市场分析

经过调研，查看高职精品课建设文件，浏览相关精品课网站以及查看相关精品课申报文件等一系列活动，发现"精品课"网站建设是高校建设的一个重要组成部分，对课程建设及资源整合有很大的帮助。到目前为止，该院有省级精品课 3 门，暂无艺术类精品课。

2. 网站建设的目的及功能定位

从 2003 年 4 月开始，精品课作为《质量工程》的先期启动项目，在全国范围内开展各高校的精品课程建设；旨在通过精品课程建设，推动优质教育资源的共享，使学生得到最好的教育，从而全面提高教学质量。

开发具有针对性的精品课程网站对于教师来说，可以提供优质教学资源的共享，使教学经验不足的教师也可以通过精品课程网站获得全面的经过系统设计的教学资源，使不同教学水平的教师的授课效果均趋于优秀；对于授课过程来说，学生可以直接下载资源，不用通过 U 盘或其他方式传播教学资料，提高了教学效率；对于学生来说，可以模糊课上和课下的界限，持续性地进行自主学习；对于学院和系部来说，降低了培养新教师的培训成本，提高了培训效率。

3．网站所使用的技术

（1）服务器操作系统为 Windows Server 2003。

（2）使用 Photoshop 进行效果图设计。

（3）使用 Dreamweaver CS6 进行网站开发。

（4）使用 Flash 等工具完成动画设计。

4．网站内容及实现方式

首页导航包括首页、申报书、课程设置、教学内容、教学方法与手段、教学队伍、教学条件、教学效果、课程特色、政策支持、课程录像和学习资源。

页面内容包括课程介绍、生产性实训基地、课程特色、学习资源、快速通道、合作企业。

实现方式：为增加浏览速度，首页不放视频，主要以文字搭配图片的方式显示。

5．整体设计

（1）在 banner 上添加学院校标。

（2）网页颜色主要以湖蓝和玫红色为主。

（3）在页面中设置能体现课程特色的栏目，如课程介绍、生产性实训基地、课程特色、学习资源、快速通道、合作企业等。

6．费用预算

基本设计及建设费用：人民币 2 000 元。

空间费用：使用学院内部服务器。

域名：使用学院域名下的二级域名。

> **提示** 如果申请服务器（100M 空间）和域名，一般费用是 200 元/年。

7．网站测试和发布

（1）网站测试

网站发布前要进行细致周密的测试，以保证发布后的正常使用。网站测试内容包括下面几项。

① 服务器的稳定性和安全性。

② 文字、图片链接是否有空链接和错误链接。

③ 不同浏览器的兼容性。

用户可以使用 Web 浏览器，把设计和制作完成的 Web 网站从主页开始，逐页地进行检查，以保证所有的 Web 网页都有不错的外观，而且没有任何错误。有时候，在 Internet Explorer 浏览器和 Netscape 浏览器中显示的效果可能并不一样，但只要两者都能兼顾，不影响 Web 网页内容的表达，就可以认为通过了 Web 浏览器的测试。

④ 在不同的分辨率设置下进行测试。

常用的计算机屏幕分辨率有 640×480、800×600 及 1024×768，要测试在不同分辨率下的显示效果。

（2）网站发布

本例是在内网服务器上进行网站的发布。如需保证服务的稳定性，可申请外网服务器及域名。

8．网站建设日程表

网站建设日程表如表 6-1 所示。

表 6-1　网站建设日程表

工作任务	完成时间	负责人	验收时间	修改意见	备注
网站策划书	2009 年 3 月 20 日至 4 月 1 日	XX	2009 年 4 月 2 日		
网站效果图	2009 年 4 月 2 日至 4 月 5 日	XX	2009 年 4 月 6 日		
网站制作	2009 年 4 月 6 日 4 月 20 日	XX	2009 年 4 月 21 日		中间和客户方沟通，随时进行修改
网站修改至完成	2009 年 4 月 21 日 5 月 5 日	XX	2009 年 5 月 6 日		
网站测试	2009 年 5 月 6 日至 5 月 10 日	XX	2009 年 5 月 11 日		
网站发布	2009 年 5 月 10 日至 5 月 25 日	XX	2009 年 5 月 26 日		

此表为计划表，若有变动要及时进行调整、更新。

任务二　制作首页及二级页面效果图

任务描述

本任务使用 Photoshop 完成首页及二级页面的效果图制作，在制作过程中不仅要充分考虑网站的美观性，还要注意网站的实用性。

任务实施

制作首页时，不仅要考虑课程的内容，还要考虑放一些有学院特色的元素，如校标，要将最重要，最有特色的内容展示在首页；同时首页的导航也要考虑到实用性，效果如图 6-1 所示。

图 6-1　首页效果图

在制作二级页面时，banner 部分可以沿用首页的设计，而其他部分要根据具体内容具体设计，效果如图 6-2 所示。

图 6-2　二级页面效果图

效果图经客户审核没有问题后即可进行切割，具体操作可参考以下步骤。

步骤 1▶　将首页效果图中的大段落文字及动画效果部分进行隐藏，如图 6-3 所示。

图 6-3　首页隐藏文字效果图

步骤 2▶ 使用 Photoshop 切片工具分割图像。以区块、栏目为依据进行分割，效果如图 6-4 所示。

图 6-4　首页切割效果图

步骤 3▶ 分割完毕后，在菜单栏中选择"文件/存储为 Web 和设备所用格式"菜单命令，如图 6-5 所示。

图 6-5　选择菜单命令

步骤 4▶ 打开"存储为 Web 和设备所用格式"对话框，参照图 6-6 设置各项信息。

图 6-6 设置存储信息

步骤 5▶ 单击"存储"按钮，打开"将优化结果存储为"对话框，参照图 6-7 进行设置，然后单击"保存"按钮。

步骤 6▶ 打开提示框，单击"确定"按钮，保存文件，如图 6-8 所示。

图 6-7 "将优化结果存储为"对话框

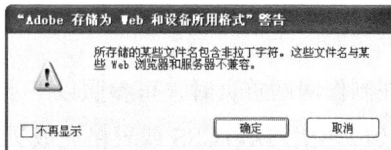

图 6-8 提示框

在保存文件的路径下找到 images 文件夹，其中保存了分割好的图片区块图，后面将使用这些图像在 Dreamweaver 中完成背景及插入图片的操作。

> 提示　参照上面的操作完成二级页面的效果图切割。

任务三　网站制作

任务描述

本任务是在完成网站效果图的基础上进行网站制作，也就是使用 Dreamweaver 软件将切割好的图片进行整合，制作成网页。而要制作网页，首先要创建一个站点；同时还要注意站点内文件存储的常用名称及结构；其次要注意制作过程中的一些细节操作，包括如何应用表格，如何使用 CSS 样式等。

任务实施

一、创建站点

首先在本地磁盘构建网站目录结构，如图 6-9 所示；然后在 Dreamweaver 中完成站点的创建。

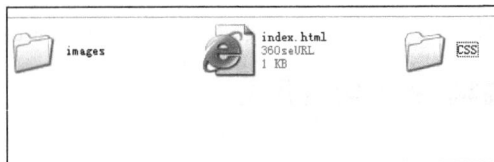

图 6-9　网站目录结构

网站首页一般使用 index.html 或者 default.html 进行命名，图片文件夹使用 images，CSS 样式文件夹使用 CSS，所有文件一律使用拼音或英文字母命名。

二、制作网站首页

在制作网站首页时，可参照以下步骤和提示进行操作。

（1）使用 Div+CSS 或表格完成页面布局，如图 6-10 所示。
（2）依据效果图将图片、背景等使用 CSS 样式定位到相应单元格内。
（3）将文字定位到相应单元格。
（4）定义相关 CSS 样式，包括标题、文字、背景、版权信息等。

（5）制作 Flash 导航。

（6）使用 Javacript 制作图片轮换效果。

（7）给图片添加热点及链接。

图 6-10　页面布局

三、制作二级页面

在制作二级页面时，可参考以下制作要点。

（1）首先制作二级页面模板，如图 6-11 所示。

（2）利用模板制作二级栏目对应的页面，在可编辑区域添加对应的内容。

任务四　网站测试

任务描述

本任务是在完成网站制作后进行必要的检测，主要对浏览器的兼容性和网页的链接进行测试，这样可以保证网站在不同浏览器上正常显示，同时还可对存在的错误链接进行纠错。

图 6-11　二级页面模板

任务实施

一、浏览器兼容性测试

打开要检查的网页文档，在菜单栏中选择"文件/检查页/浏览器兼容性"菜单命令，对网页进行检查。

二、网页链接测试

在浏览器中预览网页，逐个单击网页上的链接，查看是否有链接错误或空链接。

任务五　网站发布

任务描述

网站制作完成后要发布到服务器上，才能供用户访问。在网站测试无误后可通过 Dreamweaver 软件发布网站。另外，要发布网站，就必须要提前申请好空间和域名。

任务实施

一、申请域名

步骤 1▶ 首先登录 http://www.net.cn/网站，进行域名的查询和选取，如图 6-12 所示。

图 6-12　查询域名

步骤 2▶ 输入要查询的域名后，单击"查询"按钮；当显示可以使用时，即可注册，注册后需要提交资料进行审核。

> 如果是企业网站申请域名，需要使用公司营业执照及法人身份证复印件，并填写申请表，大概需要 10 个工作日。

> 如果是个人网站申请域名，只需提供个人身份证，填写申请表即可，大概需要 7 个工作日。

二、申请空间

域名申请成功后还要进行空间申请，可登录 http://www.net.cn 或 http://www.cndns.com/网站进行空间申请，申请后供应商会提供给您一个账号和密码，将网站上传至指定服务器即可。

项目总结

本项目从大的方面介绍了网站的整个建设过程。希望通过本项目的学习，读者能够独立完成网站效果图的制作和网站的策划、制作、测试及发布，并熟练掌握网站开发的整体流程。

拓展训练

2009 年，学院将传媒艺术系和广告设计系合并，现为了更好地搞好专业建设，为教师和学生提供便捷的服务，特制作传媒艺术与广告设计系网站，要求制作的网站体现专业特色，内容丰富，页面效果好，秉承易用性和实用性的原则进行布局。

根据本项目所学内容进行策划、设计、制作和发布网站，具体要求包括以下几方面。

一、规划要求

导航栏目设置包括系部简介、专业建设、教学科研、师资队伍、党务工作、校企合作、评估信息、教学资源、交流学习、就业信息和毕业生风采。

- ➢ **系部简介**：由系里提供资料。
- ➢ **专业建设**：各专业提供专业简介及图片，另外需考虑是否可添加上人才培养方案。
- ➢ **教学科研**：各专业提供科研信息（包括课题及论文）。
- ➢ **师资队伍**：队伍结构及比例。
- ➢ **党务工作**：活动、章程、申请书的范文，以及发展党员的流程等相关内容。
- ➢ **校企合作**：各教研室提供合作企业名称及活动照片。
- ➢ **评估信息**：系办提供，有相关内容进行更新。
- ➢ **教学资源**：存放资源库建设情况，包括师生优秀作品。
- ➢ **交流学习**：高职教育文章及外出学习的心得。
- ➢ **就业信息**：招聘及相关行业信息。
- ➢ **毕业生风采**：创业、就业情况汇总，及优秀毕业生照片。

页面中的栏目包括公告通知、最新活动、学生活动、快速通道和友情链接。

- ➢ **公告通知**：公布一些开会、调课通知和上交资料的通知。
- ➢ **最新活动**：系里或教研室组织的活动。
- ➢ **学生活动**：学生参加校内外相关活动的信息。
- ➢ **快速通道**：其他系部、部门的通道，相关资料下载的通道（如教学类、学生管理制式类表格、调代课表格、实习申请表格等）。

> **友情链接**：其他高校或高职教育网的链接。

二、设计要求

在网站建设中，可按照以下流程完成网站的设计制作：

（1）进行网站需求分析；

（2）制定网站策划书；

（3）制作效果图；

（4）网站制作；

（5）网站测试；

（6）网站发布。

三、页面要求

学院对网页页面提出以下几点要求。

> **页面大小**：页面宽度要求为 1000px，高度可根据内容设定，一般不超过一屏半。

> **链接要求**：不允许有错误链接和空链接。

> **页面颜色**：主色调为蓝色。